"互联网+"创新创业实践系列教材

国家级社会实践一流本科课程 ——"互联网+创新创业方法"配套实践教材

# Python 程序设计基础

## 微课视频版

朱文强 钟元生 主编

王瑶华 蒋娜 徐军 副主编

U0230295

清华大学出版社

北京

## 内 容 简 介

本书面向 Python 程序设计和开发的基础内容，共 13 章，分别为 Python 简介与开发环境搭建、语法基础、流程控制、常用序列、函数、类、异常处理、文件操作、数据库操作、常用标准库、正则表达式、代码测试与分析、综合案例。其中第 1～7 章为基础部分，第 8～13 章为提高部分。

本书基于 Windows 10 和 Python 3.11 开发环境，集程序案例、思考与练习、课后习题于一体，以编者多年的 Python 程序设计、系统开发及授课经验为背景，由浅入深、循序渐进地讲述了 Python 程序设计开发的相关内容，并提供了 500 多个课程案例、600 多道习题以及 1200 分钟左右的教学视频，课程资源十分丰富。

本书可作为高等院校计算机、软件工程相关专业低年级学生，以及其他专业高年级学生的 Python 程序设计课程教材，也可作为 Python 编程爱好者的自学参考书。

**图书在版编目（CIP）数据**

Python 程序设计基础：微课视频版/朱文强，钟元生主编. -- 北京：清华大学出版社，2025.2. --（"互联网＋"创新创业实践系列教材）. -- ISBN 978-7-302-68207-3

Ⅰ. TP312.8

中国国家版本馆 CIP 数据核字第 2025QK8496 号

责任编辑：薛　杨
封面设计：刘　键
责任校对：韩天竹
责任印制：曹婉颖

出版发行：清华大学出版社
　　网　　址：https://www.tup.com.cn，https://www.wqxuetang.com
　　地　　址：北京清华大学学研大厦 A 座　　　　　　　邮　　编：100084
　　社 总 机：010-83470000　　　　　　　　　　　　　邮　　购：010-62786544
　　投稿与读者服务：010-62776969，c-service@tup.tsinghua.edu.cn
　　质量反馈：010-62772015，zhiliang@tup.tsinghua.edu.cn
　　课件下载：https://www.tup.com.cn，010-83470236
印 装 者：涿州汇美亿浓印刷有限公司
经　　销：全国新华书店
开　　本：185mm×260mm　　　印　　张：18　　　字　　数：453 千字
版　　次：2025 年 2 月第 1 版　　　　　　　　　　　印　　次：2025 年 2 月第 1 次印刷
定　　价：59.00 元

产品编号：098518-01

# 前 言

Python 是一种跨平台的计算机程序设计语言,具有语法简单、开源、生态圈完善等诸多优秀特性,深受广大编程人员、数据分析师和机器学习研究者等的喜爱,目前已成为最受欢迎的编程语言之一,连续多年获得 TIOBE 全球编程语言排行榜第一名。

国外高校开设 Python 语言课程较早。例如,斯坦福大学 2009 年就开设了 Python 课程,到 2015 年为止,一共开设了 22 门 Python 相关课程,并替换了部分专业的 Java 语言或 C 语言课程。

国内高校开设 Python 课程相对较晚,在 2015 年以前,开设 Python 课程的高校比较少。自 2018 年后,越来越多的高校开始开设 Python 编程、Python 数据分析和 Python 机器学习等相关课程。多数高校以高年级选修课形式开设,受教材限制,很多课程都把原有的 C、C++、Java 等编程语言教学思想带到了 Python 语言课程中,忽略了 Python 自身的应用实践特性。

本书主编朱文强博士长期主讲 Python 程序设计基础、Python 数据分析、Python 与机器学习等课程,积累了丰富的 Python 教学与实践经验,主编教材《Python 数据分析实战》在清华大学出版社出版,被全国 20 余所高校采用,受到广大师生好评。

本书对 Python 程序设计开发的基础内容进行了科学的组织,分为 13 章,包括 Python 简介与开发环境搭建、语法基础、流程控制、常用序列、函数、类、异常处理、文件操作、数据库操作、常用标准库、正则表达式、代码测试与分析、综合案例。其中,第 1~7 章为基础部分,第 8~13 章为提高部分。书中标注"＊"的章节为进阶内容,读者可根据课时内容进行选学。

编写之初,朱文强博士、钟元生教授共同探讨,确定了整个教材的框架和宏观思路。在此基础上,朱文强博士制作了教材大纲、教学课件,并录制了教材讲解视频。基于这些教学资源,课程团队开展了多轮线下、线上教学实践,再由朱文强博士统筹书稿和源代码的整理工作,负责章节内容、案例开发、质量控制和统稿定稿。其他参与编写的作者中,王瑶华参与了第 1、2 章的编写,蒋娜参与了第 5 章的编写,徐军参与了第 12 章的编写。

本书面向国内高等院校软件工程、计算机相关专业低年级学生,其他专业高年级学生,以及对 Python 感兴趣的编程从业者和爱好者,帮助他们实现 Python 快速入门并夯实其编程基础。

作为 Python 程序设计开发的基础教材,本书有以下特点。

(1) 循序渐进。从 Python 的基本语法、基本知识和基本应用出发,逐步深入。第 1~7 章为 Python 语言基础,第 8~13 章为提高部分,零基础读者也能快速上手。

(2) 案例丰富。在对每个知识点进行讲解时,都配以可运行的程序示例及其运行结果,让读者通过阅读示例代码、分析代码运行结果,深刻理解所学知识。

（3）知识点与实践相结合。在每一章内容结束后，都提供了大量的课后练习，供读者整理思维并进行编程实践，以提高读者分析问题和解决问题的能力。

（4）配套资源丰富。除了教材之外，教材团队还提供了本书所用到的示例源代码、教学课件、思考与练习答案、课后习题答案或源码、教学视频等诸多资源，供大家交流学习。

本书的编程示例严格按照 Python 的 PEP 8 编程规范编写，并融合了 Python 编程之禅的智慧。请读者认真理解该规范，深入领会 Python 编程之禅，并将其融入自己的编程习惯中。

本书的出版得到了国家自然科学基金项目(编号：72261016)、江西省教育厅科技项目(GJJ200515)的支持。

成稿之时，感慨良多。高校教师工作繁杂，常常无暇顾及家庭琐事。为此要特别感谢家中四位老人的默默奉献，感谢爱人方芳、女儿和儿子经常陪我运动、散步和聊天，营造出快乐祥和的家庭氛围，让我能更高效地完成教学和科研工作。感谢清华大学出版社编辑老师对本书的校订和勘误，特别感谢清华大学出版社薛杨老师，她为本书出版提出了不少宝贵意见。

成书仓促，加上作者水平有限，不足之处在所难免，敬请读者和同行批评指正。

最后借用布鲁斯·埃克尔(ANSI/ISO C++ 标准委员会发起者之一)的话结尾，"人生苦短，请用 Python"。

朱文强于南昌百花洲

2025 年 1 月

教材简介(视频)

教学资源下载

# 目 录

# Python 简介与开发环境搭建

Python 是一门跨平台、开源、简单易学的解释型高级编程语言,是近年来最受欢迎的编程语言。本章主要介绍 Python 语言相关概念、主要特点、应用场景以及如何搭建 Python 开发环境等。除了标准开发包外,本章还对常用的 Python 集成开发工具做了介绍,并演示了 Python 代码的两种运行方式。本章还介绍了如何使用 pip 指令安装第三方库,以及在第三方库安装好后,如何通过帮助命令来掌握这些第三方库的使用。

## 1.1 Python 简介

视频讲解

在近年来的各大编程语言排行榜中,Python 无疑是排名最靠前的编程语言,它在数据分析、人工智能、网络爬虫、游戏开发等诸多领域中被广泛应用,成为近十几年中最热门的编程语言,受到广大编程人员的喜爱。与人们想象的可能不太一样,Python 并不是一门新兴的编程语言,实际上它已到了"而立"之年。

**1. Python 语言的发展历史**

Python 语言创始于 20 世纪 90 年代初,单词 Python 在英文中是"巨蟒"的意思,Python 之父荷兰数学家、计算机学家 Guido van Rossum 在为 Python 命名时,借用了他最喜欢的英国飞行马戏团(Monty Python's Flying Circus)名字。

Python 是一门解释型高级编程语言,设计者为荷兰计算机专家 Guido von Rossum。1991 年,第一个 Python 编译器诞生,它既继承了传统语言的强大性和开源语言的通用性,也具有脚本解释程序的易用性。2000 年 10 月,Python 2.0 版本发布,2008 年 12 月,Python 3.0 版本发布。但 Python 2 和 Python 3 差异较大,并且不兼容。截至成书之际,Python 的最新官方版本为 3.12。

在最初的十几年里,Python 并未受到人们的关注,但随着机器性能的逐渐提高,互联网的普及,Python 的优势逐渐显现,如今已被广泛应用于数据分析、人工智能、游戏开发和 Web 编程等多个领域,许多国内外知名高校都将其作为不同专业的必修课,如计算机科学与技术、软件工程、统计学、数字经济专业等,并部分替换了传统的 C、C++、Java 等语言课程。

图 1.1 和图 1.2 是 Python 在 TIOBE(The Importance Of Being Earnest,一家全球知名的软件代码质量评测公司)中的历史排名和 2024 年的各大编程语言中的排名。

**2. Python 的主要特点**

Python 语言之所以受到人们的广泛关注,主要得益于它的优势特点。其优势特点包

| 编程语言 | 2024 年 | 2019 年 | 2014 年 | 2009 年 | 2004 年 | 1999 年 | 1994 年 | 1989 年 |
|---|---|---|---|---|---|---|---|---|
| Python | 1 | 4 | 8 | 6 | 9 | 26 | 22 | - |
| C | 2 | 2 | 1 | 2 | 2 | 1 | 1 | 1 |
| C++ | 3 | 3 | 4 | 3 | 3 | 2 | 2 | 2 |
| Java | 4 | 1 | 2 | 1 | 1 | 14 | - | - |
| C# | 5 | 6 | 5 | 7 | 7 | 22 | - | - |
| JavaScript | 6 | 7 | 9 | 9 | 8 | 19 | - | - |
| Visual Basic | 7 | 19 | - | - | - | - | - | - |
| SQL | 8 | 9 | - | - | 85 | - | - | - |
| Go | 9 | 17 | 34 | - | - | - | - | - |
| PHP | 10 | 8 | 6 | 5 | 6 | - | - | - |
| Objective-C | 32 | 10 | 3 | 36 | 41 | - | - | - |
| Lisp | 35 | 32 | 14 | 21 | 14 | 12 | 6 | 3 |
| (Visual) Basic | - | - | 7 | 4 | 5 | 3 | 3 | 7 |

图 1.1　1989—2024 年的 TIOBE 编程语言排行榜

| Jun 2024 | Jun 2023 | Change | | Programming Language | Ratings | Change |
|---|---|---|---|---|---|---|
| 1 | 1 | | | Python | 15.39% | +2.93% |
| 2 | 3 | ∧ | | C++ | 10.03% | -1.33% |
| 3 | 2 | ∨ | | C | 9.23% | -3.14% |
| 4 | 4 | | | Java | 8.40% | -2.88% |
| 5 | 5 | | | C# | 6.65% | -0.06% |
| 6 | 7 | ∧ | | JavaScript | 3.32% | +0.51% |
| 7 | 14 | ∧ | | Go | 1.93% | +0.93% |
| 8 | 9 | ∧ | | SQL | 1.75% | +0.28% |
| 9 | 6 | ∨ | | Visual Basic | 1.66% | -1.67% |
| 10 | 15 | ∧ | | Fortran | 1.53% | +0.53% |

图 1.2　2024 年 6 月的 TIOBE 编程语言排行榜

括:简单易学、支持面向对象、动态数据类型、代码开源、跨平台、强制编码规范、丰富的第三方库、支持函数式编程等。

在这些优点中,丰富的第三方库是其能得到广泛应用的最重要原因。这些第三方库构成了 Python 语言生态圈的坚实基础,为 Python 在各个领域的应用提供了最广泛的支持,有利于开发人员进行各个领域的开发工作,也有利于科研人员处理实验数据、制作图表,以及科学计算等诸多研究工作。

**3. Python 的主要应用场景**

Python 语言应用领域广泛,常用于自动化运维、数据分析、人工智能、Web 应用开发、大数据开发、游戏开发、网络爬虫等诸多领域。

本书主要讲解 Python 语言编程基础,在此基础上,将通过一些综合案例,展示 Python 在这些领域中的应用。

## 思考与练习

1.1　请简述 Python 语言的发展历史。

1.2　Python 语言的优势特点有哪些？

1.3　Python 语言的主要应用场景有哪些？

## 1.2　Python 标准开发包的下载和安装

视频讲解

Python 官网为 Python 开发者提供了标准的开发包，这是 Python 初学者学习 Python 的必备工具。本节将以 Windows 10 操作系统为例，对 Python 标准开发包的下载和安装进行讲述。

### 1.2.1　Python 标准开发包的下载

打开 Python 官网，界面如图 1.3 所示。

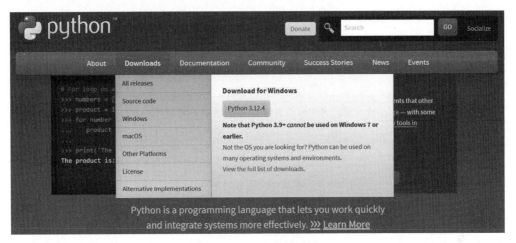

**图 1.3　Python 官网界面**

单击图 1.3 的 Python 3.12.4 按钮，即可下载当前 Python 语言的标准开发包。这个版本是本书成书之际的最新稳定版本。

需要说明的是，Python 3.9 及以后的版本并不支持 Windows 7 及更早期的 Windows 操作系统，而 Python 语言的版本选择，还需要考虑 Python 生态圈的支持程度，并不是越新的版本越适合用户使用。

单击图 1.3 的 View the full list of downloads 链接，将打开图 1.4 所示页面。

从图 1.4 可以看到，当前活跃的 Python 版本有 3.13、3.12、3.11、3.10、3.9 和 3.8。其中，3.13 为预发布状态，而 3.12 和 3.11 为 bugfix 状态，即处于打补丁的状态。

考虑到 3.12 的发布时间较短，Python 生态圈的支持度尚不完备，许多第三方库还不支持该版本，因此本书使用的是较为成熟的 3.11 版本。

单击图 1.4 中的 Python for Windows 链接，打开图 1.5 所示的界面。

读者可根据自己的计算机位数来选择相应的安装包进行下载（目前绝大多数用户的计算机都是 64 位系统）。本书选择的版本是 Python 3.11.5。

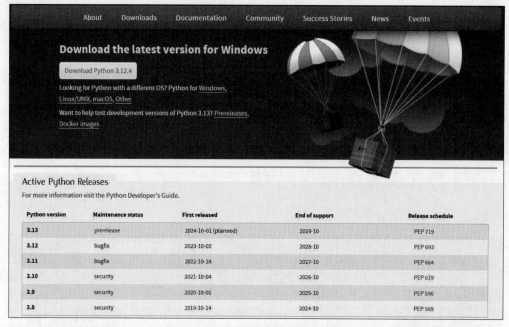

图 1.4　当前活跃的 Python 版本列表

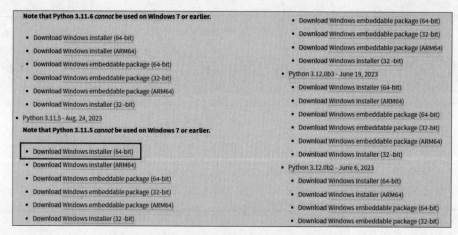

图 1.5　下载支持 Windows 系统的 Python 版本

## 1.2.2　Python 标准开发包的安装

标准开发包下载完成后,双击下载好的 python-3.11.5.exe 文件,便可执行安装程序。这里以 Python 3.11.5(64-bit)为例,介绍 Python 标准开发包的安装。

在安装程序的第一个界面上,勾选底部的 Add python.exe to PATH 复选框(将 Python 添加到系统环境变量中,方便在 Windows 交互式环境中使用 Python),然后选择 Customize installation(自定义安装)选项,如图 1.6 所示。

安装程序进入下一步,如图 1.7 所示。

图 1.7 对安装的选项进行了说明。按照图片所示进行勾选后,单击 Next 按钮,进入

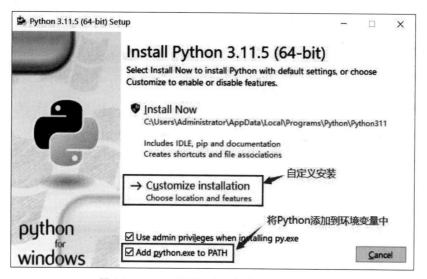

图 1.6　Python 标准开发包的自定义安装界面

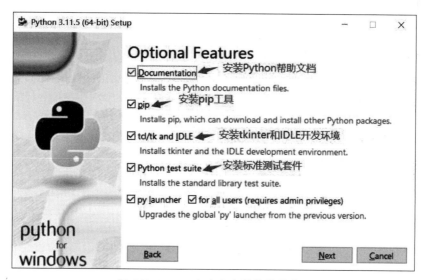

图 1.7　Python 自定义安装的选项说明

安装程序的下一步，如图 1.8 所示。

　　这时可根据需要勾选"Install Python 3.11 for all users"复选框，以便所有系统用户都可以使用该 Python 标准开发包，这里将其安装在"C:\Program Files\Python 311"目录下。

　　**注意**：Python 的安装路径最好不要包含非英文字符。

　　按照图 1.8 所示进行勾选后，单击 Install 按钮进入正式的安装过程。

　　安装完毕后，将出现图 1.9 所示的安装成功界面。

　　Python 3.11.5 安装成功后，单击系统开始菜单，将可以看到如图 1.10 所示的 Python 3.11 程序菜单。

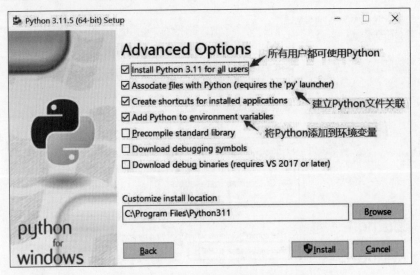

图 1.8　Python 自定义安装的高级选项

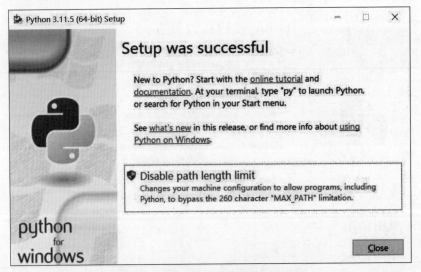

图 1.9　Python 3.11.5 的安装成功界面

图 1.10　Python 3.11 程序菜单

菜单中包含 4 个子菜单项,其中 IDLE 是 Python 标准开发包自带的程序开发编辑器,Python 3.11 可直接打开 Python 交互式运行界面,Python 3.11 Manuals 是 Python 的使用说明手册,Python 3.11 Module Docs 是 Python 的模块说明文档。

单击 Python 3.11 将打开 Python 的命令行交互界面,如图 1.11 所示。

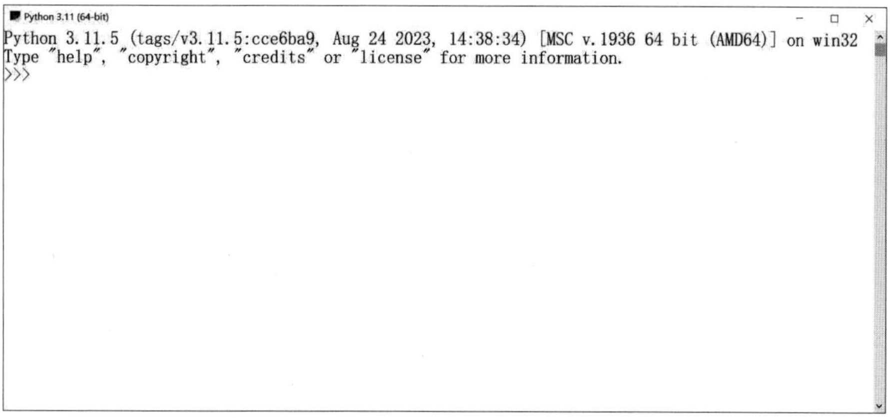

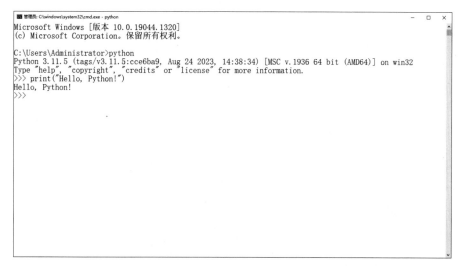

图 1.11　Python 3.11 的交互式运行界面

图 1.11 显示了当前 Python 的版本号,“>>>”为命令提示符,表示等待用户输入 Python 代码。

另外,用户也可以通过以下步骤进入 Python 的交互式运行环境。

(1)通过系统开始菜单打开 PowerShell 程序。也可使用快捷键 Win+R,打开运行窗口,输入 CMD,进入命令行窗口;

(2)在命令行中输入 python,进入 Python 交互式运行环境。

在图 1.11 所示的交互式环境中,输入 print(“Hello,Python!”),并按 Enter 键。Python 解释器将解释并执行该代码,输出对应的字符串,效果如图 1.12 所示。

图 1.12　执行 print 语句的输出界面

思考与练习

1.4 对于开发人员来讲,是不是 Python 版本越新越好? 为什么?

1.5 请简要说明 Python 标准开发包的安装步骤。

1.6 请说明 Python 交互式界面的两种进入方式。

视频讲解

## 1.3 常用集成开发工具

所谓集成开发工具(Integrated Development Environment,IDE)是指在一个开发平台中集成了开发所需的多种开发工具,一般包括代码编辑器、编译器、调试器和图形用户界面等,有助于提升程序开发人员的开发效率。

Python 语言的常用集成开发工具有 Anaconda、PyCharm、Visual Studio Code、PyDev 等。其中,Anaconda 主要用于数据科学、机器学习、数据可视化等领域,相当于一个 Python 开发整合包,包含各种常用的 Python 第三方库,使用起来非常方便,是目前最受欢迎的 Python 开发 IDE 之一。本节将介绍 Anaconda 的下载和安装。

进入 Anaconda 官网,界面如图 1.13 所示。

图 1.13 Anaconda 官网首页

在图 1.13 中单击 Download 按钮,将下载 Windows 环境下的 Anaconda 开发包。读者也可根据自己的操作系统不同,选择 Get Additional Installers 之下对应的 Anaconda 开发包。

**注意**:在安装 Anaconda 开发包之前,要尽量关闭操作系统的安全卫士、杀毒软件等相关安全软件,以免安全软件自动屏蔽掉安装程序的部分内容,导致 Anaconda 开发包中的程序无法正常启动。

下载完成后,双击下载好的.exe 文件,进行 Anaconda 的安装,如图 1.14 所示。

单击 Next 按钮进入下一步安装流程,如图 1.15 所示。

单击 I Agree 按钮进入下一步安装流程,如图 1.16 所示。

图 1.14　Anaconda 安装欢迎界面

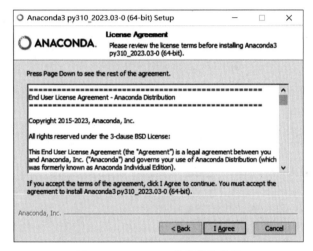

图 1.15　Anaconda 安装协议选择

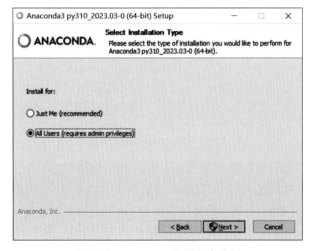

图 1.16　Anaconda 使用用户选择

为了方便其他用户也能使用 Anaconda 开发环境,建议选择 All Users 选项,然后单击 Next 按钮,进入下一步安装流程,如图 1.17 所示。

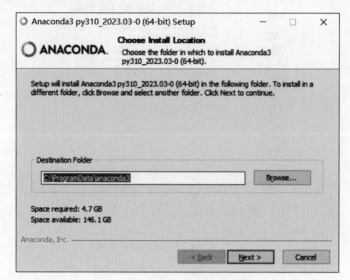

图 1.17　Anaconda 安装路径选择

用户可在此安装界面中更改自己的 Anaconda 安装路径,如不更改,单击 Next 按钮,将进入下一步安装流程,如图 1.18 所示。

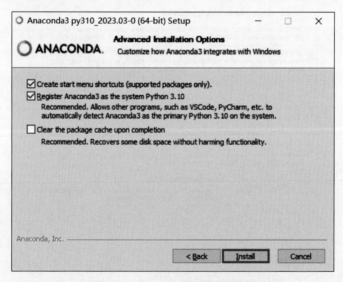

图 1.18　Anaconda 高级安装选项

这里采用安装程序设置的默认选项即可,单击 Install 按钮,进入安装流程。

**注意**:如果更改默认选项,将可能导致安装程序与其他的 Python 环境冲突。

安装过程结束后,程序将显示安装结束界面,如图 1.19 所示。

在图 1.19 中,采用安装程序的默认选项即可,单击 Finish 按钮,整个 Anaconda 开发包就安装结束了。

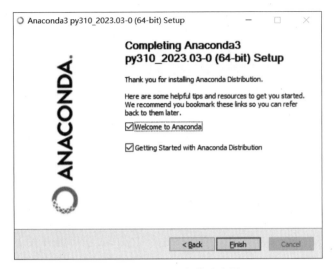

图 1.19　Anaconda 安装结束界面

这时单击系统开始菜单,将看到图 1.20 所示的 Anaconda 程序菜单。

其中,Anaconda Navigator 为 Anaconda 程序导航器,可通过导航器启动 Spyder、Ipython、Jupyter Notebook、Anaconda Prompt 等各种开发相关程序。

单击 Anaconda Powershell Prompt 将为用户打开一个命令行外壳程序和脚本环境。

单击 Anaconda Prompt 将启动一个命令行式的脚本环境,它可看作是 Anaconda Powershell Prompt 的 Windows 简化版本。

图 1.20　Anaconda 程序菜单

Jupyter Notebook 是一个 Web 文本应用程序,便于用户创建和共享程序文档,支持实时代码、数学方程、可视化和 Markdown。

Spyder 则是 Anaconda 自带的集成开发环境,是数据分析、机器学习、可视化常用的开发工具。

而 Reset Spyder Settings 则是用于重置 Spyder 的设置参数,将 Spyder 恢复至最初的状态。

除了 Anaconda 外,PyCharm 也是目前主流的 Python 开发工具。感兴趣的读者可自行前往官网下载使用。

另外,PyCharm 对于在校大学生非常友好,可以通过使用@edu 结尾的邮箱来激活 PyCharm 的专业版(在本书成书之际,这一优惠条件仍然有效)。

集成开发工具有诸多优秀特性,如查看内置函数的功能、多个文件间跳转查阅、辅助代码输入、语法突出、语法自动检查等。

读者熟练掌握一两个主流集成开发工具,将大大提高自己编程的效率,提升自己学习的愉悦度。本书主要使用 IDLE、Spyder 及 Ipython 作为程序开发和演示工具。

除了 Anaconda、PyCharm 等集成开发工具之外,还有些文本编辑器也受到不少开发者的青睐,如 Sublime Text、Emacs、Geany 等,感兴趣的读者可以自行尝试使用。

**思考与练习**

1.7 请简单列举你所了解的 Python 集成开发工具,并查询资料,理解集成开发工具与普通文本编辑器的区别。

1.8 请简述 Anaconda 集成开发工具的安装过程。

1.9 请简述集成开发工具的优点。

视频讲解

# 1.4 Python 程序的两种运行方式

Python 标准开发包安装成功后,便可以进行 Python 程序的开发了。Python 程序有两种运行方式。

(1) 交互式运行方式。每次只能运行一个独立的代码块,如一条 print()语句,一条 if 语句,一个 for 循环语句等。交互式运行方式常用于代码的调试、方法的练习与演示等。

(2) 文件式运行方式,也称批处理运行方式。需要先把 Python 代码编写、保存在一个.py 文件中,然后执行该.py 文件,Python 解释器将依次解释.py 文件中的代码,并依次执行代码。

下面通过一个简单的例子,来展示 Python 代码的两种运行方式。启动 IDLE 交互式程序界面,依次输入示例 1.1 所示的代码。

**【示例 1.1】** 第一个 **Python** 程序。

```
1    print("Hello, world!")          #打印文本:"Hello world !"
2    print("Hello, python! ")        #打印文本:"Hello python!"
```

程序的输出结果如图 1.21 所示。

```
IDLE Shell 3.11.5                                              —  □  ×
File Edit Shell Debug Options Window Help
Python 3.11.5 (tags/v3.11.5:cce6ba9, Aug 24 2023, 14:38:34)
[MSC v.1936 64 bit (AMD64)] on win32
Type "help", "copyright", "credits" or "license()" for more
information.
>>> print("Hello, world!")
Hello, world!
>>> print("Hello, python!")
Hello, python!
>>>
                                                        Ln:7  Col:0
```

**图 1.21 示例 1.1 的交互式运行结果**

可以看出,在 IDLE 交互式运行环境中,用户输入一条代码,按 Enter 键,就会得到该代码的执行结果。

现在使用文件式运行方式来执行示例 1.1 中的代码。

（1）打开 IDLE，通过单击 File→New File 创建一个新的文本文件，在文件中输入示例 1.1 的代码，保存为 ch01_01.py，如图 1.22 所示。

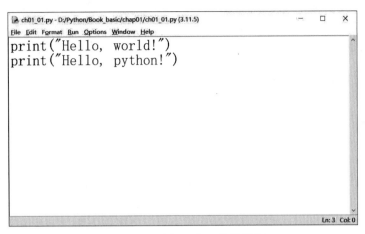

**图 1.22　示例 1.1 代码编辑界面**

（2）单击 Run→Run Module 执行 ch01_01.py 文件，将得到程序执行结果，如图 1.23 所示。

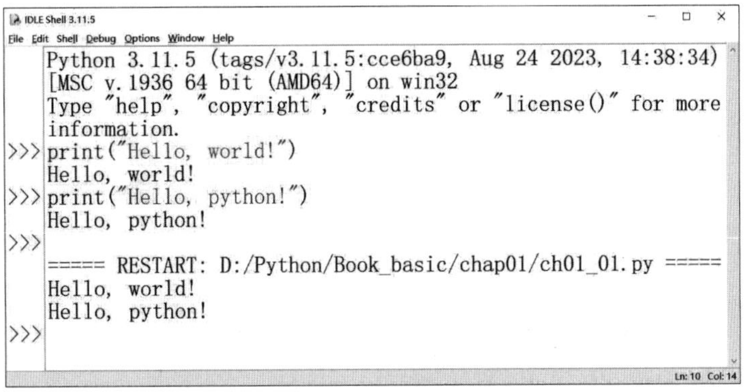

**图 1.23　示例 1.1 的文件式运行结果**

在文件式运行方式中，需要将 Python 程序代码先编辑保存为.py 文件。.py 后缀名表示这是一个 Python 类型文件，在执行该文件时，操作系统将根据文件后缀名，调用关联的程序，也即 Python 解释器，来解释执行该.py 的文件。

通过 IDLE 为程序示例 1.1 提供的两种不同运行方式可以看出，IDLE 为 Python 代码的关键字、变量、字符串等提供了不同的颜色显示，这样会有助于编辑者及时发现拼写及语法错误，这称为语法突出。不同的集成开发工具、编辑器都提供了语法突出功能。

为了方便表述，本书后面的程序示例演示中只给出代码内容和程序的运行结果，不再进行图片形式的代码和程序运行结果展示。

**思考与练习**

1.10　Python 程序有几种运行方式？它们各自具有什么特点？

1.11 Python 语言的编辑器或集成开发工具,都提供了语法突出功能,请简单说明什么是语法突出。

1.12 请完成程序示例 1.1 所示代码。

视频讲解

# 1.5 第三方库的安装*

所谓的 Python 语言库,是由开发人员编写好的,通常用于某一特定领域的程序包,其中包含了函数、类或一些子库,以方便开发人员用这些库高效地进行特定领域的项目开发。

Python 语言库通常分为两类,分别为标准库和第三方库(也有书籍将库表述为模块,这里不做区分)。Python 标准开发包自带的库称为标准库,用户安装好 Python 标准开发包后,就可随时使用标准库,而第三方库则需要另外下载和安装后才能使用。

根据统计,目前 Python 社区已经提供了上百万个第三方库供开发人员使用,这些第三方库功能强大,大多采用 C、C++、Java 等编译语言编写,既具备了这些编译语言的高效率,又因为其提供了遵守 Python 语法的调用方式,使得开发人员可以很容易掌握这些库的使用。

可以说,Python 语言的强大,正是来自这些第三方库的支撑,Python 语言也因此常被称为"胶水"语言。在 Python 语言的学习过程中,不可避免需要下载和安装一些第三方库。

第三方库常用的安装方法有 3 种,分别为:

(1) 使用 pip 指令下载并安装第三方库;

(2) 下载相关第三方库的.whl 文件到本地,然后再使用 pip 指令进行安装;

(3) 自定义安装。

以下将依次讲述这 3 种第三方库的安装方法。

## 1.5.1 使用 pip 指令下载安装第三方库

pip(Python Install Packages)是 Python 官方提供并维护的在线第三方库安装工具,它使用命令行方式来安装和管理软件开发包。

pip 支持安装(install)、下载(download)、卸载(uninstall)、展示(list)、查看(show)、查找(search)等一系列安装和维护子命令,是目前最常用,也是最简单的 Python 第三方库的安装、管理方式。

Python 社区组织建立了专业的开源免费软件开发包索引网站(https://pypi.org/),也就是开发人员常说的 PyPI(Python Package Index),该网站提供的开发包都可以通过 pip 方便地安装到本地。

Python 3.4 及以后的版本都默认集成了 pip 工具。pip 工具的指令调用语法格式为 pip <command> [options]。其中,<command>为指令,[options]为参数。

表 1.1 为常用的 pip 指令使用方式和功能说明。

表 1.1　常见的 pip 指令

| pip 指令 | 指令功能说明 |
| --- | --- |
| install | Install packages（安装第三方库） |
| download | Download packages（下载但不安装第三方库） |
| uninstall | Uninstall packages（卸载已安装的第三方库） |
| list | List installed packages（列出当前已安装的第三方库） |
| search | Search PyPI for packages（在 PyPI 上搜索指定的第三方库） |
| show | Show information about installed packages（显示已安装第三方库的相关信息） |
| help | Show help for commands（获得 pip 命令帮助） |

与这些 pip 指令相结合，还可以使用相关的指令参数，以对 pip 指令进行补充或限制。

表 1.2 为 pip 指令的使用示例及功能说明。

表 1.2　pip 指令的使用示例及功能说明

| pip 指令示例 | 示例功能说明 |
| --- | --- |
| pip install PackageName | 安装指定名称的第三方库 |
| pip install PackageName == 2.2 | 安装指定名称，且版本号为 2.2 的第三方库 |
| pip install -U PackageName | 升级指定名称的第三方库，如当前环境不存在该库，则改为下载安装 |
| pip install PackageName -i ImageAddress | 通过镜像地址，安装指定名称的第三方库，这对于那些体量较大的，安装比较缓慢的第三方库，特别有效 |
| pip uninstall PackageName | 卸载已安装的指定名称第三方库 |
| pip show PackageName | 显示已安装的指定名称第三方库的相关信息，包括第三方库名称、版本号、所在位置、主页等信息 |
| pip list | 列出当前环境中已安装的所有第三方库 |
| pip -h（或 pip --help） | 获得 pip 命令的使用帮助 |

## 1.5.2　使用 WHL 文件安装第三方库

对于某些特定的第三方库，或者特定版本的第三方库，可能直接使用 pip 命令无法正确地下载安装，那么这时可尝试下载该第三方库的 wheel 文件进行安装。wheel 文件以 .whl 为扩展名，它是 Python 的一种 built-package 格式。下面以 numpy 库为例，进行 WHL 文件的下载安装演示。

Python 的第三方库即 PyPI 网站，其中，PyPI 为英文 "The Python Package Index" 的首字母缩写，为 Python 库索引的意思。打开网站首页，如图 1.24 所示。

在搜索栏输入 numpy，单击搜索按钮，将返回网站搜索结果，如图 1.25 所示。

图 1.24　PyPI 网站首页

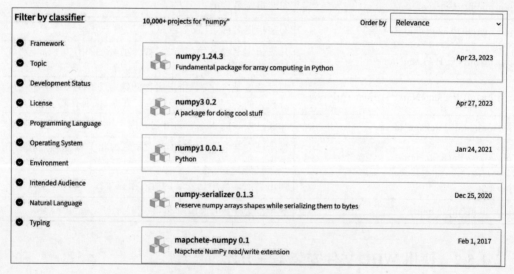

图 1.25　numpy 的搜索返回结果

单击 numpy 1.24.选项,将进入第三方库 numpy 1.24.3 的 PyPI 链接页面,如图 1.26所示。

单击 Download files 链接,将打开图 1.27 所示的下载页面。选择符合自己 Python版本和对应操作系统的 WHL 文件下载。这里选择 Windows 64 位的版本进行下载。

将下载好的 WHL 文件保存到工作目录后,便可进行安装。安装指令为 pip installPackageName.whl。

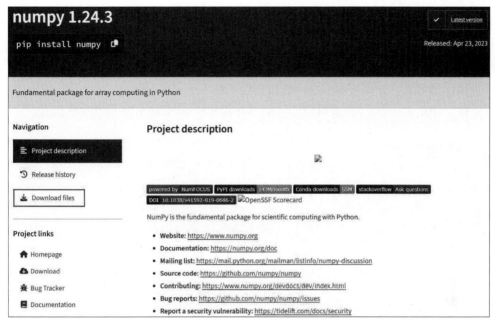

图 1.26　numpy 的 PyPI 链接页面

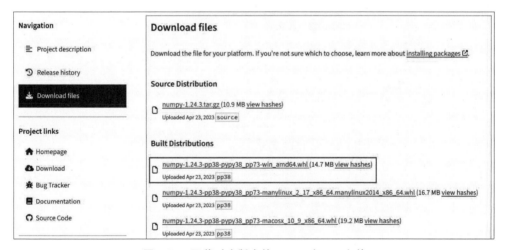

图 1.27　下载对应版本的 numpy 库 .whl 文件

### 1.5.3　自定义安装

由于一些历史、技术和政策方面的原因,还存在少量第三方库无法使用 pip 安装,因此需要使用自定义安装方法。

自定义安装一般适用于 PyPI 中尚未登记或安装失败的第三方库,这时按照第三方库主页提供的方式安装即可。

另外,对于大部分使用.gz,.rar,.zip 等后缀名的第三方库文件,直接复制到 Python 安装目录的 Lib\site-packages 目录下即可使用。

**思考与练习**

1.13 请解释 pip 工具的作用。

1.14 请使用 pip 指令,下载安装第三方库 pyperclip。

1.15 请将第三方库 pyperclip 删除,然后下载 pyperclip 的.whl 文件,并进行安装。

1.16 使用 pip 指令,查看当前环境中已安装好的 pyperclip 第三方库的信息。

视频讲解

# 1.6 获取帮助

## 1.6.1 Python 帮助文档

安装好 Python 3.11 标准开发包后,Python 程序菜单将会包含 Python 3.11 Manuals 和 Python 3.11 Module Docs 两个子菜单(参见 1.2.2 节),前者为 Python 3.11 使用手册,而后者是 Python 的模块说明文档。

单击 Python 3.11 Manuals 子菜单,将打开图 1.28 所示界面。

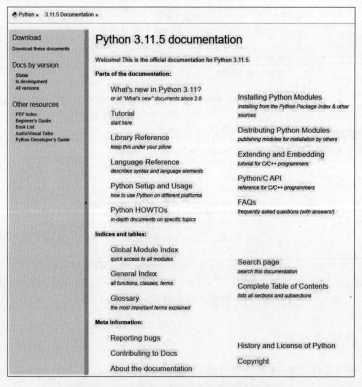

**图 1.28 Python 标准开发包使用手册**

Python 标准开发包使用手册包含了该版本 Python 开发相关的诸多内容,包括 Python 模块索引、该版本的新特点、Python 使用教程、Python 的安装和使用、Python 语言参考内容、Python 标准库、如何安装 Python 库、常见问题处理、Python 的历史和版本等内容。

由于 Python 标准库的使用非常重要,因此 Python 标准开发包还提供了更为详细的库说明文档,单击 Python 程序菜单的 Python 3.11 Module Docs,将打开 Python 模块说明文档 Web 服务程序,如图 1.29 所示。

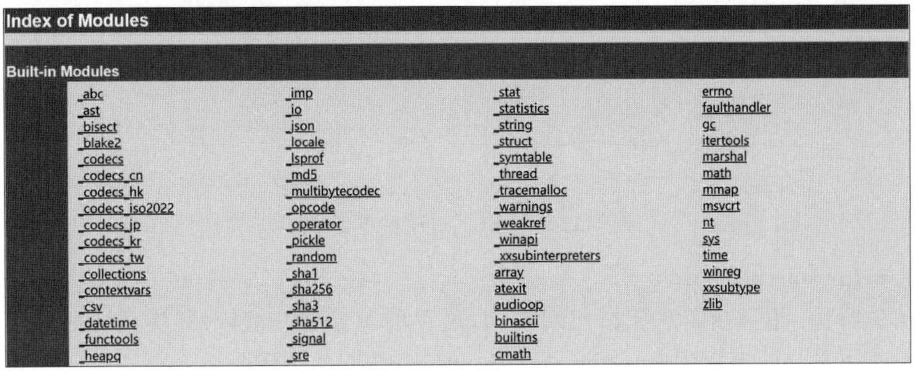

图 1.29　Python 模块说明文档索引页面

单击其中任意一个模块,将打开该模块的详细介绍及使用说明。

建议读者经常查看 Python 使用手册和 Python 标准库说明文档,特别是 Python 版本的新特点及 Python 标准库的使用说明,这是学习 Python 标准开发包的第一手资料。

## 1.6.2　通过指令获得帮助

使用 Python 库说明文档来获得模块的使用说明,这对于一般用户来讲可能步骤稍显烦琐,且不太方便精确查找。为此,Python 为交互式执行环境提供了一些指令,用来帮助用户快速获得模块的使用说明。

**1. dir([object])**

**指令解释**:返回对象(通常是库)所包含的所有属性和方法,如果是类,还将返回类所继承得到的所有属性和方法。

以 pprint 库为例,使用 dir(pprint) 指令展示 pprint 库所包含的所有属性和方法,如图 1.30 所示。

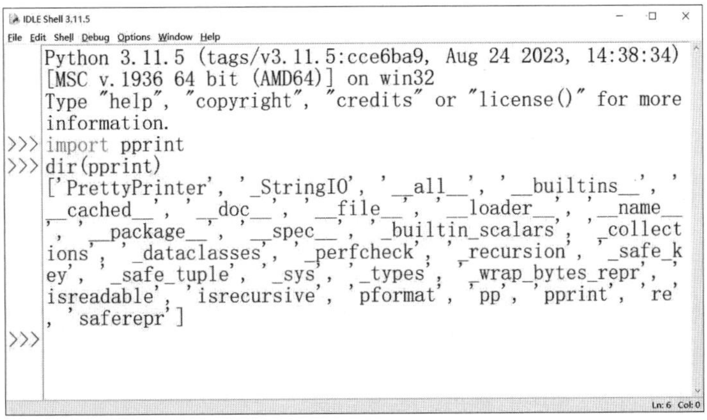

图 1.30　dir(pprint)的返回结果

**2. ModuleName.\_\_all\_\_**

**指令解释**：返回模块中的非限定方法和属性。该属性一般由模块设计人员指定哪些方法和属性可以返回，但一般会返回非私有和非保护的属性和方法。图 1.31 展示了 pprint.\_\_all\_\_返回的内容。

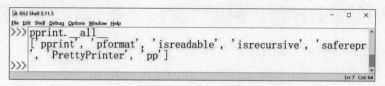

**图 1.31　pprint.\_\_all\_\_的返回结果**

**3. help(\*args,\*\*kwds)**

**指令解释**：返回指定对象的使用帮助，这里的对象可以是模块、类或方法。图 1.32 展示了使用 help()指令获得 pprint 模块的 pp()方法的使用帮助。

```
IDLE Shell 3.11.5                                          –  □  ×
File Edit Shell Debug Options Window Help
>>> help(pprint.pp)
Help on function pp in module pprint:

pp(object, *args, sort_dicts=False, **kwargs)
    Pretty-print a Python object

>>>
                                                        Ln: 14  Col: 0
```

**图 1.32　使用 help()方法获得 pprint 模块的 pp()方法使用说明**

**4. ModuleName.\_\_file\_\_**

**指令解释**：返回指定模块所在的位置。图 1.33 使用.\_\_file\_\_属性展示了 pprint 模块的所在位置。

```
IDLE Shell 3.11.5                                          –  □  ×
File Edit Shell Debug Options Window Help
>>> pprint.__file__
    'C:\\Program Files\\Python311\\Lib\\pprint.py'
>>>
                                                        Ln: 16  Col: 0
```

**图 1.33　使用.\_\_file\_\_属性获得 pprint 模块的所在位置**

对于初学者来讲，经常阅读模块的源代码文件有助于更深入理解模块的功能和原理，且有助于自己编码能力的提升。

以上介绍的几个指令对于编程人员来讲非常方便快捷，有助于高效地掌握一个新模块和方法的使用。

**思考与练习**

1.17　Python 标准开发包自带的帮助文档有哪些？分别有什么作用？

1.18　请解释 dir()指令的作用，并使用 dir()指令展示 math 库的内容结构。

1.19　请解释 help()方法的作用。

1.20　请根据自己的理解，说明 Python 帮助文档和帮助指令的异同。

## 1.7　本章小结

　　本章首先对 Python 语言进行了简单的介绍,包括 Python 发展历史,Python 语言的优势特点,Python 的主要应用场景等内容。

　　Python 官网为开发者们提供了 Python 标准开发包,这是初学者学习 Python 的必备工具。本章接着讲述了 Python 标准开发包的下载和安装,在此基础上,还介绍了 Python 集成开发工具 Anaconda 的下载和安装。Anaconda 在数据分析、机器学习等领域有广泛的应用,建议读者能熟练掌握该 IDE 的使用。

　　Python 程序有两种运行方式:交互式运行方式和文件式运行方式。其中,交互式运行方式适用于代码的调试、演示和练习,文件式运行方式则适用于程序的开发,是主要的 Python 程序运行方式。

　　Python 语言是一门简单易用且功能强大的语言,其强大的重要基础来自 Python 语言的开放生态环境。据不完全统计,目前 Python 社区已经提供了上百万个第三方库供开发人员使用,且还在快速增长中。因此,第三方库的安装和使用显得非常重要,常用的第三方库安装指令为 pip install ModuleName。除此之外,pip 指令内容丰富,还有众多的参数可供使用,用于帮助用户安装、卸载、查看、更新 Python 第三方库。

　　Python 标准开发包安装完成后,会附带有 Python 使用手册和 Python 模块说明手册两个文件,用于为程序开发人员提供帮助。为了方便程序员的开发使用,Python 还提供了 dir()、help() 等帮助指令,用于快速获得模块、类、函数的使用说明,这些帮助指令同样适用于第三方库。

　　学习完本章之后,读者应对 Python 语言的发展脉络有个大致的了解,能正确下载、安装 Python 标准开发包,掌握 Python 程序的两种运行方式,并学会独立使用 Python 帮助文档和帮助指令。

## 课后习题

视频讲解

### 一、单选题

1. 从编译和运行方式来看,Python 语言属于(　　)。

　　A. 机器语言　　　　　B. 汇编语言　　　　　C. 高级语言　　　　　D. 以上都不是

2. Python 标准开发包安装好后,内置的开发工具为(　　)。

　　A. IDE　　　　　　　B. Eclipse　　　　　　C. Spyder　　　　　　D. IDLE

3. 下列选项中,不属于 Python 语言特点的是(　　)。

　　A. 跨平台　　　　　　B. 面向对象　　　　　C. 运行效率高　　　　D. 免费和开源

4. Python 交互式运行环境中,等待用户输入代码的提示符为(　　)。

　　A. _　　　　　　　　B. >>>　　　　　　　　C. <<<　　　　　　　　D. #

5. Python 第三方库的安装指令为(　　)。

　　A. dir　　　　　　　　B. install　　　　　　　C. pip　　　　　　　　D. setup

二、填空题

1. 用户编写的 Python 程序代码,无须修改就可在其他不同操作系统的 Python 环境中运行,这是 Python 的_____特性。

2. 在 IDLE 开发环境中,可以使用快捷键_____新建一个 Python 程序文件。

3. 在 Python 交互式运行环境中,使用_____函数可以查看库、函数、类等的使用帮助。

4. 使用 pip 命令,查看当前 Python 环境已安装的第三方库的指令为_____。

5. 在 Python 交互式运行环境中,使用_____函数,可以查看库、类等对象所包含的结构内容。

6. Python 程序代码的两种运行方式为_____和_____。

三、思考题

1. 查阅资料,简述当前 Python 开发主要有哪些集成开发工具。

2. 请使用 pip 工具,安装第三方库 numpy,并检查是否安装成功。

3. 简要解释 Python 标准库与第三方库的区别。

# 第2章

# 语 法 基 础

在 Python 语言中,所有的数据类型,如整数、实数、复数、字符串等,还有常用序列,如列表、元组、字典等,都是对象。而在这些数据类型、常用序列上的操作方式,以及相关函数的调用方式、程序结构等,则构成了 Python 的语法基础。

## 2.1 输入输出函数

视频讲解

任何程序语言都需要通过输入输出功能与用户进行交互。所谓输入就是通过程序捕获用户通过输入设备(如键盘、鼠标、扫描仪等)输入的信息,而输出则是程序通过输出设备(如显示器、打印机等)向用户显示程序的运行结果。

在 Python 语言中,通过 input()函数获取用户的键盘输入信息,使用 print()函数打印程序的输出内容。

### 2.1.1 input()函数

input()函数:无论用户输入的是数值还是字符串内容,该函数都会将该内容转换为对应的字符串数据类型并返回。其语法格式为

```
input(prompt=None)
```

函数说明:prompt 表示提示信息,默认为空;如果非空,则显示提示信息。调用 input()函数后,程序将暂停运行,等待用户输入。用户输入完毕后按 Enter 键,input()函数将获取用户的输入内容,将其转换为对应的字符串并返回,并自动忽略换行符。该函数可以作为独立的语句使用,也可以将其返回结果赋给变量。

【示例 2.1】 使用 input()函数为 name 变量赋值。

```
1   name = input("请输入您的姓名:")      #提示信息为:请输入您的姓名
```

程序运行结果:

```
请输入您的姓名:张三
```

在该输出结果中,"张三"为演示输入内容。

【示例 2.2】 使用 input()函数为 age 变量赋值。

```
1   age = input("请输入您的年龄:")   #用户输入年龄后,input()函数会将其赋值给 age 变量
```

程序运行结果：

请输入您的年龄：20

其中，"20"为演示输入内容。

### 2.1.2　print()函数

print()函数的语法格式为

```
print(value, ..., sep=' ', end='\n', file=sys.stdout, flush=False)
```

函数参数说明如下。

value：表示需要输出的内容对象，一次可以输出一个或多个对象（这里的对象可以是任意 Python 数据对象）；当输出多个对象时，对象之间使用逗号","分隔。

sep：表示输出时对象之间的分隔符，默认为 1 个空格符。

end：表示 print()函数输出内容后，以何字符结尾，默认为换行符"\n"。

file：表示输出的位置，可将对象内容输出到文件。默认值为 sys.stdout（标准输出设备），即显示器屏幕。

flush：是否强制将缓存中的内容刷新输出，默认值为 False，即不强制刷新输出。

这些参数中，sep 和 end 两个参数使用较多，需要重点掌握。

【示例 2.3】　print()函数其参数的使用。

```
1    print("Hello", "world", "!")              #打印字符串,使用默认值空格符为分隔符
2    print("Hello", "world", "!",sep=" * ")    #打印字符串,使用" * "作为分隔符
3    print("Hello", "world", "!",sep=",")      #打印字符串,使用","作为分隔符
4    print("Hello", "world", "!",sep="")       #打印字符串,不使用分隔符
5    print("Hello world ! ")
6    print("Hello world !",end="#")            #打印字符串,使用"#"结尾
7    print("Hello world !",end="\n")           #打印字符串,使用"\n"结尾
8    print("Hello world !",end=" * ")          #打印字符串,使用" * "结尾
```

程序输出结果：

```
Hello world !
Hello * world * !
Hello,world,!
Helloworld!
Hello world !
Hello world!#Hello world!
Hello world! *
```

**思考与练习**

2.1　input()函数用于获得用户的输入内容，请问该函数会将用户输入内容统一转换为什么数据类型？

2.2　编写一个程序，将用户输入的内容原样输出。

2.3　请解释 print()函数中 sep 和 end 参数的作用。

## 2.2　变量和注释

### 2.2.1　变量

视频讲解

在 Python 语言中,变量的概念和代数方程变量的概念是一致的,只是在 Python 语言中,变量不仅可以表示数值,还可以表示其他数据类型。变量是 Python 语言用于存储表达式计算结果或用于表示值的符号。

**1. 变量概述**

变量的值通常可以动态变化,通过变量名可以访问相应的值。学习变量要重点关注三部分内容:变量数据类型、变量名、变量值。

Python 语言的变量不需要声明数据类型,但要求变量在使用前必须先赋值。赋值的目的是将值与变量名称进行关联。变量赋值语句的语法格式为

```
变量名 = 表达式
```

例如:name ="张三"。

在对变量进行赋值时,Python 解释器首先对表达式求值,并自动确定求值结果的数据类型,然后将结果存储到变量中。如果表达式无法求值,则赋值语句执行时会报错。

一个变量如果未赋值,则称该变量是“未定义的”。在程序中使用未定义的变量会导致程序错误。

Python 中变量的数据类型可以动态修改,可通过 type()函数查看变量的数据类型。

**【示例 2.4】　变量的赋值及数据类型查看。**

```
1    a = 20
2    print(type (a))          #此时 a 为 int 类型
3    a = "张三"                #重新赋值
4    print(type (a))          #此时 a 为 str 类型
5    a = 75.2                 #重新赋值
6    print (type (a))         #此时 a 为 float 类型
```

程序运行结果:

```
<class 'int'>
<class 'str'>
<class 'float'>
```

Python 语言支持链式赋值,即在一行代码中对多个变量同时赋值。

**【示例 2.5】　链式赋值。**

```
1    a = b = c = 1            #同时对多个变量赋值
2    print(a, b, c)
3    a, b, c = 1, "张三", 's'  #同时对多个变量赋值
4    print (a, b, c)
```

程序运行结果:

```
1 1 1
1 张三 s
```

**2. 标识符命名规则**

在 Python 语言中,变量、函数、类、类实例等的命名,都要遵守一定的命名规则,以方便代码的阅读和交流,这些命名规则统称为标识符命名规则。

以下为基本的 Python 标识符命名规则。

(1) 标识符只能包含字母、数字和下画线,但不能以数字开头。例如,可将变量命名为 message_1,但不能将其命名为 1_message。

(2) 标识符不能包含空格,通常使用下画线来分隔其中的单词。

(3) 标识符严格区分字母的大小写。

(4) 不建议使用现有的 Python 关键字和函数名用作标识符。

(5) 标识符应该能够见名知义,且尽量简洁。例如,应使用 age 而不是 a,应使用 student_name 而不是 s_n。

(6) 慎用小写字母 l 和大写字母 O,因为它们可能会被错看成数字 1 和 0。

**注意**:这里的"字母"是广义上的字母,不仅包含 26 个大小写英文字母。中文字符也属于字母的一种,所以 Python 语言也允许使用中文字符定义变量名。

对于变量命名,除了满足上述的标识符命名规则外,一般建议使用纯小写英文字母命名,单词间使用下画线来分隔,也即所谓的蛇形命名法。

**3. Python 关键字**

Python 的常用关键字如表 2.1 所示。

表 2.1　Python 的常用关键字

| False | None | True | and | as | assert | async |
|---|---|---|---|---|---|---|
| await | break | class | continue | def | del | elif |
| else | except | finally | for | from | global | if |
| import | in | is | lambda | nonlocal | not | or |
| pass | raise | return | try | while | with | yield |

常用关键字的查看,可通过标准库 keyword 模块的 kwlist 属性获取。

**【示例 2.6】** 查看 Python 的关键字。

```
1    import keyword                        #导入标准库模块 keyword
2
3    print(keyword.kwlist)                 #输出所有关键字
4    print(len(keyword.kwlist))            #查询 Python 所有关键字的数量
```

程序运行结果:

```
['False', 'None', 'True', 'and', 'as', 'assert', 'async', 'await', 'break', 'class',
'continue', 'def', 'del', 'elif', 'else', 'except', 'finally', 'for', 'from',
'global', 'if', 'import', 'in', 'is', 'lambda', 'nonlocal', 'not', 'or', 'pass',
'raise', 'return', 'try', 'while', 'with', 'yield']
35
```

### 2.2.2　注释

通常来讲,一个好的、可读性强的程序一般都会包含一定比例的代码注释。代码注释主要是写给程序员看的,以便进行代码维护和交流。程序执行时,解释器和编译器会自动忽略注释部分。

适当的注释不仅有利于他人读懂程序、了解程序的用途,同时也有助于程序员自己整理思路、方便回忆。

Python 注释分为两种,分别为单行注释和多行注释。

**1. 单行注释**

单行注释:以"♯"开头,表示本行代码"♯"号之后的内容都为注释。

**【示例 2.7】　计算矩形的面积。**

```
1    width = 20
2    height = 30
3    area = width * hcight              #计算矩形的面积
4    print("矩形面积为: ", area)         #打印矩形面积
```

程序运行结果:

```
矩形面积为: 600
```

说明:Spyder 中,单行注释或解除单行注释的快捷键为 Ctrl+1。IDLE 中添加单行注释的快捷键为 Alt+3,解除单行注释快捷键为 Alt+4。不同开发工具的注释快捷键各有不同。

**2. 多行注释**

在 Python 中,使用 3 个单引号对或者 3 个双引号对来表达的注释为多行注释。多行注释通常用于模块、类及函数的使用说明中。

**【示例 2.8】　多行注释的使用。**

```
1    """
2        作者:文强
3        时间:2024 年 9 月 10 日
4    """
5    print(" Hello, 这是我的多行注释 Python 程序!")
```

程序运行结果:

```
Hello, 这是我的多行注释 Python 程序!
```

在示例 2.8 中,也可将 3 个双引号对都替换成 3 个单引号对,注释功能不变。

在 IDLE 文本编辑状态下,可以通过以下操作快速注释或解除注释多行代码:选中需要操作的代码,然后选择菜单 Format→选择 Comment Out Region/Uncomment Region 选项。

程序员在编写代码时,应尽量确保所编写的程序代码即便在没有注释帮助的情况下

也简洁易懂。

**注意**：字符串和注释所使用的单引号和双引号都为英文半角状态下的引号。

**思考与练习**

2.4 判断题：Python 变量在使用时，不需要先进行赋值，因为它会自动获得一个初始值。

2.5 请阐述 Python 标识符的命名规则。

2.6 请思考 Python 的命名规则中，为何标识符不能以数字为开头。

2.7 请编写代码，打印 Python 的 35 个关键字。

2.8 Python 常见的注释有哪两种？请分别说明它们的作用。

视频讲解

## 2.3　数据类型

Python 语言不需要事先指定变量的数据类型，解释器会自动依据变量的值来确定变量的数据类型。Python 数据类型定义为一个值的集合以及在这个值集上的运算操作。一个对象上可执行且只允许执行其对应数据类型上定义的操作。在 Python 语言中，每个对象都归属于某一个数据类型。

Python 中基本的数据类型主要有整型(int)、浮点型(float)、布尔类型(bool)和字符串类型(str)。

### 2.3.1　整型

整型用 int 表示，通常用于表示整数，可以是正整数、负整数或 0。

对于整数类型，Python 并没有限定整型数值的取值范围，所以不用担心整形数值的溢出问题。但实际上由于机器内存是有限的，所以使用的整型数值也不可能无限大。

为了进行区分，Python 使用不同的标记表示不同的进制。十进制为默认进制，不需要标记；0b 或 0B 开头的整数表示二进制，0o 或 0O 开头表示八进制(后一个为小写字母 o 或大写字母 O)，0x 或 0X 开头表示十六进制。

**【示例 2.9】** 不同进制的使用。

```
1    a = 1024
2    b = -100
3    c = 0o11
4    d = 0b11
5    e = 0x11
6    print(a, b, c, d, e)
```

程序运行结果：

```
1024 -100 9 3 17
```

前面讲过，输入函数 input()输入的内容都为字符串类型。如果用户输入的内容为整数字符串,这时需要将整数字符串转化为整数,才可以实现相应的整数操作。转换可借助int()方法实现。

int()函数的格式为

```
int(x, base=10)
```

**函数作用**:将字符串 x,按照 base 参数指定的进制形式,转换成十进制整数结果;或用于对数值 x 取整。

当 int()函数的第 1 个参数为数字字符串时,可使用参数 base 来指定这个数字字符串的进制形式。base 的有效值范围为 0 和 2~36,其中 10 表示十进制数,即将十进制的字符串 x 转换成十进制整数,base 参数默认为十进制数。

**注意**:int()函数不接受带小数的数字字符串,但可接受带小数点的浮点数。

**【示例 2.10】** 将不同进制的数值字符串转换成十进制整数。

```
1    a = int("1001")
2    b = int("1001", base=0)        #0 表示自动转化
3    c = int("1001", base=2)
4    d = int("1001", base=8)        #将八进制的 1001 转换为十进制整数
5    e = int(1001.11)               #对十进制数 1001.11 取整
6    f = int(-1001.11)
7    print(a, b, c, d, e, f)
```

程序运行结果:

```
1001 1001 9 513 1001 -1001
```

**注意**:参数 base 指定进制时,数字字符串不能超过其表示范围,否则会报错。例如二进制数只能包含 0 和 1。

**【示例 2.11】** 当 base 参数取 0 时,int()函数将自动确定字符串对应的进制。

```
1    a = int("11", base=0)
2    b = int("0b11", base=0)
3    c = int("0o11", base=0)        #将字符串"0o11"自动转换为对应的八进制整数
4    d = int("0x11", base=0)
5    e = int("0x11", 0)             #使用位置参数传递,将 0 传给 base 参数
6    print(a, b, c, d, e)
```

程序运行结果:

```
11 3 9 17 17
```

**注意**:当 x 字符串表示的进制内容与 base 对应的进制不一致时,程序将会报错。

## 2.3.2　浮点型

Python 中浮点型数据有两种表示方式:小数形式和科学记数法形式。例如:3.14、2.35e4、6.18E-2 等。科学记数法使用小写字母 e 或大写字母 E 表示 10 的指数,后面只能跟一个整数,不能是小数。

【示例 2.12】　浮点数的表示。

```
1    a = 3.14
2    b = 2.35e4
3    c = 6.18E-2
4    #d = 123.5E3.2      #该行代码会报错
5    print(a, b, c)
```

程序运行结果:

```
3.14 23500.0 0.0618
```

**注意**:因为机器表达精度及程序设计机制问题,浮点数运算常常会存在一定的误差,应尽可能地避免在浮点数之间进行直接的相等性判断。例如 0.4-0.1 结果可能不是 0.3,而是 0.30000000000000004,这是一个非常接近 0.3 的数。

【示例 2.13】　浮点数的相等性比较。

```
1    print(0.4-0.1==0.3)
2    print(0.4-0.2==0.2)
```

程序运行结果:

```
False
True
```

当确实需要判断两个浮点数是否相等时,可以对它们之间差的绝对值进行判断,如果小于一个设定的阈值,即判断它们相等。例如:"a-b<=0.0000001",如果结果为真,则视为 a 等于 b。

对应于整型的 int()函数,Python 也提供了 float()函数用于将整数或数字字符串转换为对应的浮点数。

【示例 2.14】　使用 float()函数进行浮点数转换。

```
1    print(float(5))
2    print(float("6.8"))
```

程序运行结果:

```
5.0
6.8
```

在 Python 中,复数的实数和虚数部分都是浮点类型,其中虚数部分通过后缀 j 或 J 来表示。对于复数,可以使用.real 和.imag 来分别获得它的实数和虚数部分。

【示例 2.15】　浮点数所表示的复数。

```
1    a = 12.3 + 5.4j
2    print(a.real)
3    print(a.imag)
```

程序运行结果:

```
12.3
5.4
```

对于整形数据和浮点型数据的处理，Python 提供了一些常用的处理函数，简单列举如下。

bin(x)：返回整数 x 的二进制形式。

oct(x)：返回整数 x 对应的八进制形式。

hex(x)：返回整数 x 对应的十六进制形式。

abs(x)：计算 x 的绝对值。

round(x,b)：将 x 圆整到最接近的整数，参数 b 指定小数位。

【示例 2.16】　简单数据处理函数示例。

```
1    x = 120
2    print(bin(x))              #求 x 的二进制形式
3    print(oct(x))
4    print(hex(x))
5    print(abs(x))
6    print(round(3.1415926, 2))  #圆整到小数点 2 位
```

程序运行结果：

```
0b1111000
0o170
0x78
120
3.14
```

另外，标准库 math 也提供了许多常用的数学处理函数，包括角度计算、弧度计算、对数计算、求平方根、取余、求最大公约数、求幂、向上取整、向下取整等常用数学公式计算。

【示例 2.17】　math 库的函数使用示例。

```
1    import math                 #加载 math 库
2    print(math.sin(0))          #求 0 的 sin 值
3    print(math.cos(0))
4    print(math.pow(2, 10))      #求 2 的 10 次方
5    print(math.gcd(12, 18))     #求 12,18 的最大公约数
6    print(math.sqrt(81))        #求 81 的平方根
7    print(math.ceil(12.13))     #向上取整
8    print(math.floor(12.13))    #向下取整
```

程序运行结果：

```
0.0
1.0
1024.0
6
9.0
13
12
```

### 2.3.3  布尔类型

布尔类型是用来表示逻辑"是"或"非"的一种数据类型,它是 int 类型的子类,只有两个值,True 和 False。这里的 True 和 False 的首字母均为大写。

Python 提供了 bool()函数,用于将值转换为对应的布尔值。对于 bool()函数,所有的非空或非零,都对应为 True,所有的空值、0、None,都对应于 False。例如,对于整型数据,0 等价于 False,其他数值都视为 True。对于字符串数据,空字符串等价于 False,其他字符串都视为 True。

**【示例 2.18】**  使用 **bool()**函数获得对应数据的布尔值。

```
1    print(bool(-1))
2    print(bool(1))
3    print(bool(0))
4    print(bool(''))          #打印空字符对应的布尔值
5    print(bool([]))          #打印空列表对应的布尔值
6    print(bool('a'))         #打印字符'a'对应的布尔值
7    print(bool([1,]))        #打印列表[1,]对应的布尔值
```

程序运行结果:

```
True
True
False
False
False
True
True
```

布尔值可以隐式转换为整数类型使用,其中,True 等价于整数 1,False 等价于整数 0。

**【示例 2.19】**  布尔数值隐式转换为整数类型使用。

```
1    print(True==1)
2    print(3+True)
3    print(2+False)
```

程序运行结果:

```
True
4
2
```

### 2.3.4  字符串类型

视频讲解

字符串类型是 Python 最常用的数据类型之一,在程序开发中应用非常广泛。

Python 中的字符串属于不可变序列,使用一对单引号(')、双引号(")、三单引号(''')或

三双引号(""")括起来的内容,都被认为是字符串。为了简化对字符的操作,Python不再单独设立字符类型,单字符在 Python 中也被视为一个字符串。

**1. 创建和访问字符串**

Python 中字符串表示方式有如下三种。

普通字符串:采用一对单引号(')或双引号(")括起来的字符串。

原始字符串:在普通字符串前加字符 r,表示字符串按照本来面目呈现,字符串中的特殊字符将不再进行转义。

长字符串:使用一对三单引号(''')或三双引号(""")包裹起来的字符串,可包含换行符、缩进符等排版字符,将保留字符串的排版格式。

**【示例 2.20】 字符串表示方式。**

```
1    a = "abc\ndef"           #普通字符串,"\n"为换行符
2    b = r"abc\ndef"          #原始字符串
3    c = """abc              #长字符串
4        def
5    """
6    print(a)
7    print(b)
8    print(c)
```

程序运行结果:

```
abc
def
abc\ndef
abc
    def
```

另外,Python 还提供了 str()函数,用于将任意 Python 对象转换成对应的字符串。Python 也提供了 chr(u)函数返回 Unicode 编码 u 对应的单个字符,ord(c)函数返回单个字符 c 对应的 Unicode 编码。

**【示例 2.21】 字符串相关函数的使用。**

```
1    print(str(3.14))         #将浮点数 3.14 转换为字符串"3.14"
2    print(str([1, 2]))       #将列表[1, 2]转换为字符串"[1, 2]"
3    u = ord('a')             #获得字符 'a'的 Unicode 编码
4    a = chr(u)               #将 Unicode 编码 u 转换为字符 a
5    print(u)
6    print(a)
```

程序运行结果:

```
3.14
[1, 2]
97
a
```

**2. 引号使用规则**

对于字符串内容中包含单引号或双引号等特殊情况,需要遵守字符串引号使用规则,或采用转义字符"\"实现。

使用字符串时,第一对左单引号和右单引号之间的内容视为字符串,其余的文本视为普通代码;同理,第一对左双引号和右双引号之间的内容视为字符串,其余的文本视为普通代码。

【示例 2.22】 字符串的引号嵌套使用。

```
1    #message = 'I'm a person'                    #错误示例
2    #message = "I said " my name is Jony" "       #错误示例
3    message1 = "I'm a person"                     #正确示例
4    message2 = 'I said " my name is Jony" '        #正确示例
5    print(message1)
6    print(message2)
```

程序运行结果:

```
I'm a person
I said " my name is Jony"
```

要避免单引号、双引号混用所产生的错误,还可以使用三引号对表示长字符串。

【示例 2.23】 使用长字符串输出单、双引号。

```
1    message1 = """I said "I'm a person." """       #使用长字符串括起相关的单、双引号
2    message2 = """She said "It's funny." """
3    print(message1)
4    print(message2)
```

程序运行结果:

```
I said "I'm a person."
She said "It's funny."
```

**3. 转义字符**

对于一些特殊的、难以输入的字符,例如换行符、退格符等,可采用转义字符来实现。Python 用反斜杠'\'来表示转义字符。常见的转义字符如表 2.2 所示。

表 2.2　常见的转义字符

| 字符表示 | Unicode 编码 | 说　　明 |
|---|---|---|
| \t | \u0009 | 水平制表符 |
| \n | \u00a | 换行 |
| \r | \u00d | 回车 |
| \" | \u0022 | 双引号 |
| \' | \u0027 | 单引号 |
| \\ | \u005c | 反斜杠 |
| \b | \u0008 | 退格符 |

**【示例 2.24】　使用转义字符表示单引号和双引号。**

```
1    message1 = "I said \"I\'m a person.\""      #使用转义字符'\'来表示单、双引号
2    message2 = "She said \"It\'s funny.\""
3    print(message1)
4    print(message2)
```

程序运行结果：

```
I said "I'm a person."
She said "It's funny."
```

转义字符反斜杠'\'除了用于字符串中的特殊字符表达外,还可以用于运算及代码的连接。当一行代码超过一定长度范围时,可使用'\'符号进行代码的拼接。

**【示例 2.25】　使用转义字符'\'连接代码。**

```
1    a = 1 + 2 + 3 * 5 +\          #使用转义字符'\'来连接代码
2        4 * 8
3    message = "Hello," +\         #注意'\'后不能有空格字符
4            "world!"
5    print(a)
6    print(message)
```

程序运行结果：

```
50
Hello,world!
```

**4. 字符串运算符**

Python 中常见的字符串运算符如表 2.3 所示。

表 2.3　Python 中常见的字符串运算符

| 操作符 | 功　能　描　述 |
| --- | --- |
| + | 对字符串进行拼接 |
| * | 重复产生多个相同的字符串 |
| [n] | 通过索引 n 获得字符串中的字符,索引从左往右以 0 开始,从右往左以 −1 开始 |
| [n1:n2] | 截取字符串中的一部分,包含 n1 不包含 n2 |
| in | 成员运算符,如果字符串中包含给定的字符串,则返回 True |
| not in | 成员运算符,如果字符串中不包含给定的字符串,则返回 True |
| % | 格式化字符串 |

**【示例 2.26】　字符串运算符的使用。**

```
1    message = "Hello," + "world!"
2    message1 = "Hello" * 2          #产生两个"Hello"字符串
3    print(message)
4    print(message1)
```

```
5    print(message[0])
6    print(message[0:5])                    #输出 message 中索引 0 至索引 5(不包含 5)的内容
7    print("Hello" in message)
8    print("Hello" not in message)
```

程序运行结果：

```
Hello,world!
HelloHello
H
Hello
True
False
```

**5. 字符串格式化输出**

Python 支持字符串的格式化输出,其基本用法是将值插入有字符串格式符的模板中。

常用的字符串格式化符号如表 2.4 所示。

表 2.4　字符串格式化符号

| 字符串格式化符号 | 功 能 说 明 |
| --- | --- |
| %c | 格式化字符及其 ASCII 码 |
| %s | 格式化字符串 |
| %d | 格式化整数 |
| %o | 格式化无符号八进制数 |
| %x | 格式化无符号十六进制数 |
| %X | 格式化无符号十六进制数(大写) |
| %f | 格式化浮点数,可指定小数点后的精度 |
| %e | 用科学记数法格式化定点数 |
| %E | 作用同%e,用科学记数法格式化定点数 |
| %g | 根据值的大小决定使用%f 或者%e |
| %G | 作用同%g,根据值的大小决定使用%f 或者%E |

**【示例 2.27】　字符串的格式化输出。**

```
1    print("我的名字是 %s " % "张三")
2    print("我的年龄为 %d " % 19)
3    print("我的年龄为 %o " % 19)              #将 19 转换为八进制字符串,并替换%o
4    print("我的年龄为 %x " % 19)
5    print("我的身高为 %f " % 175.8)
6    print("我的身高为 %g " % 175.8)
```

```
7    g = "我的身高为 %e " % 175.8
8    print(g)
9    print("我的名字:%s, 年龄:%d" % ('张三', 19))   #当传多个值给模板时,要使用元组
                                                      #形式
```

程序运行结果:

```
我的名字是张三
我的年龄为 19
我的年龄为 23
我的年龄为 13
我的身高为 175.800000
我的身高为 175.8
我的身高为 1.758000e+02
我的名字:张三, 年龄: 19
```

示例 2.27 的第 9 行代码是将多个值传递给模板,这时需要使用元组来包括传递的多个实参值,并　　将实参值传递给对应模板的格式化符号。如将"张二"插入％s 处,19 插入％d 处。

除了字符串格式化符号外,新的 Python 版本更加推荐使用 format()函数及 f 关键字进行字符串的格式化输出,这两个内容将在后续章节进行深入讲解。

**思考与练习**

2.9　编写代码,获得整数 39 的十二进制表示形式。

2.10　请写出整数 32 在 Python 中的二进制、八进制、十六进制表示形式。

2.11　请写出科学记数法 5.2E2 的十进制结果。

2.12　编写代码,将圆周率 3.1415926535,圆整到小数点后 5 位。

2.13　有一行 Python 代码:bool(5) * 2＋bool(0),请写出该行代码的计算结果。

2.14　思考:既然浮点数可以表示所有的整数数值,Python 语言为何还要提供整数和浮点数两种数据类型?

2.15　小明年龄为 19 岁,身高 172.6cm。请使用字符串格式化符号输出小明的姓名、年龄、身高信息,要求身高保留 2 位小数。

# 2.4　运算符

视频讲解

不同的数据类型可执行的操作不同,Python 提供了一些常见的运算符用于执行不同数据类型的基本运算,包括算术运算符、关系运算符、逻辑运算符、位运算符、赋值运算符和成员运算符等。

## 2.4.1　算术运算符

算术运算符用于整数或浮点数的加、减、乘、除、取余等基本数学运算,且支持链式运算。Python 的算术运算符如表 2.5 所示。

表 2.5　Python 的算术运算符

| 运算符 | 功 能 描 述 | 示例(a＝10,b＝2) |
|---|---|---|
| ＋ | 将两个对象相加,可以是整数、浮点数、字符串和列表等对象 | a＋b 输出结果 12 |
| － | 负号或者是一个数减去另一个数 | a－b 输出结果 8 |
| * | 两个数相乘或者返回一个被重复若干次的序列对象 | a * b 输出结果 20 |
| / | 除以 | b/a 输出结果 0.2 |
| % | 取模,返回除法的余数 | b%a 输出结果 2 |
| ** | 返回 x 的 y 次幂 | a**b 为 10 的 2 次方,输出结果 100 |
| // | 取整,返回商的整数部分(向下取整) | 9//2 输出结果 4<br>－9//2 输出结果－5 |

【示例 2.28】 算术运算符的使用。

```
1    a = 13
2    b = 5
3    print(a / b)
4    print(a % b)            #取模运算
5    print(a // b)           #取整运算
6    print(2**3)             #求幂运算
7    print(3**2**2)          #链式求幂
```

程序运行结果:

```
2.6
3
2
8
81
```

注意:Python 用斜杠'/'表示除号。和一些编程语言中两个整数相除结果为整数不同,Python 中两个整数相除结果为浮点数,如果需要获取整除结果则需要使用两个斜杠'//'。

## 2.4.2　关系运算符

关系运算符用于比较对象之间的大小关系,运算结果为 True 或 False,支持链式运算。Python 的关系运算符如表 2.6 所示。

表 2.6　Python 的关系运算符

| 运算符 | 描　　述 | 示例(a＝10,b＝20) |
|---|---|---|
| ＝＝ | 判断两个对象是否相等 | (a＝＝b)返回 False |
| !＝ | 判断两个对象是否不相等 | (a !＝ b)返回 True |
| ＞ | 大于 | (a＞b)返回 False |

续表

| 运算符 | 描 述 | 示例(a＝10,b＝20) |
|---|---|---|
| ＜ | 小于 | (a＜b)返回 True |
| ＞＝ | 大于或等于 | (a＞＝b)返回 False |
| ＜＝ | 小于或等于 | (a＜＝b)返回 True |

**【示例 2.29】** 关系运算符的使用。

```
1    print(12 >= 8)
2    print(12 <= 8)
3    print(10 <= 12 <= 15)      #多个不等式的并行比较,同时满足才返回 True
4    print(12 >= 10 <= 15)      #等价于 12>=10 and 10 <= 15
5    print(6 < 10 > 8)
6    print("abc" == "abc")      #按照字母的 Unicode 编码,从左到右进行比较
7    print("abc" != "abc")
8    print("abc" > "abc")
9    print("abc" >= "abc")
10   print("abc" < "abc")
11   print("abc" <= "abc")
12   print("abc" <= "abd")
```

程序运行结果:

```
True
False
True
True
True
True
False
False
True
False
True
True
```

注意:①一个等号"＝"表示赋值运算,两个等号"＝＝"用于判断两个对象是否相等;②利用关系运算符比较大小,首先要保证操作对象之间是可比较大小的;③字符串比较大小时,是从左到右依次比较每个字符的 Unicode 编码大小来得到比较结果;④Python支持关系的链式运算,如 5＜a＜10,表示是否同时满足 5＜a 和 a＜10。

在 Python 中,所有的字符串都是 Unicode 编码字符串。其中,数字字符的 Unicode 编码＜大写英文字符的 Unicode 编码＜小写英文字符的 Unicode 编码。对于单个字符的编码,可以通过 ord(x)函数获取该字符 x 的 Unicode 编码,也可以通过 chr(u)函数把编码 u 转换为对应的字符。

**【示例 2.30】** ord()函数和 chr()函数的使用。

```
1    print(ord("a"))          #获得字符'a'的 Unicode 编码
2    print(ord('A'))          #获得字符'A'的 Unicode 编码
3    print(chr(100))          #将 100 转换为对应的字符
4    print(chr(70))
5    print("Abc">"aBC")
```

程序运行结果:

```
97
65
d
F
False
```

### 2.4.3 逻辑运算符

Python 中提供了三种逻辑运算符,分别为:①and(逻辑与),二元运算符;②or(逻辑或),二元运算符;③not(逻辑非),一元运算符。这三种逻辑运算符都支持链式运算。

其中,逻辑非的结果一定为 True 或 False,而逻辑与和逻辑或的结果则与具体表达式的计算结果相关。Python 的逻辑运算符如表 2.7 所示。

表 2.7　Python 的逻辑运算符

| 运算符 | 逻辑表达式 | 描　　述 | 示例(a＝10,b＝20) |
|---|---|---|---|
| and | x and y | 逻辑与,如果表达式 x 计算结果为 False,x and y 返回 x 的计算结果,否则它返回表达式 y 的计算结果 | (a and b)返回 20 |
| or | x or y | 逻辑或,如果 x 表达式结果为 True,x or y 返回 x 的计算结果,否则返回 y 的计算结果 | (a or b)返回 10 |
| not | not x | 逻辑非,如果表达式 x 计算结果为 True,not x 返回 False,否则返回 True | not(a and b)返回 False |

在 Python 中,所有的空值、0、None、空字符串、空列表等,都对应为 False。所有的非空或非零,都对应为 True。因此,当 not 后跟 False、0、""、None 或其他空值数据时,返回值为 True。

**【示例 2.31】** 逻辑非运算符 not 的使用。

```
1    print(not 5)
2    print(not 0)            #输出非 0 的结果
3    print(not "a")
4    print(not "")           #输出非""的结果
5    print(not None)         #输出非 None 的结果
6    print(not not [])       #链式逻辑非运算
```

程序运行结果:

```
False
True
False
True
True
False
```

需要说明的是,逻辑运算符 and 和 or 也称短路操作符,具有惰性求值的特点,表达式从左向右解析,一旦结果可以确定就会停止运算。

当计算表达式 exp1 and exp2 时,先计算 exp1 的值,若 exp1 的值为 True 或非空值,才会计算并输出 exp2 的值;若 exp1 的值为 False 或空值直接输出 exp1 的值,不再计算 exp2。

**【示例 2.32】　and 逻辑与运算符的使用。**

```
1    print(4 > 3 and 8 < 9)
2    print(5 > 4 and 8)
3    print(4 < 3 and 8)
4    print(2 and 5)       #输出 2 与 5 的结果
5    print(5 and 2)       #输出 5 与 2 的结果
6    print(0 and 5)       #输出 0 与 5 的结果
7    print(5 and 0)
```

程序运行结果:

```
True
8
False
5
2
0
0
```

当计算表达式 exp1 or exp2 时,先计算 exp1 的值,若 exp1 的值为 True 或非空值,则直接输出 exp1 的值,不再计算 exp2;若 exp1 的值为 False 或空值,才会计算并输出 exp2 的值。

**【示例 2.33】　or 逻辑或运算符的使用。**

```
1    print(4 > 3 or 8 < 9)
2    print(5 > 4 or 8)
3    print(4 < 3 or 8)
4    print(2 or 5)       #输出 2 或 5 的结果
5    print(5 or 2)       #输出 5 或 2 的结果
6    print(0 or 5)       #输出 0 或 5 的结果
7    print(5 or 0)
```

程序运行结果:

```
True
True
8
2
5
5
5
```

在设计逻辑运算符表达式时,如果能大概预测不同条件失败的概率,并根据 and\or 短路检测特性组织先后顺序,常常可以提高程序的运行效率。

### 2.4.4 位运算符*

位(bit)是计算机中表示信息的最小单位,位运算符实现数据的位操作。

Python 包含的位运算符有按位与(&)、按位或(|)、按位异或(^)、按位求反(~)、左位移(<<)、右位移(>>)。位运算符及其作用如表 2.8 所示。

表 2.8　位运算符及其作用

| 运算符 | 描　　述 | 示例(a=60,b=13) |
|---|---|---|
| & | 位与运算符,参与运算的两个值,如果两个相应位都为 1,则该位的结果为 1,否则为 0 | (a & b)输出结果 12,二进制解释:0000 1100 |
| \| | 位或运算符,只要对应的两个二进位有 1 个为 1,结果位就为 1 | (a\|b)输出结果 61,二进制解释:0011 1101 |
| ^ | 按位异或运算符,当两个对应的二进位相异时,结果为 1 | (a^b)输出结果 49,二进制解释:0011 0001 |
| ~ | 按位取反运算符,对数据的每个二进制位取反,即把 1 变为 0,把 0 变为 1。~x 类似于-x-1 | (~a)输出结果-61,二进制解释:1100 0011 |
| << | 左移动运算符,运算数据的二进位全部左移若干位,由于<<右边的数字指定了移动的位数,高位丢弃,低位补 0 | a<<2 输出结果 240,二进制解释:1111 0000 |
| >> | 右移动运算符,把>>左边的运算数的各二进位全部右移若干位,>>右边的数字指定了移动的位数 | a>>2 输出结果 15,二进制解释:0000 1111 |

【示例 2.34】　位运算符的应用。

```
1  print(~ 5)          #按位取反
2  print(11 & 13)      #位与
3  print(11 | 13)      #位或
4  print(11 ^ 13)      #异或
5  print(11 << 2)      #左移 2 位
6  print(11 >> 2)      #右移 2 位
```

程序运行结果:

```
-6
9
15
6
44
2
```

位运算符是对操作数据按其二进制形式逐位进行运算,参加位运算的操作数必须为整数。

例如,a=11,左移两位,结果为 44,如图 2.1 所示。

而 a=11,右移两位,则结果为 2,如图 2.2 所示。

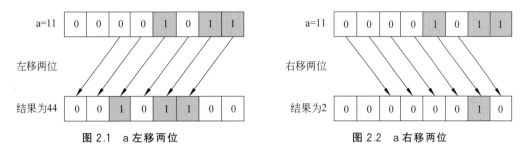

图 2.1　a 左移两位

图 2.2　a 右移两位

当 a=11,b=13 时,它们相位与,结果则为 9,如图 2.3 所示。

而 a=11,b=13 时,它们相位或,则结果为 15,如图 2.4 所示。

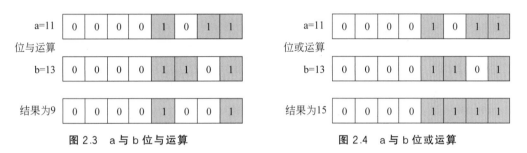

图 2.3　a 与 b 位与运算

图 2.4　a 与 b 位或运算

而 a=11,b=13 时,它们异或的结果则为 6,如图 2.5 所示。

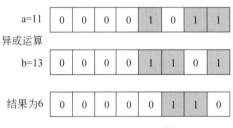

图 2.5　a 与 b 异或运算

## 2.4.5　复合赋值运算符

视频讲解

Python 支持算术运算符、位运算符和赋值运算符的联合使用,形成复合赋值运算符,等价于先执行算术运算或位运算,再将结果进行赋值。复合赋值运算符如表 2.9 所示。

表 2.9　复合赋值运算符

| 运　算　符 | 名　　称 | 例　　子 | 等　价　于 |
| --- | --- | --- | --- |
| ＋＝ | 加法赋值运算符 | c＋＝a | c＝c＋a |
| －＝ | 减法赋值运算符 | c－＝a | c＝c－a |

续表

| 运　算　符 | 名　　　称 | 例　　子 | 等　价　于 |
|---|---|---|---|
| *= | 乘法赋值运算符 | c*=a | c=c*a |
| /= | 除法赋值运算符 | c/=a | c=c/a |
| %= | 取模赋值运算符 | c%=a | c=c%a |
| **= | 幂赋值运算符 | c**=a | c=c**a |
| //= | 取整除赋值运算符 | c//=a | c=c//a |

**【示例 2.35】** 复合赋值运算符的应用。

```
1    a, b, c, d, e = 5, 9, 10, 12, 15        #链式赋值
2    c += a                                   #加法赋值运算
3    d %= a                                   #取模赋值运算
4    e //= a                                  #取整除赋值运算
5    print(c, d, e)                           #打印 c, d, e 的值
```

程序运行结果:

```
15 2 3
```

## 2.4.6　成员运算符

成员运算符用于判断对象是否在指定的序列或可迭代对象中。Python 的成员运算符如表 2.10 所示。

表 2.10　成员运算符

| 运算符 | 描　　　述 | 示　　例 |
|---|---|---|
| in | 如果在指定的序列中找到相关对象,返回 True,否则返回 False | >>>5 in [1,2,5]<br>True |
| not in | 如果在指定的序列中没有找到相关对象,返回 True,否则返回 False | >>>"is" not in "this is"<br>False |

**【示例 2.36】** 成员运算符的使用。

```
1    print("ab" in "abcd")
2    print("ab" not in "abcd")
3    #print(5 in 12345)      #该行代码会报错
4    print(5 not in (1, 2, 3, 4, 5))
```

程序运行结果:

```
True
False
False
```

### 2.4.7　身份运算符

身份运算符用于判断两个对象是否为同一个对象，Python 主要根据对象的身份值判断对象是否为同一对象。Python 的身份运算符如表 2.11 所示。

表 2.11　身份运算符

| 运算符 | 描　　述 | 示　　例 |
|---|---|---|
| is | 判断两个对象是否引用自同一个对象 | x is y，类似 id(x)==id(y)，如果对象 id 值相等则返回 True，否则返回 False |
| is not | is not 是判断两个对象是否引用自不同对象 | x is not y，类似 id(a) != id(b)，如果对象 id 值不相等，则返回 True，否则返回 False |

【示例 2.37】　身份运算符的应用。

```
1    a = 5;b = a;c = 6;a = c
2    print(a is c)           #判断 a 与 c 是否为同一对象
3    print(b is c)
4    print(a is b)
```

程序运行结果：

```
True
False
False
```

### 2.4.8　运算符优先级

当表达式包含多种不同的运算符时，运算并不总是按照从左到右的顺序执行，而是根据运算符的优先级依次执行，遇到同优先级的运算符时，则从左到右顺序执行。

优先级越高，越早执行，在实际应用中，如果不记得运算符优先级执行顺序，可通过加圆括号的方式来改变运算符的执行顺序，圆括号的优先级别最高。Python 运算符优先级如表 2.12 所示（优先级从上到下依次递减）。

表 2.12　运算符优先级

| 运　算　符 | 描　　述 |
|---|---|
| () | 小括号（最高优先级） |
| ** | 幂运算 |
| ~,+,− | 按位翻转，正号，负号 |
| *,/,%,// | 乘，除，取模和取整除 |
| +,− | 加法，减法 |
| >>,<< | 右移，左移运算符 |
| & | 位与 |
| ^,\| | 异或，或运算符 |

续表

| 运 算 符 | 描 述 |
|---|---|
| <=,<,>,>= | 比较运算符 |
| <>,==,!= | 等于和不等于运算符 |
| =,%=,/=,//=,-=,+=,* =,**= | 赋值运算符 |
| is,is not | 身份运算符 |
| in,not in | 成员运算符 |
| not,and,or | 逻辑运算符 |

**【示例 2.38】** 运算符的优先级示例。

```
1    a = 20; b = 10; c = 15; d = 5
2    print("(a+b) * c/d 运算结果为: ", (a+b) * c/d)
3    print("((a+b) * c)/d 运算结果为: ", ((a+b) * c)/d)
4    print("(a+b) * (c/d) 运算结果为: ", (a+b) * (c/d))
5    print ("a+(b * c)/d 运算结果为: ", a+(b * c)/d)
6    e = c or a == b
7    print("e =", e)
```

程序运行结果:

```
(a + b) * c / d 运算结果为: 90.0
((a + b) * c) / d 运算结果为: 90.0
(a + b) * (c / d) 运算结果为: 90.0
a+(b * c)/d 运算结果为: 50.0
e = 15
```

## 2.4.9　相关内置函数

对于数据类型的处理,Python 提供了 type()函数用于查看对象的数据类型。id()函数用于查看对象的身份信息,身份信息常用于判断两个对象是否为同一对象。

**【示例 2.39】** 使用 type()函数查看数据对象的类型。

```
1    t1 = 97
2    t2 = 97.0
3    t3 = "97"
4    t4 = True
5    print(type(t1))              #打印对象 t1 的数据类型
6    print(type(t2))
7    print(type(t3))
8    print(type(t4))
```

程序运行结果:

```
<class 'int'>
<class 'float'>
<class 'str'>
<class 'bool'>
```

注意：Python 中所有的变量和数据都是对象，所以上例中 t1 的类型为 class 'int'，表明 t1 是 int 类的一个实例对象。

**【示例 2.40】　使用 id()函数查看数据对象的身份信息。**

```
1    a = [1, 2, 3]; b = a.copy(); c = a
2    d = 50000; e = d
3    print(a is b)
4    print(a is c)              #判断 a 和 c 是否为同一对象
5    print(d is e)
6    print(id(a))              #打印对象 a 的身份信息
7    print(id(b))
8    print(id(c))
9    print(id(d))
10   print(id(e))
```

程序运行结果：

```
False
True
True
2315716645312
2315717195136
2315716645312
2315716567184
2315716567184
```

注意：上例中，各个对象的 id 身份信息会因为用户计算机配置不同，以及用户所使用开发环境不同而不同。

### 思考与练习

2.16　判断题：身份运算符 is，主要用于考察对象是否为同一对象，其判断依据是对象值是否相等。

2.17　根据运算符的优先级顺序，计算下列表达式的值。

(1) 30 $-$ 3 ** 2；

(2) 2 ** 2 ** 3；

(3) 8 // 2 / 8。

2.18　请编写代码，计算表达式 x=(2$^4$ + 7 $-$ 2 * 4) / 3 的结果。

2.19　假设 x=2，请编写代码计算表达式 x * =3 + 5 ** 2 的值，并思考得出该结果的原因。

2.20　假设 x=[1,2,3]，s="This is a python lesson."。写出以下表达式的结果，并思考得出该结果的原因。

(1) 1 in x；

(2) [1,2] in x；

(3) 'is' in s。

视频讲解

## 2.5　理解 Traceback

Python 解释器在编译解释执行代码时,如果代码正确,那么程序将正常结束;如果程序存在错误,那么解释器通常将给出一个错误跟踪栈 Traceback,指出具体是哪个文件,程序代码哪一行出现了问题。

**【示例 2.41】**　观测程序的 **Traceback** 结果。

```
1    total = 0                      #程序本意为计算 1~10 的求和结果
2    i = 1
3    while i <= 10:
4        total += i
5        i += 1
6    print("total =", totel)        #这里变量名错误,程序执行将抛出 Traceback
```

程序运行结果:

```
Traceback (most recent call last):
  File "D:\Python\Basic_Python\chap_02\ch02_41.py", line 6, in <module>
    print("total =", totel)
NameError: name 'totel' is not defined. Did you mean: 'total'?
```

上例程序代码的第 6 行,将变量 total 错误地写成了 totel,因此解释器在编译执行该代码时,将抛出 1 个错误跟踪栈 Traceback。其中第 2 行指出了出错的文件名和路径,并指出在该文件的哪一行出现了错误;第 3 行指出了出错的程序代码;第 4 行指出程序的错误类型,这里变量名 totel 没有定义,因此错误类型为 NameError。并且,Traceback 的第 4 行还给出了可能的解决方案,提示用户变量名是否应为 total。

Python 给出的 Traceback 非常智能,且语法也相对较为简单,用户只要认真阅读 Traceback 给出的提示,通常可以解决大部分遇到的代码问题,因此尽量要养成阅读 Traceback 的习惯。

视频讲解

## 2.6　Python 编码规范

与 C、Java 等语言相比,Python 代码编写较为简单,它去除了大量花括号,也不强制每行代码后要加上分号结束。因此,Python 更加强调优美的编码规范,这样不仅看上去更加美观,也更有利于程序员对代码的理解。

Python 的常用编码规范如下。

(1)程序第 1 行代码开始处不能有任何空格,否则将产生语法错误。

(2)每行代码使用换行符结束(虽然每行代码也可以加上分号结束,但并不建议这样做)。

(3)每个代码块的缩进必须保持一致。例如程序中每个 while 语句块的内容缩进必须保持一致,但不同的 while 语句块缩进内容可以不一样。

（4）缩进使用空格符进行缩进，不能使用制表符，建议每级缩进 4 个空格符。

**【示例 2.42】**  Python 编码规范示例。

```
 1    total = 0                              #程序第 1 行要顶行，前面不能有空格
 2    i = 1                                  #非语句代码块内的代码，也必须要顶行
 3    while i <= 10:
 4        total += i                         #while 语句块内的代码，缩进 4 个空格
 5        i += 1                             #同一个语句块的代码，缩进要一致
 6    print("total =", total);               #代码可以以分号结尾，但不建议这样做
 7    while 1:
 8      print("该 while 循环缩进 2 个空格.")   #该 while 代码块内的代码，缩进 2 个空格
 9      if 1:
10         print("该 if 语句缩进 3 个空格.")   #该 if 代码块内的代码，缩进 3 个空格
11         break
12    print("程序结束.")                       #程序结束
```

程序运行结果：

```
total = 55
该 while 循环缩进 2 个空格.
该 if 语句缩进 3 个空格.
程序结束.
```

虽然 Python 代码缩进比较灵活，但建议每级统一缩进 4 个空格符。

## 2.7  Python 之禅

视频讲解

对于 Python 编程，蒂姆·彼得斯（Tim Peters）给出了一些指导性的建议，被称为 Python 之禅（The Zen of Python）。Python 之禅及其释义如表 2.13 所示。用户可以在交互式环境中输入 import this 来获得这些指导性建议。

表 2.13  Python 之禅及其释义

| Python 之禅 | 释　义 |
| --- | --- |
| Beautiful is better than ugly. | 优雅优于丑陋 |
| Explicit is better than implicit. | 清晰优于含糊 |
| Simple is better than complex. | 简单优于复杂 |
| Complex is better than complicated. | 复杂优于凌乱 |
| Flat is better than nested. | 平铺直叙优于嵌套 |
| Sparse is better than dense. | 稀疏优于稠密 |
| Readability counts. | 可读性永远有效 |
| Special cases aren't special enough to break the rules. | 你的项目再特殊，也没有特殊到可以破坏这些指导规则 |
| Although practicality beats purity. | 但实用性比死守教条要好 |

续表

| Python 之禅 | 释　　义 |
|---|---|
| Errors should never pass silently. | 错误不应悄无声息地忽略过去 |
| Unless explicitly silenced. | 除非有明确要求忽略错误 |
| In the face of ambiguity, refuse the temptation to guess. | 当面临模棱两可的情况时,不要试图猜测 |
| There should be one-- and preferably only one --obvious way to do it. | 有,且应只有一种最佳解决方案 |
| Although that way may not be obvious at first unless you're Dutch. | 虽然初学者并不容易找到这种最佳解决方案,除非你是 Python 之父(Dutch 这里指 Python 之父,即 Guido von Rossum) |
| Now is better than never. | 现在开始,总比永远不开始好 |
| Although never is often better than * right * now. | 但永远不开始,也比冲动地开始要好 |
| If the implementation is hard to explain, it's a bad idea. | 如果你的实现方案难以解释,那么你的实现也许不是个好的方案 |
| If the implementation is easy to explain, it maybe a good idea. | 如果你的实现方案很容易解释,那么你的实现应该是个比较好的方案 |
| Namespaces are one honking great idea—let's do more of those! | 命名空间是个绝好的想法,应该多尝试使用命名空间 |

Python 之禅是用户编写 Python 程序的指导思想,建议大家要多读,在实践中多体会 Python 之禅,将它融入编程习惯中。

视频讲解

## 2.8　本章小结

本章讲述了 Python 的语法基础。首先是输入输出函数,分别为 input()和 print()函数。使用 input()函数获得的所有输入都会被当成字符串处理;输出函数 print()中,sep 和 end 参数的作用需要重点掌握。

在使用变量时,需要遵守变量的命名规则、区分大小写,慎用关键字、函数名作为变量名,变量命名要让读者见名知义。

代码注释分为单行和多行注释,需要明白它们各自的应用场合。

Python 的基本数据类型有整型、浮点型、布尔型和字符串类型。常用运算符有算术运算符、比较运算符、逻辑运算符、位运算符和复合赋值运算符。同时,不同运算符具有不同的优先级别,当不确定执行顺序时,可通过加圆括号的方式来改变运算符的执行顺序。

当用户编写的代码运行错误时,Python 解释器通常会抛出 1 个错误跟踪栈 Traceback,用户要习惯于看懂这些 Traceback,并利用这些信息,解决程序代码中出现的错误。

除此之外,用户在编写代码时,要牢记 Python 的一些常用编码规范以及 Python 之禅,将它们融入自己的编程习惯中。

# 课后习题

## 一、单选题

1. 以下 Python 标识符命名中,合法的是(　　)。

　　A. _2c　　　　　　　B. 2c　　　　　　　C. 2 c　　　　　　　D. 2_c

2. 以下的赋值语句中,不正确的是(　　)。

　　A. a=1；b=1　　　B. a,b=b,a　　　　C. a=b=1　　　　　D. a=(b=1)

3. 以下的代码注释,不正确的是(　　)。

　　A. ♯for 循环开始

　　B. '''这是一个求和函数'''

　　C. *让变量 i 自加

　　D. """使用 break,跳出当前循环"""

4. Python 支持链式比较,表达式 10>8<9 应理解为(　　)。

　　A. 10>8 and 10<9　　　　　　　B. 10>8 and 8<9

　　C. 10>8 or 10<9　　　　　　　　D. 10>8 or 8<9

5. 对变量 a,b,c,分别赋值 10,12,15,以下赋值语句正确的是(　　)。

　　A. a,b,c=10,12,15　　　　　　　B. a b c=10 12 15

　　C. a=10,b=12,c=15　　　　　　D. a；b；c=10；12；15

6. 已知 a=10,b=12,则表达式：a+=b+5 的计算结果为(　　)。

　　A. 17　　　　　　　B. 22　　　　　　　C. 27　　　　　　　D. 15

7. 代数公式 $a^2/4bc$,使用 Python 代码应表示为(　　)。

　　A. a ** 2 / 4 * b * c　　　　　　B. a * 2 / 4 * b * c

　　C. a ** 2 // 4 * b * c　　　　　　D. (a ** 2) / (4 * b * c)

8. 表达式 8 and 10 的结果是(　　)。

　　A. True　　　　　　B. False　　　　　　C. 8　　　　　　　D. 10

## 二、填空题

1. 如果要在一行内写两条 Python 代码且能正常运行,则代码之间可以使用_____作为分隔符。

2. Python 使用关键词_____来判断两个对象是否为同一对象,使用关键词_____、_____来判断对象之间的包含关系。

3. 表达式 $2^{32}+2^8$ 的 Python 表达式可以书写为_____。

4. 表达式 2 ** 8 // 4 / 2 + 1 的结果为_____。

5. 代码：a,b=4,6；a,b=b,a；print(a / b),结果为_____。

## 三、编程题

1. 编写程序,给变量 a 赋值一个两位整数,然后将其十位数字与个位数字对调,并打印输出。例如：为 a 赋值 24,程序输出结果为 42。

2. 编写程序,计算整数 1～100 的和与平均值。

3.编写程序,打印图 2.6 所示效果(打印内容位于正中间,整体宽度为 30 个字符,高度为 5 行)。

```
==============================
|                            |
|        I Love Python!      |
|                            |
==============================
```

图 2.6　程序运行效果图

# 第 3 章

# 流 程 控 制

任何一门编程语言编写的程序都是由顺序结构、分支结构和循环结构这三种基本流程控制结构组成。Python 代码默认按书写顺序从前往后依次执行,这样的语句执行结构被称为顺序结构。在顺序结构中,语句代码顺序执行,不作任何条件判断。但有些情况下,却需要有选择地执行某些语句,这就需要使用条件结构;而有时则需要在给定条件下重复执行某些语句直到条件满足或者不满足,这就要用到循环结构语句。

有了顺序、选择和循环这三种基本结构,就可以在这基础上构建任意复杂的程序代码。本章将介绍 Python 语言的条件结构、循环结构和循环控制语句。

## 3.1 条件结构

视频讲解

Python 有三类条件结构:单向 if 语句、双向 if-else 语句、多分支 if-elif-else 语句。

### 3.1.1 单向 if 语句

单向 if 语句只有 if 没有 else 子句,满足条件时将执行指定操作,不满足条件则什么也不做。单向 if 语句执行流程如图 3.1 所示。

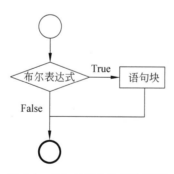

图 3.1 单向 if 语句执行流程图

单向 if 语句的语法结构如下。

```
if 布尔表达式:
    语句块
```

**语法释义**:当执行到 if 语句时,首先判断布尔表达式是否满足,满足则执行语句块,否则执行 if 语句块后的内容。

【示例 3.1】 单向 if 语句示例。

```
1    age = int(input("请输入您的年龄:"))        #获取输入的年龄,并转换为整数
2    if age < 0 or age >= 120:
3        print("年龄不真实,将采用默认值。")
4        age = 20
5    print("您的年龄为:", age)
```

程序运行结果:

```
请输入您的年龄: 132
年龄不真实,将采用默认值。
您的年龄为: 20
```

if 语句块可以包含多条语句,也可以只有一条语句。当 if 语句块由多条语句组成时,要有统一的缩进形式,否则将可能会出现逻辑错误,即语法检查没错,结果却非预期。

### 3.1.2  双向 if-else 语句

if-else 语句是一种双向结构,是对单向 if 语句的扩展,如果表达式结果为 True,则执行语句块 1,否则执行语句块 2。if-else 语句的执行流程如图 3.2 所示。

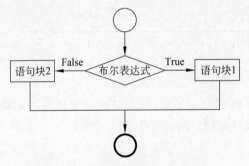

图 3.2  if-else 语句的执行流程图

if-else 语句的语法结构如下。

```
if 布尔表达式:
    语句块 1
else:
    语句块 2
```

**语法释义**:当程序执行到 if 语句时,会判断布尔表达式结果是否为真,真则执行语句块 1,否则执行语句块 2。

【示例 3.2】 使用双向 if-else 语句判断奇偶数。

```
1    num = int(input("请输入一个整数: "))
2    if num % 2 == 0:                    #对 num 做模 2 运算
3        print("这是一个偶数!")          #布尔表达式结果为真,则执行该代码
4    else:
5        print("这是一个奇数!")          #结果为假,则执行该行代码
```

程序运行结果：

> 请输入一个整数:23
> 这是一个奇数！

　　**注意**：①else 语句不能独立存在,需要和 if 语句配合使用；②else 语句块的缩进必须
与它所对应的 if 语句块缩进相同。

### 3.1.3　多分支 if-elif-else 语句

视频讲解

　　如果需要在多组操作中选择一组操作执行,就会用到多分支结构,即 if-elif-else 语
句。该语句利用一系列布尔表达式进行检查,并在某个表达式为真的情况下执行相应的
语句块。if-elif-else 语句的备选操作较多,但是有且只有一组操作会被执行。程序执行流
程如图 3.3 所示。

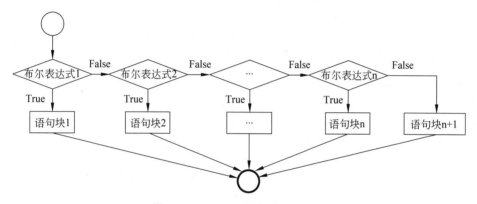

**图 3.3　if-elif-else 语句流程执行图**

　　多分支 if-elif-else 语句语法结构如下。

```
if 布尔表达式 1:
    语句块 1
elif 布尔表达式 2:
    语句块 2
    ⋮
elif 布尔表达式 n:
    语句块 n
else:
    语句块 n+1
```

　　**语法释义**：当执行到 if 语句时,从布尔表达式 1 开始依次判断表达式结果是否为真,
真则执行当前表达式下的语句块,表达式 1~n 结果均为假时则执行语句块 n+1。

　　**【示例 3.3】**　使用多分支 if-elif-else 语句判断学生成绩等级。

```
1    score = float(input("请输入您的分数:"))
2    if score >= 90:
3        grade = "优秀"
4    elif score >= 80:
```

```
5        grade = "良好"
6    elif score >= 70:
7        grade = "中等"
8    elif score >= 60:
9        grade = "及格"
10   else:
11       grade = "不及格"
12   print("您的成绩等级为: ", grade)
```

程序运行结果:

```
请输入您的分数: 65
您的成绩等级为: 及格
```

以上的布尔表达式判断其实存在逻辑包含关系,如 score>=60,逻辑上就包含了 score>=90。因此,在编写多分支 if-elif-else 语句的布尔表达式时,如果存在逻辑包含关系,应将范围小的布尔表达式放在前面,范围大的布尔表达式放在后面,否则将产生逻辑错误。读者可以调换该程序的布尔表达式先后顺序来加深理解这一思想。

需要说明的是,if-elif-else 语句的功能完全可以使用多层嵌套的 if-else 语句等价实现,但代码会更加烦琐,因此并不建议这样做。

**【示例 3.4】 使用多层嵌套的 if-else 语句判断学生成绩等级。**

```
1    score = float(input("请输入您的分数: "))
2    if score >= 70:
3        if score >= 80:
4            if score >= 90:
5                grade = "优秀"
6            else:
7                grade = "良好"
8        else:
9            grade = "中等"
10   else:
11       if score >= 60:
12           grade = "及格"
13       else:
14           grade = "不及格"
15   print("您的成绩等级为: ", grade)
```

程序运行结果:

```
请输入您的分数: 65
您的成绩等级为: 及格
```

通常来讲,不建议 if-else 语句的嵌套超过 3 层,否则会影响程序的可读性。

另外,Python 并不要求 if-elif-else 结构后面必须有 else 代码块,有时省略 else 语句反而逻辑会更清晰,代码更加安全。这是因为 else 是一条相对不太安全的语句,只要不满足 if 或 elif 中的条件测试,其代码就会执行,这就为恶意的代码植入留下机会。

**【示例 3.5】** 使用多层嵌套的 **if-elif** 语句判断学生成绩等级。

```
1    score = float(input("请输入您的分数:"))
2    grade = "尚不存在"                    #先将 grade 定义为"尚不存在"
3    if score >= 90 and score <= 100#为了使语句更加安全,该表达式也做了修改
4        grade = "优秀"
5    elif score >= 80 and score < 90:
6        grade = "良好"
7    elif score >= 70 and score < 80:
8        grade = "中等"
9    elif score >= 60 and score < 70:
10       grade = "及格"
11   elif score >= 0 and score < 60:#改为 elif,使所有的用户输入,都要接受判断
12       grade = "不及格"
13   print("您的成绩等级为:",grade)
```

程序运行结果:

```
请输入您的分数: -20
您的成绩等级为:尚不存在
```

通过将 if-elif-else 结构转化为纯粹的 if-elif 结构,使得每个代码块都需要进行判断才能执行,从而使程序变得更加安全可控。

### 3.1.4  简化版的 if 语句

条件判断语句的使用频率很高,为了简化条件判断语句的书写,Python 中提供了简化版的 if 语句。其语法结构如下。

视频讲解

> **表达式 1**  **if**  布尔表达式  **else**  **表达式 2**

**语法释义**:如果布尔表达式结果为 True,那么整个语句的返回结果就是表达式 1 的计算结果;否则,将返回表达式 2 的计算结果。

**【示例 3.6】** 编写程序,输出两个数中的最小数。

```
1    num1 = eval(input("请输入 num1:"))
2    num2 = eval(input("请输入 num2:"))
3    smaller = num1 if num1 < num2 else num2          #返回两个数中的最小数
4    print("较小的数为:", smaller)
```

程序运行结果:

```
请输入 num1:12
请输入 num2:24
较小的数为: 12
```

**思考与练习**

3.1  判断题:表达式 x>y>=z 是合法的。

3.2　判断题:Python 通过缩进来判断代码块是否处于分支结构中。

3.3　编写代码,使用简化版的 if 语句,获得 3 个数中的最小值。

3.4　请分析下面的程序。如果输入 score 为 90,输出 grade 为多少?程序是否符合逻辑?为什么?

```
1    if score >= 60:
2        grade = "及格"
3    elif score >= 70:
4        grade = "中等"
5    elif score >= 80:
6        grade = "良好"
7    elif score >= 90:
8        grade = "优秀"
```

视频讲解

## 3.2　循环结构

循环结构就是在一定条件下,重复执行某些操作。Python 提供了两种类型的循环语句:while 条件式循环语句和 for 遍历式循环语句。

学习循环语句需要重点关注循环的开始和结束条件,尽量避免程序进入死循环。

### 3.2.1　while 语句

while 语句在条件满足的情况下,重复执行 while 循环体,直到循环持续条件不满足为止。其语法结构如下。

```
while 循环持续条件:
    循环体
```

**语法释义**:程序先判断循环持续条件,条件满足则执行循环体,执行完循环体后,再继续判断循环继续条件,条件满足则再执行循环体,依次往复,直到循环继续条件不满足,才跳出循环。

为了避免程序进入死循环,在设计 while 循环时,通常都会在循环体中对循环持续条件进行修改。

**【示例 3.7】** 求 1~100 之间所有整数之和。

```
1    index = 1
2    total = 0                    #设置初始 total 值为 0
3    while index <= 100:          #设置循环持续条件
4        total += index           #total 累加
5        index += 1               #改变循环条件的值
6    print("1 到 100 总和为:", total)
```

程序运行结果:

```
1 到 100 总和为: 5050
```

在编写 while 语句时,以下几点需要注意。

（1）循环体可以是一个单一的语句或一组具有统一缩进的语句。

（2）每个 while 循环都包含一个循环持续条件,即控制循环持续执行的布尔表达式。每次循环都要计算该布尔表达式的值,如果计算结果为真,则执行循环体;否则,Python 解释器将终止循环并将程序控制权转移到 while 循环后的语句。

（3）while 循环是一种条件控制循环,它根据循环持续条件的真假来控制程序的执行。

### 3.2.2 for 循环

for 循环是一种遍历式循环,它依次对某个序列中的全体元素进行遍历,遍历完所有元素后便终止循环。for 循环常用于循环次数确定的场景。

for 循环的语法结构如下。

```
for 控制变量 in 可遍历序列:
    循环体
```

**语法释义**：在 for 循环语句中,控制变量是一个临时变量,可遍历序列可以是一个列表、元组、字符串、字典等序列或可迭代对象,其中保存了多个元素,for 循环语句将序列中的元素依次取出,赋值给控制变量后,程序执行循环体,再从可遍历序列中取下一个元素。当可遍历序列中的元素被遍历一次后,即没有元素可供遍历时,程序退出循环。

【**示例 3.8**】 求 1～100 之间所有整数之和。

```
1    total = 0                          #初始 total 的值为 0
2    for index in range(1, 101):        #index 从 1~100 依次取值
3        total += index                 #循环累加 total 的值
4    print("index 最后值为:", index)
5    print("1 到 100 总和为:", total)
```

程序运行结果：

```
index 最后值为: 100
1 到 100 总和为: 5050
```

通常来讲,能用 for 循环实现的程序,也可以用 while 循环来实现,但一般 for 循环的效率更高。

【**示例 3.9**】 使用 while 循环实现示例 3.8。

```
1    total = 0
2    index = 1
3    while index <= 100:     #进行 while 循环
4        total += index
5        index += 1
6    print("index 最后值为:", index)
7    print("1 到 100 总和为:", total)
```

程序运行结果：

```
index 最后值为: 101
1 到 100 总和为: 5050
```

通过对比可以发现,while 循环执行时,要等控制变量的值变化以后,再判断循环持续条件,不满足则退出循环。而 for 循环则是先确定好 range()函数的取值范围,取数完毕后再跳出循环。因此 while 循环的结果是打印 101,而 for 循环打印的是 100。

视频讲解

### 3.2.3 range()函数

在 Python 程序中,for 循环和 while 循环经常结合 range()函数一起使用。
range()函数用于生成整数数字序列。其语法格式如下。

**range(start, stop[, step])**

函数说明如下。

(1) start:计数从 start 开始,默认为 0。

(2) stop:计数到 stop 前 1 位整数结束,不包括 stop,该参数必填。如 range(a,b)函数将返回连续整数 a、a+1…b−2 和 b−1 的序列。

(3) step:步长,表示每次递增或递减的数量,默认为 1,正数表示递增,负数表示递减。

(4) start、stop、step 只能为整数,不能为浮点数。

(5) 返回值为 range()对象,可通过循环遍历其元素或通过下标访问其元素。

【示例 3.10】 range()函数的运用。

```
1    a = range(1,11)          #生成 1 个 range()对象
2    print(a)
```

程序运行结果:

```
range(1, 11)
```

可通过索引来获得 range()对象中的内容,也可以使用 list()函数将其转换为列表,更加方便地提取其中的元素。

【示例 3.11】 获得 range()对象中的元素。

```
1    a = range(1,11)          #等价于 a = range(1, 11, 1)
2    print(a[0])              #打印 a 的索引 0 元素
3    b = list(a)              #使用 list()函数将 range 对象 a 转换为列表
4    print(b)
5    print(b[1])
```

程序运行结果:

```
1
[1, 2, 3, 4, 5, 6, 7, 8, 9, 10]
2
```

range()函数的步长设置为负数时,表示每次递减,这时 start 参数要大于 stop 参数,否则无法取数。另外,步长也可以设置为其他整数。

**【示例 3.12】**　步长 step 设置示例。

```
1    a = range(10, 1, -1)#步长为-1,从 10 取数,到 2 结束,不包含 1
2    print(list(a))
3    b = range(1, 10, 2)    #步长为 2
4    print(list(b))
5    c = range(6)        #未设置 start 值,默认取 0,步长默认取 1
6    print(list(c))
```

程序运行结果:

```
[10, 9, 8, 7, 6, 5, 4, 3, 2]
[1, 3, 5, 7, 9]
[0, 1, 2, 3, 4, 5]
```

### 3.2.4　循环嵌套

在处理一些较为复杂的问题时,可能会用到循环的嵌套。如在 while 循环中可以再嵌入 while 循环或 for 循环,或在 for 循环中再嵌入 for 循环或 while 循环。一般建议循环嵌套层次不要超过 3 层,以保证程序的可读性。

**【示例 3.13】**　编写程序实现九九乘法表,效果如图 3.4 所示。

```
1*1=1
1*2=2  2*2=4
1*3=3  2*3=6   3*3=9
1*4=4  2*4=8   3*4=12  4*4=16
1*5=5  2*5=10  3*5=15  4*5=20  5*5=25
1*6=6  2*6=12  3*6=18  4*6=24  5*6=30  6*6=36
1*7=7  2*7=14  3*7=21  4*7=28  5*7=35  6*7=42  7*7=49
1*8=8  2*8=16  3*8=24  4*8=32  5*8=40  6*8=48  7*8=56  8*8=64
1*9=9  2*9=18  3*9=27  4*9=36  5*9=45  6*9=54  7*9=63  8*9=72  9*9=81
```

图 3.4　九九乘法表

**分析**:九九乘法表是一行行打印,共有 9 行,第 $n$ 行有 $n$ 个式子,每一行的式子打印时,第 2 个乘数不变,第 1 个乘数从 1 开始不断递增,直到 $n$ 为止。

```
1    for i in range(1, 10):                #行数 i 从 1 到 9
2        for j in range(1, i+1):          #每行列数 j 的最大值为行数 i
3            print(str(j)+"*"+str(i)+"="+str(i*j), end=" ")
4        print("")                        #每行结束时换行
```

程序运行结果:

```
1 * 1=1
1 * 2=2 2 * 2=4
1 * 3=3 2 * 3=6 3 * 3=9
1 * 4=4 2 * 4=8 3 * 4=12 4 * 4=16
```

```
1 * 5=5 2 * 5=10 3 * 5=15 4 * 5=20 5 * 5=25
1 * 6=6 2 * 6=12 3 * 6=18 4 * 6=24 5 * 6=30 6 * 6=36
1 * 7=7 2 * 7=14 3 * 7=21 4 * 7=28 5 * 7=35 6 * 7=42 7 * 7=49
1 * 8=8 2 * 8=16 3 * 8=24 4 * 8=32 5 * 8=40 6 * 8=48 7 * 8=56 8 * 8=64
1 * 9=9 2 * 9=18 3 * 9=27 4 * 9=36 5 * 9=45 6 * 9=54 7 * 9=63 8 * 9=72 9 * 9=81
```

示例中运用到了双重循环。由于每行中有多列,并存在多行,因此第一个循环是行的循环,第二个循环是列的循环。

### 3.2.5  在循环中修改列表*

在 for 循环体中一般会对控制变量进行操作,但一般不建议在 for 循环中对控制变量的取值列表进行修改,以免导致程序结果难以预测。

【示例 3.14】  在 for 循环中修改列表。

```
1    ls = [0, 1, 0, 1, 0, 1, 0]              #设置列表内容
2    for i in ls:                            #使用 for 循环修改控制变量的取值列表
3        if i == 0:
4            ls.remove(0)
5    print(ls)                               #打印取值后的列表结果
```

程序运行结果:

```
[1, 1, 1]
```

【示例 3.15】  在 for 循环中修改列表。

```
1    ls = [0, 1, 0, 1, 0, 1, 0, 0, 0, 0]     #设置列表内容,列表后面多加了 3 个 0
2    for i in ls:                            #使用 for 循环修改控制变量的取值列表
3        if i == 0:
4            ls.remove(0)
5    print(ls)                               #打印取值后的列表结果
```

程序运行结果:

```
[1, 1, 1, 0, 0]
```

这时,程序的运行结果与读者的预期可能不太一致,没有达到删除列表中 0 元素的效果。这是 Python 的 for 循环所存在的问题,但如果使用 while 循环来处理,则不存在这样的问题。

【示例 3.16】  使用 while 循环修改列表。

```
1    ls = [0, 1, 0, 1, 0, 1, 0, 0, 0, 0]     #设置列表内容
2    while 0 in ls:                          #使用 while 循环修改控制变量的取值列表
3        ls.remove(0)
4    print(ls)                               #打印取值后的列表结果
```

程序运行结果:

```
[1, 1, 1]
```

可以看到,使用 while 循环对控制变量的取值列表进行修改,没有出现问题,且代码更加简洁。

如果必须要使用 for 循环,对控制变量的取值列表进行修改,可以考虑从后往前删除,这个请读者自行尝试。

**思考与练习**

3.5　判断题:range(start,stop,step)函数的参数 step 不可以为负数。

3.6　判断题:一般来讲,循环嵌套最好不要超过 3 层,否则会影响程序的可读性。

3.7　编写程序求 1～100 范围内的所有奇数之和。

3.8　编写程序打印数字金字塔。打印的行数由用户通过键盘输入,运行效果如图 3.5 所示。

```
请输入行数8
      1
     121
    12321
   1234321
  123454321
 12345654321
1234567654321
123456787654321
```

图 3.5　数字金字塔效果

## 3.3　循环控制

在执行循环过程中,如果要跳过某次循环,或者强制跳出整个循环,就需要用到循环控制语句。

### 3.3.1　循环控制语句

视频讲解

循环控制语句主要包括 break 和 continue 语句。

break 语句用于终止当前循环层语句,即使循环持续条件为 True 或者序列还没遍历结束,也会停止执行循环语句。如果是循环嵌套,break 语句将跳出当前层次循环,并开始执行当前层次循环外的循环语句的下一行代码。

【示例 3.17】　在循环中使用 break 语句。

```
1    total = 0                    #初始 total 值为 0
2    for i in range(1, 10):       #将 1~9 依次取出,赋值给临时变量 i
3        if i % 3 == 0:           #依次判断 i 是否能够整除 3
4            break                #中断,退出 for 循环
5            total += i           #求和
6    print("i =", i)
7    print("total =", total)
```

程序运行结果:

```
i = 3
total = 0
```

而 continue 语句则用于终止当次循环,忽略 continue 之后的语句,提前进入下一次循环过程。

【示例 3.18】 在循环中使用 continue 语句。

```
1    total = 0                      #初始 total 值为 0
2    for i in range(1, 10):         #将 1~9 依次取出,赋值给临时变量 i
3        if i % 3 == 0:             #依次判断 i 是否能够整除 3
4            continue               #结束当次循环
5            total += i             #求和
6    print("i =", i)
7    print("total =", total)
```

程序运行结果:

```
i = 9
total = 27
```

**注意**:break 语句和 continue 语句均不能单独存在,需要配合循环语句使用。

视频讲解

### 3.3.2 循环中的 else 语句 *

和许多编程语言不同,Python 的循环语句还可以带有 else 子句,else 子句在序列遍历结束后(for 语句)或循环条件为假(while 语句)时执行,但循环被 break 终止时不执行,如图 3.6 所示。

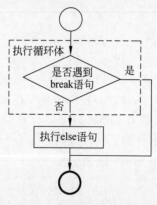

图 3.6 带 else 子句的循环语句执行流程

带有 else 子句的 while 循环语句的语法结构如下。

```
while 循环继续条件:
    循环体
else:
    语句块
```

带有 else 子句的 for 语句的语法结构如下。

```
for 控制变量 in 可遍历序列:
    循环体
else:
    语句块
```

**【示例 3.19】** 在示例 3.17 中加上 else 子句。

```
1    total = 0                      #初始 total 值为 0
2    for i in range(1, 10):         #将 1~9 依次取出,赋值给临时变量 i
3        if i % 3 == 0:             #依次判断 i 是否能够整除 3
4            break                  #中断,退出 for 循环
5            total += i             #求和
6        else:
7            print("i =", i)
8    print("total =", total)
```

程序运行结果:

```
total = 3
```

循环语句在执行 break 语句后,直接就跳出了循环,不再执行 else 子句,程序执行结果最后会输出 total＝3。

**【示例 3.20】** 在示例 3.18 中加上 else 子句。

```
1    total = 0                      #初始 total 值为 0
2    for i in range(1, 10):         #将 1~9 依次取出,赋值给临时变量 i
3        if i % 3 == 0:             #依次判断 i 是否能整除 3
4            continue               #中断,退出 for 循环
5        total += i                 #求和
6        else:
7            print("i =", i)
8    print("total =", total)
```

程序运行结果:

```
i = 9
total = 27
```

循环语句在执行 continue 语句后,会跳过当次循环,然后继续遍历序列,直至遍历结束,因此会执行 else 语句。该程序会输出两行结果,分别为 i＝9 和 total＝27。

对于具有 else 子句的 while 循环语句,也和前两例的 for 循环类似,只有在正常执行循环结束后才会执行 else 子句。如果遇到 break 语句时,则会直接跳出循环,不再执行 else 子句。

### 思考与练习

3.9　判断题:一般来讲,for 循环都可以用 while 循环实现,反之亦然。

3.10　判断题:break 关键字用来跳出当前循环层。

3.11　对于示例 3.15,使用 for 循环来实现删除列表 ls 中的 0 元素(进阶)。

3.12　编写代码,使用 while 循环对 1～100 中的偶数求和,并使用 else 子句打印最后的求和结果。

## 3.4 应用案例

接下来通过一个综合小例子演示多种控制结构同时使用的情况。

【示例 3.21】 根据用户输入的行数,打印出图 3.7 和图 3.8 所示的菱形图案。

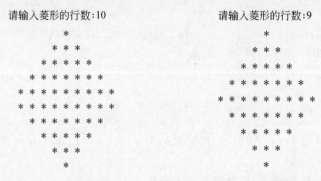

图 3.7 十行菱形效果图    图 3.8 九行菱形效果图

**程序分析**:用户输入的行数为奇数时,中间最长的星号序列只有 1 行,而用户输入为偶数时,中间最长的星号序列则有 2 行。每个星号之间有 1 个空格,整个图形应上下分开打印,参考代码如下。

```
1    rows = int (input('请输入菱形的行数:'))    #将输入的数字字符串转换成整数
2    half = rows // 2                          #整除,分为上下两部分
3    if  rows % 2 == 0:                        #进行奇偶判断
4        up = half                            #row 为偶数时,行数为输入整数的一半
5    else:
6        up = half +1                         #row 为奇数时,上部分应比下部分多一行
7
8    for i in range(1,up+1):                   #从第一行到最大行数依次遍历
9        print(' ' * (up - i), '* ' * (2 * i -1))
10
11   for i in range(half, 0, -1):              #反向遍历
12       print('' * (up - i), "* " * (2 * i -1))    #打印下半部分的结果
```

程序运行结果:

```
请输入菱形的行数: 7
    *
  * * *
 * * * * *
* * * * * * *
 * * * * *
  * * *
    *
```

## 3.5　本章小结

本章主要讲解 Python 程序的流程控制,包括顺序结构、选择结构和循环结构。

选择结构是程序执行到某个阶段时,会根据实际情况有选择性地执行某些语句。Python 的选择结构主要有单分支 if 语句、双分支 if-else 语句和多分支 if-elif-else 语句。由于 if 语句在编程中经常使用,Python 还提供了简化版的 if 语句,它是双分支语句的简化。

循环结构包含条件式 while 循环和遍历式 for 循环。while 循环会判断是否满足循环持续条件,满足则执行循环体,不满足则跳出循环。而 for 循环则是一种遍历式的循环,是将序列中的元素依次取出,然后执行循环体,所有元素均取完后则结束循环。

循环语句通常会配合 range()函数使用。range()函数主要用于生成左闭右开的整数序列。

循环控制语句主要包括 break 语句和 continue 语句。break 语句用于跳出当前循环层;continue 语句则是跳过当次循环,继续下次循环,循环并没有结束。另外,Python 的循环语句还可以加入 else 子句,else 子句是循环正常结束后才会执行的语句。

本章最后通过一个综合小案例,综合使用了条件语句和循环语句。

## 课后习题

### 一、单选题

1. 以下表达式中,等价于 False 的是(　　)。

　　A. 1+2 　　　　　　B. [] 　　　　　　C. 0+1 　　　　　　D. '0'

2. 以下表达式中,等价于 True 的是(　　)。

　　A. 0 　　　　　　　B. [] 　　　　　　C. () 　　　　　　　D. '0'

3. continue 关键词的作用是(　　)。

　　A. 跳出当前循环

　　B. 忽略后面代码,提前进入下一次循环

　　C. 继续一次当前循环

　　D. 以上都不对

4. 以下对循环体中的 else 子句,表述正确的是(　　)。

　　A. 不管循环是否正常结束,else 子句都会执行

　　B. 循环中如果使用了 continue,则 else 子句一定会执行

　　C. 只有循环正常结束,else 子句才会执行

　　D. 以上都不对

### 二、填空题

1. 以下 for 循环执行的结果是_____。

```
1    sum = 0
2    for i in range(10):
3        if i % 4 == 0:
4            break
5        sum += i
6
7    print(sum)
```

2. 以下 for 循环执行的结果是_____。

```
1    sum = 0
2    for i in range(10):
3        if i // 4 == 2:
4            continue
5        sum += i
6
7    print(sum)
```

3. 以下 while 循环执行的执行结果为_____。

```
1    sum = 0
2    i = 0
3    while i < 10:
4        if i % 4 == 0:
5            continue
6        sum += i
7        i += 1
8
9    print(sum)
```

4. 以下 while 循环执行的执行结果为_____。

```
1    i = 1
2    while i < 5:
3        i += 1
4    else:
5        i *= 2
6
7    print(i)
```

三、编程题

1. 编写程序,判断用户输入的年份是闰年还是平年(闰年的标准为能被 4 整除但不能被 100 整除,或者能被 400 整除。其他年份都为平年)。

2. 编写程序,求一个自然数除了自身以外的最大约数。程序运行效果如图 3.9 所示。

3. 编写程序对整数进行质因数分解,并输出结果。程序运行效果如图 3.10 所示。

请输入一个整数: 49
49 的最大约数为: 7

请输入一个整数: 90
90 = 2 * 3 * 3 * 5

图 3.9　求一个整数的最大约数　　　　图 3.10　对整数进行质因数分解

4. 编写代码,分别使用 for 循环和 while 循环求 1~100 内所有奇数的和。

# 第4章

<h1 style="text-align:center">常 用 序 列</h1>

　　第 3 章介绍了 range()函数的使用,range()函数实际上是生成一个可迭代的对象,可通过循环获取 range()对象中的每个元素,也可通过 list()函数将其转换为列表序列,以更方便地操作其中的数据。

　　除列表序列外,Python 还提供了多种序列类型进行数据的存取,包括字符串、元组、集合、字典等,这些序列类型是 Python 语言的重要特色之一。本章将对这些常用序列的特点、方法和应用进行详细介绍。

## 4.1　字符串

　　第 2 章简单地介绍了字符串的相关内容,其实字符串不仅是一种基本数据类型,也是一种不可变序列,字符串的每个元素都是字符。

### 4.1.1　字符串的定义和创建

**1. 字符串的定义**

　　字符串是由字符组成的一个不可变序列,它支持索引、切片、合并等操作。为了简化操作,Python 对"字符"和"字符串"的概念进行了统一,不再有单独的字符概念,所有的字符都被统一视为字符串。字符串的内容放在一对引号中,可以是一对单引号(')、双引号(")、三单引号(''')或三双引号(""")。

视频讲解

**2. 字符串的创建**

　　字符串的创建主要有两种方式,第一种是直接通过一对引号创建字符串对象,第二种是使用 str()函数将其他类型对象转换为字符串对象。

**【示例 4.1】** 字符串的创建。

```
1    s1 = "hello"
2    s2 = ""                      #创建空字符串
3    s3 = str()                   #创建空字符串对象
4    s4 = str(20)                 #将整数转换为字符串
5    s5 = str([1, 2, 3])          #将列表转换为字符串
6    print(s1)
7    print(s1[0])
8    print(s2)
9    print(s3)
10   print(s4)
11   print(s5)
```

程序运行结果：

```
hello
h
20
[1, 2, 3]
```

### 4.1.2　字符串的常用方法及应用

表 4.1 列出了字符串的常用操作方法。

表 4.1　字符串的常用操作方法

| 方　　法 | 方 法 释 义 |
| --- | --- |
| str.title() | 将字符串 str 的单词首字母都大写,其他转换为小写,并返回新字符串 |
| str.lower()、str.upper() | 将字符串 str 中所有字母都转换为小或大写字母,并返回新字符串 |
| str.swapcase() | 将字符串 str 的字母大小写进行反转,并返回 |
| str.capitalize() | 将字符串 str 的首字母大写,其余字母为小写,并返回 |
| str.startswith(prefix[,start[,end]]) | 判断字符串 str 是否以字符串 prefix 开始,可接受参数 start 和 end 来限定范围,且可以接受字符串元组作为参数 |
| str.endswith(suffix[,start[,end]]) | 判断字符串 str 是否以字符串 suffix 结束,可接受参数 start 和 end 来限定范围,且可以接受字符串元组作为参数 |
| str.lstrip(chars=None)<br>str.rstrip(chars=None)<br>str.strip(chars=None) | 清除字符串 str 前/后/前后的指定字符,默认去除空白字符,并返回 |
| str.center(width,fillchar='')<br>str.ljust(width,fillchar='')<br>str.rjust(width,fillchar='') | 按指定宽度 width,居中/居左/居右显示字符串 str,左右两边填充指定字符,默认填充空格符,并返回 |
| str.find(sub[,start[,end]])<br>str.rfind(sub[,start[,end]]) | 从左到右/从右到左查找 sub 子串,在当前字符串 str 指定范围中首次出现的索引,不存在则返回-1(区分大小写) |
| str.index(sub[,start[,end]])<br>str.rindex(sub[,start[,end]]) | 与 find()方法作用类似,但未找到时则会报错:ValueError |
| str.replace(old,new,count=-1) | 使用 new 子串来替换字符串 str 中的 old 子串,可指定替换次数,默认替换所有 |
| str.maketrans(...) | 为 str.translate()方法建立替换映射表,并返回映射表 |
| str.translate(table) | 使用映射表 table,对字符串 str 中的字符进行替换 |
| str.split(sep=None,maxsplit=-1)<br>str.rsplit(sep=None,maxsplit=-1) | 使用指定分隔符 sep(默认为空白符)从左到右/从右到左对字符串 str 进行分割,并返回分割后的字符串列表;可以指定最大分隔次数 maxsplit,默认为全部分割 |
| str.partition(sep)<br>str.rpartition(sep) | 使用指定子字符串 sep 从左到右/从右到左将字符串 str 分为 3 部分,并返回分割后的字符串列表 |

续表

| 方　　法 | 方 法 释 义 |
|---|---|
| sep.join(iterable) | 用字符串 sep 将可迭代对象中的多个元素拼接起来,与 split() 方法的作用相反 |
| str.istitle() | 判断字符串 str 的每个单词首字母是否都为大写,其余都为小写 |
| str.isupper(),str.islower() | 判断字符串 str 是否全由大写或小写字母组成,是则返回 True,否则返回 False |
| str.isspace(),str.isalpha() | 判断字符串 str 是否全由空白符或字母组成,是则返回 True,否则返回 False |
| str.isdigit(),str.isnumeric() | 判断字符串 str 是否全为数字字符,第 2 个方法还可以识别汉字数字字符 |
| str.isalnum() | 判断字符串 str 是否全由数字字符和字母组成 |
| str.isidentifier() | 判断字符串 str 是否为合法的 Python 标识符 |
| str.count(sub[,start[,end]]) | 统计字符串 str 中子串 sub 出现的次数,可指定范围,不存在则返回 0 |
| max(iterable,[key=func]),min(iterable,[key=func]) | 返回可迭代对象中的最大/最小值元素,可指定判断规则 |

以下通过程序示例,来一一展示这些方法的作用和区别。

【示例 4.2】 字符串大小写变换方法示例。

```
1    s1 = "This is a Python lesson."
2    print(s1)
3    print(s1.title())           #将字符串 s1 的每个单词首字母大写,其余改为小写
4    print(s1.lower())           #将字符串 s1 的所有字母改为小写
5    print(s1.upper())           #将字符串 s1 的所有字母改为大写
6    print(s1.swapcase())        #将字符串 s1 的所有字母进行大小写转换
7    print(s1.capitalize())      #将字符串 s1 的首字母大写,其余改为小写
```

程序运行结果:

```
This is a Python lesson.
This Is A Python Lesson.
this is a python lesson.
THIS IS A PYTHON LESSON.
tHIS IS A pYTHON LESSON.
This is a python lesson.
```

【示例 4.3】 str.startswith()与 str.endswith()方法示例。

```
1    s1 = "This is a python lesson."
2    print(s1.startswith("This"))       #判断字符串 s1 是否以"This"开头
3    print(s1.startswith("This", 2, 10))#判断字符串 s1 在索引 2 处是否以"This"开头
4    print(s1.startswith("is", 2, 10))  #判断字符串 s1 在索引 2 处是否以"is"开头
5    print(s1.endswith("lesson."))      #判断字符串 s1 是否以"lesson."结束
6    print(s1.endswith("is", 0, 7))     #判断字符串 s1 在索引 7 处是否以"is"结束
```

程序运行结果：

```
True
False
True
True
True
```

**【示例 4.4】** str.startswith()与 str.endswith()方法的应用例子。

**程序要求**：假定当前目录下存在如图 4.1 所示的所有文件，请使用 startswith()和 endswith()方法，将所有以"ch04"开头的文件和所有以".txt"为后缀名的文件提取出来。

| 名称 | 类型 | 大小 |
| --- | --- | --- |
| alice.txt | 文本文档 | 164 KB |
| ch04_01.py | Python File | 1 KB |
| ch04_02.py | Python File | 1 KB |
| ch04_03.py | Python File | 1 KB |
| ch04_04.py | Python File | 1 KB |
| czyo0.jpg | 看图王 JPG 图片... | 408 KB |
| hamlet.txt | 文本文档 | 177 KB |
| little_women.txt | 文本文档 | 1,029 KB |
| mfa5.jpg | 看图王 JPG 图片... | 379 KB |
| moby_dick.txt | 文本文档 | 1,228 KB |
| timg (1).jpg | 看图王 JPG 图片... | 120 KB |
| timg.jpg | 看图王 JPG 图片... | 675 KB |

图 4.1 当前目录下的所有文件

代码如下。

```
1   import os                        #加载 os 库,os 库将在后续章节讲解
2   fns = os.listdir()              #listdir()将以列表形式获得当前目录下的所有文件名
3   for fn in fns:                  #对文件名列表 fns 进行遍历
4       if fn.startswith("ch04") or\     #判断字符串 fn 是否以"ch04"开头
5       fn.endswith(".txt"):       #或以".txt"后缀结束
6           print(fn)              #打印文件名
```

程序运行结果：

```
alice.txt
ch04_01.py
ch04_02.py
ch04_03.py
ch04_04.py
hamlet.txt
little_women.txt
moby_dick.txt
```

**【示例 4.5】** strip()相关方法示例。

视频讲解

```
1   s1 = "    Python   \n "        #注意 s1 包含了空格和换行符
2   s2 = "*****====Java====*****"   #s2 左右两边为"*"和"="
```

```
3    print(s1.lstrip())          #删除 s1 左边的空白符
4    print(s1.rstrip())          #删除 s1 右边的空白符(空白符包括空格和换行符)
5    print(s1.strip())           #删除 s1 两边的空白符
6    print(s2.lstrip("= * "))    #删除 s2 左边的"＊"和"="
7    print(s2.strip("= * "))
```

程序运行结果:

```
Python

    Python
Python
Java====*****
Java
```

【示例 4.6】　center()、ljust()、rjust()方法示例。

```
1    s1 = "Python"
2    s2 = "Java"
3    print(s1.ljust(11))         #s1 居左显示,不足部分填充空格
4    print(s1.rjust(11))         #s1 居右显示,不足部分填充空格
5    print(s1.center(16))        #s1 居中显示,不足部分填充空格
6    print(s2.ljust(13))
7    print(s2.center(12, "=").center(22, "＊"))  #s2 居中显示,不足部分填充"="和"＊"
```

程序运行结果:

```
Python
    Python
    Python
Java
*****====Java====*****
```

从示例 4.6 可以看出,字符串的 center()相关方法,其实是与 strip()相关方法对应的。该示例的第 7 行代码使用了字符串方法的链式调用,是因为 center()方法返回的还是字符串,因此,可对返回的字符串再次执行 center()方法。这种字符串方法的链式调用,在字符串应用开发中很常见,读者应熟练掌握。

【示例 4.7】　find()、index()相关方法示例。

```
1    s1 = "This is a Python lesson."
2    print(s1.find("is"))        #从左到右查找"is"在 s1 中的索引
3    print(s1.rfind("is"))       #从右到左查找"is"在 s1 中的索引
4    print(s1.find("this"))      #查找"this"在 s1 中的索引,不存在返回-1
5    print(s1.index("is"))       #从左到右查找"is"在 s1 中的索引
6    print(s1.rindex("is"))
7    print(s1.index("this"))     #查找"this"在 s1 中的索引,不存在则报错
```

程序运行结果:

```
2
5
-1
2
5
```

【示例 4.8】 replace()方法示例。

```
1    s1 = "荷塘月色  朱自清  1927 年 7 月"
2    print(s1.replace("7", "七"))              #使用"七"替换 s1 中的"7"
3    print(s1.replace("7", "七").replace("1", "一"))    #再次使用"一"替换 s1 中的"1"
4    print(s1.replace("7", "七").             #依次对 s1 中的阿拉伯数字字符进行替换
5          replace("1", "一").
6          replace("9", "九").
7          replace("2", "二"))
```

程序运行结果:

```
荷塘月色  朱自清  192 七年七月
荷塘月色  朱自清  一 92 七年七月
荷塘月色  朱自清  一九二七年七月
```

示例 4.8 通过字符串方法 replace()的链式调用,实现了对阿拉伯数字字符 1、9、2、7 的中文数字字符替换。这种方式相对比较烦琐,如果要替换的数字字符更多,代码就会显得更加复杂,那么有没有方法可以实现一次性替换呢? 答案是有的,可以结合字符串的 maketrans()方法和 translate()方法来实现。

【示例 4.9】 maketrans()和 translate()方法示例。

```
1    s1 = "荷塘月色  朱自清  1927 年 7 月"
2    s2 = "狂人日记  鲁迅  1918 年 4 月"
3    s3 = "以梦为马  海子  1987 年 6 月"
4    table = str.maketrans("0123456789",     #建立字符串映射表
5          "零一二三四五六七八九")
6    print(s1.translate(table))     #使用字符串映射表进行字符串的替换
7    print(s2.translate(table))
8    print(s3.translate(table))
```

程序运行结果:

```
荷塘月色  朱自清  一九二七年七月
狂人日记  鲁迅  一九一八年四月
以梦为马  海子  一九八七年六月
```

可以看到,先通过 maketrans()方法建立字符串映射表,再对需要替换的字符串使用 translate()方法,就可以高效地实现多字符替换,功能比 replace()方法更加强大。

视频讲解

【示例 4.10】 字符串分割方法示例。

```
1    s1 = "This is a Python lesson."
2    print(s1.split())                    #使用空格符对 s1 进行分割
3    print(s1.split("is"))                #使用字符串"is"对 s1 进行分割
4    print(s1.split("is", maxsplit=1))    #使用字符串"is"对 s1 进行分割,且只分割一次
5    print(s1.rsplit("is"))               #使用字符串"is"对 s1,从右到左进行分割
6    print(s1.partition("is"))            #将字符串 s1,以"is"为界分为 3 部分
7    print(s1.rpartition("is"))           #将字符串 s1,以"is"为界,从右到左分为 3 部分
```

程序运行结果:

```
['This', 'is', 'a', 'Python', 'lesson.']
['Th', ' ', ' a Python lesson.']
['Th', ' is a Python lesson.']
['Th', ' ', ' a Python lesson.']
('Th', 'is', ' is a Python lesson.')
('This ', 'is', ' a Python lesson.')
```

字符串分割方法主要包括 split()和 partition()等相关方法,用于字符串的分割。

【示例 4.11】 字符串合并方法示例。

```
1    s1 = "This is a Python lesson."
2    ls = s1.split()                      #使用空格符对 s1 进行分割,并返回分割后的列表
3    print(ls)
4    s2 = " ".join(ls)                    #使用空格""对字符串列表进行拼接
5    print(s2)
6    s3 = "1+2+3+4+5"
7    print("+".join(s3.split("+")))       #使用 join()方法对 split()方法的结果反向操作
```

程序运行结果:

```
['This', 'is', 'a', 'Python', 'lesson.']
This is a Python lesson.
1+2+3+4+5
```

从示例 4.11 可以看出,字符串的 join()方法,实际上与 split()方法的作用相反,是用于字符串的序列拼接的。

【示例 4.12】 字符串的相关布尔方法示例。

```
1    s1, s2 = "PYTHON", "   \t \n "
2    print(s1.isupper())                  #True
3    print(s1.istitle())                  #False
4    print(s1.islower())                  #False
5    print(s2.isspace())                  #True
6    print(s2.isalpha())                  #False
7    s3, s4 = "5050", "五千零五十"
8    print(s3.isdigit())                  #True
9    print(s4.isdigit())                  #False
10   print(s4.isnumeric())                #True
```

```
11   s5, s6 = "_s3", "s3"
12   print(s5.isalnum())         #False
13   print(s6.isalnum())         #True
14   print(s5.isidentifier())    #True
```

程序运行结果:

```
True
False
False
True
False
True
False
True
False
True
True
```

字符串的相关布尔方法较多,返回结果都为 True 或 False。

**【示例 4.13】** 字符串的相关统计方法示例。

视频讲解

```
1   s1 = "This is a Python lesson."
2   print(s1.count("is"))        #统计字符串中"is"子串的出现次数
3   print(s1.count("s"))         #统计字符串中"s"字符的出现次数
4   print(max(s1))               #返回字符串中最大值字符,这里为"y"
5   print(min(s1))               #返回字符串中最小值字符,这里为空格" "
6   print(max([1, -1, 19, 23]))  #返回列表的最大元素
```

程序运行结果:

```
2
4
y

23
```

在示例 4.13 中,max()方法和 min()方法也可用于其他可迭代序列对象,如列表、元组、集合、字典等,是通用的序列方法。

为了方便用户对字符串进行处理,Python 还提供了 string 模块,其包含了阿拉伯数字字符、所有的英文标点符号、26 个英文大小写字母等内容。

**【示例 4.14】** string 模块的相关内容示例。

视频讲解

```
1   import string
2
3   print(string.digits)
4   print(string.ascii_letters)
5   print(string.ascii_lowercase)
6   print(string.ascii_uppercase)
7   print(string.punctuation)    #打印所有的英文标点符号
```

程序运行结果:

```
0123456789
abcdefghijklmnopqrstuvwxyzABCDEFGHIJKLMNOPQRSTUVWXYZ
abcdefghijklmnopqrstuvwxyz
ABCDEFGHIJKLMNOPQRSTUVWXYZ
!"#$%&'()*+,-./:;<=>?@[\]^_`{|}~
```

### 4.1.3　字符串的格式化输出

视频讲解

Python 中提供了多种方式实现字符串的格式化输出,其中最常见的是百分号方式、format()方式和 f 关键字方式。其中,百分号方式在第 2 章已经介绍过,本节主要介绍 format()方法和 f 关键字方式。

【示例 4.15】　format()方法的简单示例。

```
1    print("年龄：{},身高：{}".format(20, 177))         #按照参数的默认顺序赋值给{}
2    print("年龄：{1},身高：{0}".format(177, 20))        #按照{}中指定的参数位置赋值
3    print("年龄：{1},身高：{0},体重：{0}".format(177, 20))
4    print("年龄：{1},身高：{0}".format(*[177, 20]))     #使用可变参数的形式传递实参
5    print("年龄：{age},身高：{height}".                  #按照关键字赋值
6            format(height=175, age=18))
```

程序运行结果:

```
年龄：20,身高：175
年龄：20,身高：175
年龄：20,身高：175,体重：175
年龄：20,身高：175
年龄：20,身高：175
```

在使用 format()方法时,需要先用一对花括号{}进行占位,{}中可以什么都不指定,这时将按照参数的默认顺序赋值;也可以按照对应参数的位置或参数的名称赋值。

format()方法的参数语法格式及其释义如下。

```
[[fill]align][sign][#][0][width][,][.precision][type]
```

- fill:设置空白处填充的字符,默认为空格。
- align:设置对齐方式(结合宽度来使用,其中<为左对齐符号,>为右对齐符号,^为居中对齐符号)。
- sign:有无符号数字。其中,+表示正数前加+,-表示正数前无符号,空格表示正数前显示空格。
- #:对于二进制、八进制、十六进制,显示前面的 0b、0o、0x,否则不显示。
- width:格式化所占宽度。
- ,:为数字添加逗号分隔符,适用于大数表示。如:1,000,000。
- .precision:小数位保留的精度,其小数点不可省略。
- type:格式化类型。其中,s 为字符串,b 为二进制整数,c 为字符,d 为十进制整

数,o 为八进制整数,x 为十六进制整数,e 为科学记数法,f 为浮点数,g 自动在 e 和
f 之间转化,%为百分比。

**【示例 4.16】** 使用 **format**()方法对字符串进行格式化输出。

```
1    print("当前时间: {:02}:{:02}".format(9, 17))              #依次赋值
2    print("几种对齐方式: {0:<10}、{0:>10}、{0:^10}".format("abc")) #居左、右、中对齐
3    print("保留 2 位有效数字: {:.2f}".format(11/3))
4    print("正数显示正号: {0:8}、{0:+8}".format(10))              #0 为 format 实参序号
5    print("显示进制符号: {0:#o}、{0:#b}、{0:#x}".format(20))
6    print("大数添加逗号: {0:,}、{0}".format(10**6))
7    print("Pi 值为:{pi:#>8.2f}".format(pi=3.1415926))          #较完整的用法
```

程序运行结果:

```
当前时间: 09:17
几种对齐方式: abc       、       abc、   abc
保留 2 位有效数字: 3.67
正数显示正号:       10、      +10
显示进制符号: 0o24、0b10100、0x14
大数添加逗号: 1,000,000、1000000
Pi 值为: ####3.14
```

示例 4.16 中,第 7 行是较为完整的用法,pi 为指定关键字参数,冒号(:)之后依次为
填充符、居右对齐、宽度、精度及数据类型。

**注意**:需要控制输出格式时,需要加冒号(:)隔开,控制符号的顺序不能错。

下面再使用 format()函数对第 3 章的九九乘法表进行打印。

**【示例 4.17】** 使用 **format**()函数打印九九乘法表。

```
1    for i in range(1, 10):                           #行数 i 从 1 到 9
2        for j in range(1, i+1):                      #每行列数 j 的最大值为行数 i
3            print("{} * {}={}".format(j, i, i * j), end=" ")  #每行结束时换行
4        print("")
```

程序运行结果:

```
1 * 1=1
1 * 2=2 2 * 2=4
1 * 3=3 2 * 3=6 3 * 3=9
1 * 4=4 2 * 4=8 3 * 4=12 4 * 4=16
1 * 5=5 2 * 5=10 3 * 5=15 4 * 5=20 5 * 5=25
1 * 6=6 2 * 6=12 3 * 6=18 4 * 6=24 5 * 6=30 6 * 6=36
1 * 7=7 2 * 7=14 3 * 7=21 4 * 7=28 5 * 7=35 6 * 7=42 7 * 7=49
1 * 8=8 2 * 8=16 3 * 8=24 4 * 8=32 5 * 8=40 6 * 8=48 7 * 8=56 8 * 8=64
1 * 9=9 2 * 9=18 3 * 9=27 4 * 9=36 5 * 9=45 6 * 9=54 7 * 9=63 8 * 9=72 9 * 9=81
```

从示例 4.17 可以看出,使用 format()函数进行格式化输出,比第 3 章的字符串相加
的方式简便多了。

另外,从 Python 3.6 开始又提供了 f 关键字,对 format()继续简化。f 关键字支持所

有的 format() 参数使用规则和语法结构。

【示例 4.18】 使用 f 关键字对示例 4.16 进行重新输出。

```
1    s, n = "abc", 11/3
2    z, pi = 10**6, 3.1415926
3    print(f"当前时间：{9:02}:{17:02}")          #输出宽度为 2,不足两位前面填充 0
4    print(f"几种对齐方式：{s:<10}、{s:>10}、{s:^10}")
5    print(f"保留 2 位有效数字：{n:.2f}")
6    print(f"正数显示正号：{10:8}、{10:+8}")
7    print(f"显示进制符号：{20:#o}、{10:#b}、{20:#x}")
8    print(f"大数添加逗号：{z:,}、{z}")
9    print(f"Pi 值为：{pi:#>8.2f}")
```

程序运行结果：

```
当前时间：09:17
几种对齐方式：abc       、       abc、    abc
保留 2 位有效数字：3.67
正数显示正号：      10、     +10
显示进制符号：0o24、0b10100、0x14
大数添加逗号：1,000,000、1000000
Pi 值为：####3.14
```

【示例 4.19】 使用 f 关键字打印九九乘法表。

```
1    for i in range(1, 10):              #行数 i 从 1 到 9
2        for j in range(1, i+1):         #每行列数 j 的最大值为行数 i
3            print(f"{j}*{i}={i*j}", end=" ")  #使用 f 关键字打印乘法表
4        print("")                       #每行结束时换行
```

程序运行结果：

```
1*1=1
1*2=2 2*2=4
1*3=3 2*3=6 3*3=9
1*4=4 2*4=8 3*4=12 4*4=16
1*5=5 2*5=10 3*5=15 4*5=20 5*5=25
1*6=6 2*6=12 3*6=18 4*6=24 5*6=30 6*6=36
1*7=7 2*7=14 3*7=21 4*7=28 5*7=35 6*7=42 7*7=49
1*8=8 2*8=16 3*8=24 4*8=32 5*8=40 6*8=48 7*8=56 8*8=64
1*9=9 2*9=18 3*9=27 4*9=36 5*9=45 6*9=54 7*9=63 8*9=72 9*9=81
```

从这两个示例可以看出,f 关键字又比 format() 函数更加简单易用。为了方便,本书后面的章节中将主要使用 f 关键字进行字符串的格式化输出。

**思考与练习**

4.1 判断题：字符串是有序的、不可变的序列,它支持索引、切片操作。

4.2 执行语句"123"*2+"python"的结果是什么?

4.3 已知字符串 s="I Love Python!",试写出以下语句的执行结果。

s.index("Love")、s.count("o")、s.split()

s.replace("P","p")、s.upper()、s.lower()

4.4 编写程序,分别统计出用户输入的字符串中所包含的字母、数字和其他字符的个数。

4.5 编写代码,格式化输出数值 2024 的二进制、八进制、十六进制的表达形式。

## 4.2 列表

列表是 Python 程序开发中使用最广泛的一种序列结构。

视频讲解

### 4.2.1 列表的定义、创建和删除

**1. 列表的定义**

列表是 Python 内置的有序可变序列,其元素放在一对方括号"[]"中,并使用逗号分开,列表元素的数据类型可以不同。

**2. 列表的创建**

列表的创建有两种方式,第一种是直接通过一对方括号创建列表对象;第二种是使用 list()函数将元组、字符串、集合、字典或其他可迭代对象转换为列表。

【示例 4.20】 列表的创建。

```
1    la = []                    #创建空列表
2    lb = [20, "张三", 177.6]    #列表的元素类型可以不一致
3    lc = list(range(10))
4    print(la)
5    print(lb)
6    print(lc)
```

程序运行结果:

```
[]
[20, '张三', 177.6]
[0, 1, 2, 3, 4, 5, 6, 7, 8, 9]
```

**3. 列表的删除**

当不再需要使用列表时,可通过 del 命令删除列表,这实际上是在当前命名空间中删除了列表名称,删除后的列表将不再可调用。

【示例 4.21】 列表的删除。

```
1    la = [1, 2, 3]
2    print(la)
3    del la[1]        #删除列表 la 中索引为 1 的元素
4    print(la)
5    del la           #从当前命名空间中删除 la 变量名
6    print(la)        #报错,NameError
```

程序运行结果：

```
[1, 2, 3]
[1, 3]
Traceback (most recent call last):
  File "D:\Python\Basic_Python\chap_04\ch04_21.py", line 6, in <module>
    print(la)
NameError: name 'la' is not defined
```

示例 4.21 的第 3 行代码是删除列表 la 中索引为 1 的元素，而第 5 行代码则是在当前命名空间中删除列表名 la。因此再对 la 进行访问时，程序就会报错，这对于其他变量名或序列名作用也是一样的。

## 4.2.2　列表元素的访问

Python 创建列表时会开辟一块连续的空间，用于存放每个列表元素的引用，每个元素会被分配一个序号，即元素的位置（也称索引）。

索引有两种形式，正向索引和反向索引。正向索引是索引值从 0 开始，从左到右依次递增，如表 4.2 所示。反向索引是从最后一个元素开始计数，此时，索引值从 −1 开始，从右到左不断递减，如表 4.3 所示。

表 4.2　列表的正向索引

| 元素 | 元素 1 | 元素 2 | 元素 3 | … | 元素 n−1 | 元素 n |
| --- | --- | --- | --- | --- | --- | --- |
| 索引 | 0 | 1 | 2 | … | n−2 | n−1 |

正向索引，从左到右不断增大

表 4.3　列表的反向索引

| 元素 | 元素 1 | 元素 2 | 元素 3 | … | 元素 n−1 | 元素 n |
| --- | --- | --- | --- | --- | --- | --- |
| 索引 | −n | −n+1 | −n+2 | … | −2 | −1 |

反向索引，从右到左不断减小

【示例 4.22】　使用正向索引和反向索引来访问序列元素。

```
1    la = list(range(2, 10))
2    lb = "this a python lesson"
3    print(la)
4    print(la[6])              #8
5    print(la[-2])             #8
6    print(lb[0])              #t
7    print(lb[-1])             #n
8    print(range(2, 10)[-1])   #9
```

程序运行结果：

```
[2, 3, 4, 5, 6, 7, 8, 9]
8
8
t
n
9
```

从示例 4.22 可以看出，Python 中的其他序列，例如字符串、range() 对象也支持正向索引和负向索引，这个特点有助于提高 Python 程序开发的效率。另外，当序列索引越界访问时，程序将会报错。

视频讲解

### 4.2.3　列表的切片操作

通过列表的索引可以访问列表的某一个元素，而列表的切片操作则可以同时访问列表中的多个元素。列表的切片操作是从一个列表中，根据位置特点获取部分元素，然后将这些元素组合成一个子列表返回，其语法结构如下。

```
列表对象[start : end : step]
```

其中，参数 start 表示起始位置索引，省略时表示包含 end 前的所有元素。end 表示结束位置索引，但结果不包含结束位置对应的元素，省略时表示包含 start 后的所有元素。step 表示步长，默认为 1，步长可以是正数也可以是负数，正数表示切片从左到右，负数表示切片从右到左。

【示例 4.23】　对列表进行多种类型的切片操作。

```
1    la = list(range(1, 10))
2    print(la[2:6])          #步长为1，从索引2正向切片到索引6的元素
3    print(la[2:6:2])        #步长为2，从索引2正向切片到索引6的元素
4    print(la[2:6:-2])       #无法从索引2反向切片到索引6的元素
5    print(la[6:2:-2])       #步长为-2，从索引6反向切片到索引2的元素
6    print(la[5:])           #从左到右，包含索引5右边的所有元素
7    print(la[5::-1])        #从右到左，包含索引5左边的所有元素
8    print(la[:5])           #从索引0正向切片到索引5的元素
9    print(la[:5:-1])        #从索引8反向切片到索引5的元素
10   print(la[-8:6:2])       #步长为2，从索引-8正向切片到索引6的元素
11   print(la[-2:2:2])       #无法从索引-2的元素正向切片到索引2的元素
12   print(la[:])            #表示返回从左到右的所有元素
13   print(la[::-1])         #表示返回从右到左的所有元素
```

程序运行结果：

```
[3, 4, 5, 6]
[3, 5]
[]
[7, 5]
[6, 7, 8, 9]
[6, 5, 4, 3, 2, 1]
```

```
[1, 2, 3, 4, 5]
[9, 8, 7]
[2, 4, 6]
[]
[1, 2, 3, 4, 5, 6, 7, 8, 9]
[9, 8, 7, 6, 5, 4, 3, 2, 1]
```

示例列表 la 的元素索引如表 4.4 所示。当起始位置索引和结束位置索引有正有负时,应先找到对应索引位置的元素,再计算正向或者反向的切片操作,如上述第 10 行、第 11 行代码。如果起始位置的元素无法切片到结束位置的元素,则返回值为空,如上述第 4 行、第 11 行代码。当省略起始位置索引、结束位置索引和步长时,切片至少要有一个冒号":",表示返回列表的所有元素,如示例 4.23 中的第 12 行代码。

**表 4.4  列表的切片索引示例**

| 元素值 | 1 | 2 | 3 | 4 | 5 | 6 | 7 | 8 | 9 |
|--------|---|---|---|---|---|---|---|---|---|
| 正向索引 | 0 | 1 | 2 | 3 | 4 | 5 | 6 | 7 | 8 |
| 反向索引 | −9 | −8 | −7 | −6 | −5 | −4 | −3 | −2 | −1 |

### 4.2.4  列表的常用方法及应用

视频讲解

表 4.5 列出了列表的一些常用操作方法及作用说明,如获取元素位置,统计元素个数,添加、插入、删除列表元素,对列表进行排序和逆序,清空列表以及复制列表等。

**表 4.5  列表的常用方法及作用**

| 方　　法 | 作　　用 |
|---------|---------|
| append(object) | 在列表的末尾添加一个元素 |
| insert(index,object) | 在列表指定索引处插入一个元素,该索引处后续元素依次往后移动 |
| pop(index) | 删除列表中指定索引的元素,并返回删除的元素,默认删除最后一个元素 |
| remove(object) | 删除列表中从左到右第一次出现的指定元素 |
| sort(key,reverse) | 对列表元素进行排序,默认为升序,要求元素之间可比较,否则会报错 |
| reverse() | 将列表进行反转 |
| clear() | 清空列表内容 |
| copy() | 将列表内容复制一份,这是一种浅复制 |
| count(object) | 统计列表中某个元素出现的次数,不存在则返回 0 |
| index(object) | 获取列表中某个元素第一次出现的索引,不存在则报错:ValueError |
| extend(iterable) | 将一个可迭代对象合并到列表中去,注意和 append()方法的区别 |

以下通过程序示例,来一一展示这些方法的作用和区别。

**【示例 4.24】** 添加、修改、插入列表元素。

```
1   cars = ["BYD", "kia", "benz", "ford", "buick", "bmw", "GM", ]
2   cars[-2] = "BMW"                #通过索引修改列表元素
3   print(cars)
4   cars.append("honda")           #在列表末尾添加元素
5   print(cars)
6   cars.insert(2, "opel")         #在指定索引位插入元素
7   print(cars)
```

程序运行结果:

```
['BYD', 'kia', 'benz', 'ford', 'buick', 'BMW', 'GM']
['BYD', 'kia', 'benz', 'ford', 'buick', 'BMW', 'GM', 'honda']
['BYD', 'kia', 'opel', 'benz', 'ford', 'buick', 'BMW', 'GM', 'honda']
```

在示例 4.24 第一行代码中,列表元素最后使用了一个拖尾逗号,这实际上是列表规范的写法。

**【示例 4.25】** 删除列表元素。

```
1   cars = ["BYD", "kia", "benz", "ford", "buick", "bmw", "GM", ]
2   del cars[1]                     #删除索引为 1 的元素
3   print(cars)
4   gm = cars.pop()                 #弹出列表最后一个元素
5   print(cars)
6   benz = cars.pop(1)              #弹出指定索引元素
7   print(cars)
8   print(f"The pop items: {gm}, {benz}")
9   cars.remove("bmw")             #删除列表的第一个元素"bmw"
10  print(cars)
```

程序运行结果:

```
['BYD', 'benz', 'ford', 'buick', 'bmw', 'GM']
['BYD', 'benz', 'ford', 'buick', 'bmw']
['BYD', 'ford', 'buick', 'bmw']
The pop items: GM, benz
['BYD', 'ford', 'buick']
```

删除列表元素可使用的方法有 pop()、remove(),还可以使用 del 指令,其中 pop()方法会返回所删除的元素值。

上述两个示例展示了列表元素的添加、删除、修改等操作,实际上也可以通过列表切片来完成同样的功能,且常常效率更高。

**【示例 4.26】** 使用切片对列表进行增删改操作。

视频讲解

```
1   name = list("Perl")
2   name[1:] = list("ython")       #将 name 索引 1 之后的元素全部替换掉
3   print(name)
```

```
4      nums = [1, 5]
5      nums[1:1] = [2, 3, 4]          #在索引 1 位置插入元素序列
6      print(nums)
7      nums[1:2] = [12]               #修改索引 1 的元素值
8      print(nums)
9      nums[::2] = "abc"              #以步长为 2,依次修改元素内容
10     print(nums)
11     del nums[::2]                  #以步长为 2,依次删除元素
12     print(nums)
```

程序运行结果:

```
['P', 'y', 't', 'h', 'o', 'n']
[1, 2, 3, 4, 5]
[1, 12, 3, 4, 5]
['a', 12, 'b', 4, 'c']
[12, 4]
```

在使用列表切片对列表进行修改时,常常具有自动列表转换功能,示例 4.26 的第 9 行代码便是如此。实际上,上例的第 2 行代码也不需要使用 list()函数,而会直接进行自动转换,读者可以自行尝试。

前面学过,不同的字符串可以相加,从而生成新的字符串。对于其他序列,如列表、元组等,Python 也支持它们的加法,并且还支持这些序列直接与整数相乘,从而产生多个复制,以快速生成新的序列内容。

【示例 4.27】　序列的加乘操作。

视频讲解

```
1      str1, str2 = "abc", "def"
2      print(str1+str2)
3      print(str1 * 3)               #产生 3 个同样的 str1 内容
4      la, lb = [1, 2, 3], [4, 5, 6]
5      print(la+lb)
6      print(la * 3)
7      ta, tb = (1, 2, 3), (4, 5, 6) #ta, tb 为元组,4.3 节将会讲述
8      ta = ta + tb
9      print(ta)
10     print(tb * 3)
11     print(str1+la)                #报错,TypeError
```

程序运行结果:

```
abcdef
abcabcabc
[1, 2, 3, 4, 5, 6]
[1, 2, 3, 1, 2, 3, 1, 2, 3]
(1, 2, 3, 4, 5, 6)
(4, 5, 6, 4, 5, 6, 4, 5, 6)
Traceback (most recent call last):
  File "D:\Python\Basic_Python\chap_04\ch04_27.py", line 11, in <module>
    print(str1+la)
TypeError: can only concatenate str (not "list") to str
```

在执行序列相加时,必须是同类型的序列才可以相加。因此上例中第 11 行代码,将字符串与列表相加时,程序会报错。另外,元组之间也可以相加。

Python 在数据分析、机器学习、网络爬虫等领域应用广泛,常常需要对数据内容进行排序,列表的 sort()方法提供了强大的排序功能。

视频讲解

**【示例 4.28】** **使用 sort()方法对列表排序。**

```
1    cars = ["BYD", "kia", "benz", "ford", "BMW", "GM", ]
2    autos = cars[:]                  #使用切片,保存 cars 列表的副本
3    cars.sort()                      #对列表 cars 进行排序,默认升序
4    print(cars)
5    cars = autos[:]                  #使用副本 autos 恢复 cars 的内容
6    print(cars)
7    cars.sort(reverse=True)          #对列表 cars 进行降序排列
8    print(cars)
9    cars = autos.copy()              #使用 copy()方法恢复 cars 的内容
10   cars.sort(reverse=True, key=lambda x:x.lower())  #对 cars 进行降序,并指定规则
11   print(cars)
```

程序运行结果:

```
['BMW', 'BYD', 'GM', 'benz', 'ford', 'kia']
['BYD', 'kia', 'benz', 'ford', 'BMW', 'GM']
['kia', 'ford', 'benz', 'GM', 'BYD', 'BMW']
['kia', 'GM', 'ford', 'BYD', 'BMW', 'benz']
```

在示例 4.28 中用到了两个方法对列表的内容进行复制,一个是切片方法,如第 2 行、第 5 行代码所示;一个是 copy()方法,如第 9 行代码所示。这两种方法作用类似,都是用于产生列表的一个副本。

另外,在第 10 行代码中使用了 key 参数,这是为排序指定规则。排序规则中用到了 lambda 匿名函数,它返回了一个 x.lower()方法,表示将列表的每个元素转换为小写,然后再对元素按照小写字母的形式进行排序。lambda 匿名函数将在后续章节进行深入讲解。

**注意**:列表的 sort()方法是永久性排序,即排序结果会直接影响列表本身。同时,sort()方法使用的是稳定排序,即排序规则计算结果相同的元素,排序前与排序后的顺序不变。

除了上例所示的一维列表排序,列表的 sort()方法还可以对二维列表、三维列表甚至 $n$ 维列表进行排序。

**【示例 4.29】** **使用 sort()方法对二维列表排序。**

```
1    scores = [["Seal", 82], ["Ada", 91], ["Tom", 76],  #二维列表,包含学生的姓名和分数
2            ["Neo", 89], ["Peter", 91], ]
3    points = scores.copy()           #对 scores 列表的内容进行备份
4    scores.sort()                    #对 scores 的元素,即一维列表进行排序
5    print(scores)
6    print(points)
```

```
7    scores = points[:]
8    scores.sort(key=lambda x:x[1], reverse=True)   #指定排序规则,并按规则降序排列
9    print(scores)
```

程序运行结果:

```
[['Ada', 91], ['Neo', 89], ['Peter', 91], ['Seal', 82], ['Tom', 76]]
[['Seal', 82], ['Ada', 91], ['Tom', 76], ['Neo', 89], ['Peter', 91]]
[['Ada', 91], ['Peter', 91], ['Neo', 89], ['Seal', 82], ['Tom', 76]]
```

示例 4.29 的第 4 行代码是对 scores 列表,即二维列表进行排序。由于二维列表的元素一维列表仍然包含 2 个元素,这时将以一维列表的第 1 个元素作为排序主要参考,即优先基于学生姓名进行排序。这种排序规则可以拓展到三维列表、四维列表乃至 $n$ 维列表。

但在实际的应用开发中,常常要以分数进行排名,即以分数为参考进行降序排列。示例 4.29 的第 8 行代码实现了这一需求。sort()方法的 reverse＝True,指定其为降序排列,而 key－lambda x：x[1]则是指定对分数进行排序,这里的 x 来自二维列表的元素,即一维列表,而 x[1]则是对应一维列表的索引为 1 的元素,即学生的分数。

从程序结果可以看出,对二维列表进行排序,结果仍然是稳定排序。

【示例 4.30】　其他常用方法示例。

视频讲解

```
1    nums = [91, 28, 87, 88, 75, 28, 87, [1, 2, 3]]   #生成二维列表
2    digits = nums[:]                    #生成列表的备份
3    nums.reverse()                      #将列表元素反转
4    print(nums)
5    nums = digits[:]                    #从备份中还原列表内容
6    nums.clear()                        #清空列表元素
7    print(nums)
8    nums = digits.copy()                #从备份中还原列表内容,浅复制
9    digits[1] = "a"                     #修改备份列表中的内容
10   digits[-1][1] = "b"                 #修改备份列表的列表元素内容
11   print(digits)
12   print(nums)
13   nums1 = nums[:-1]                   #复制列表,但不复制最后一个元素
14   print(nums1)
15   print(nums1.count(28))              #统计 nums1 中元素 28 的数量
16   print(nums1.index(28))              #从左到右返回元素 28 的第一个索引
```

程序运行结果:

```
[[1, 2, 3], 87, 28, 75, 88, 87, 28, 91]
[]
[91, 'a', 87, 88, 75, 28, 87, [1, 'b', 3]]
[91, 28, 87, 88, 75, 28, 87, [1, 'b', 3]]
[91, 28, 87, 88, 75, 28, 87]
2
1
```

示例 4.30 的第 8 行代码是对 digits 列表元素的复制，这是一种浅复制，只复制不可变数据类型，对于可变数据类型如列表则只复制引用。因此，当第 9 行代码对 digits[1] 元素修改时，不会对 nums 列表内容产生影响。而第 10 行代码，对 digits 列表中的列表进行修改，则会对 nums 列表内容产生影响。另外，若将第 8 行代码的 copy() 方法改成列表切片，效果一样，请读者自行尝试。

列表支持加法和乘法，也支持使用 extend() 方法对其扩展。

**【示例 4.31】 列表的扩展。**

```
1    la, lb = [1, 2, 3], [4, 5, 6]          #生成 2 个列表
2    print(f"id(la) = {id(la)}")
3    print(f"id(lb) = {id(lb)}")
4    la = la + lb                           #使用加法对列表进行扩展
5    print(la)
6    print(f"id(la) = {id(la)}")
7    la, lb = [1, 2, 3], [4, 5, 6]
8    print(f"id(la) = {id(la)}")
9    print(f"id(lb) = {id(lb)}")
10   la.extend(lb)                          #使用 extend()方法对列表进行扩展
11   print(la)
12   print(f"id(la) = {id(la)}")
```

程序运行结果：

```
id(la) = 2421194674624
id(lb) = 2421195224448
[1, 2, 3, 4, 5, 6]
id(la) = 2421195265728
id(la) = 2421194914944
id(lb) = 2421195274688
[1, 2, 3, 4, 5, 6]
id(la) = 2421194914944
```

程序示例 4.31 的第 4 行代码使用加法对列表进行了扩展，扩展后 la 的 id 信息变化了，这意味着移动了 2 次列表内容，将 la、lb 的内容一起移动到新的 la 列表中。而第 10 行代码使用 extend() 方法对列表进行扩展，扩展后 la 的 id 信息不变，这意味着程序只是将 lb 的内容复制到了 la 之后，对列表内容移动了 1 次。这个区别很重要，意味着对于大型的列表复制而言，使用 extend() 方法将大大提高数据的复制效率。

## 4.2.5 序列的常用操作及应用

视频讲解

4.2.4 节介绍了列表的常用方法及应用，而列表只是序列的一种。对于序列，Python 提供了很多内置函数和操作符用于对序列进行操作，这些操作不仅可以用于列表，还大多可用于元组、集合、字符串等序列数据类型。为了方便，本节对序列的常用操作进行统一的讲解，常用的序列操作方法如表 4.6 所示。

表 4.6  序列的常用操作方法及作用

| 函数和操作符 | 作　　用 |
| --- | --- |
| len(obj) | 获取对象 obj 中元素的数量 |
| max(iterable) | 获取可迭代对象中最大的元素,前提是可迭代对象元素可比较 |
| min(iterable) | 获取可迭代对象中最小的元素,前提是可迭代对象元素可比较 |
| sum(iterable) | 对可迭代对象的元素进行求和,前提是可迭代对象元素可执行加法运算 |
| reversed(sequence) | 将 sequence 序列进行反转,并返回一个 reversed 对象 |
| sorted(iterable, key=None, reverse=False) | 对可迭代对象的元素进行排序,返回一个新列表。前提是元素之间可比较,否则会报错,默认为升序 |
| enumerate(iterable, start=0) | 生成一个枚举对象,每个元素为可迭代对象元素的索引及可迭代对象元素组成的元组 |
| zip(*iterables, strict=False) | 生成一个 zip 对象,每个元素为可迭代对象中对应索引元素组成的元组 |
| + | 实现两个序列的合并,并返回一个新的序列 |
| * | 将序列中的内容复制若干份,并返回一个新的序列 |

【示例 4.32】 序列的相关统计方法示例。

```
1    la = [91, 28, 87, 88, 75, 28, 87, ]
2    str1 = "this is a python lesson"
3    print(f"la 长度为:{len(la)}")
4    print(f"str1 长度为:{len(str1)}")
5    print(f"la 最大元素为:{max(la)}")
6    print(f"str1 最大元素为:{max(str1)}")
7    print(f"la 最小元素为:{min(la)}")
8    print(f"str1 最小元素为:{min(str1)}")        #str1 最小元素为空格符
9    print(f"la 求和结果为:{sum(la)}")            #la 所有元素为整数,因此可进行求和
10   print(f"str1 求和结果为:{sum(str1)}")        #la 所有元素为字符串,不可求和
```

程序运行结果:

```
la 长度为:7
str1 长度为:23
la 最大元素为:91
str1 最大元素为:y
la 最小元素为:28
str1 最小元素为:
la 求和结果为:484
Traceback (most recent call last):
  File "D:\Python\Basic_Python\chap_04\ch04_32.py", line 10, in <module>
    print(f"str1 求和结果为:{sum(str1)}")
TypeError: unsupported operand type(s) for +: 'int' and 'str'
```

**【示例 4.33】** 序列的 **reversed**()方法示例。

```
1    la = [91, 28, 87, 88, 75, 28, 87, ]
2    str1 = "this is a python lesson"
3    print(f"la 反转后:{list(reversed(la))}")
4    print(f"str1 反转后:{list(reversed(str1))}")
5    print(f"la:{la}")
```

程序运行结果:

```
la 反转后:[87, 28, 75, 88, 87, 28, 91]
str1 反转后:['n', 'o', 's', 's', 'e', 'l', ' ', 'n', 'o', 'h', 't', 'y', 'p', ' ', 'a',
' ', 's', 'i', ' ', 's', 'i', 'h', 't']
la:[91, 28, 87, 88, 75, 28, 87]
```

reversed()方法返回一个可迭代的 reversed 对象,因此需要 list()方法将其转换为列表,才能展示其元素。reversed()方法不会对原有序列进行修改,因此原有的序列内容不变。

**【示例 4.34】** 序列的 **sorted**()方法示例。

```
1    la = [91, 28, 87, 88, 75, 28, 87, ]
2    str1 = "this is a python lesson"
3    print(f"对 la 排序:{sorted(la, reverse=True)}")  #也可以使用 key 和 reverse 参数
4    print(f"对 str1 排序:{sorted(str1, reverse=True,      #返回排序后的列表
5        key=lambda x:x.upper())}")
6    print(f"la:{la}")
```

程序运行结果:

```
对 la 排序:[91, 88, 87, 87, 75, 28, 28]
对 str1 排序:['y', 't', 't', 's', 's', 's', 's', 'p', 'o', 'o', 'n', 'n', 'l', 'i',
'i', 'h', 'h', 'e', 'a', ' ', ' ', ' ', ' ']
la:[91, 28, 87, 88, 75, 28, 87]
```

sorted()方法返回一个排序后的列表,原有的序列内容不变。

**【示例 4.35】** 序列的 **enumerate**()方法示例。

```
1    seasons = ["Spring", "summer", "fall", "winter", ]
2    print(enumerate(seasons))                #返回 enumerate 对象
3    print(list(enumerate(seasons)))
4    for i, season in enumerate(seasons):  #使用 for 循环对 enumerate 对象迭代
5        print(f"一年第{i+1}个季节为:{season}")
```

程序运行结果:

```
<enumerate object at 0x0000018D5959DC40>
[(0, 'Spring'), (1, 'summer'), (2, 'fall'), (3, 'winter')]
一年第 1 个季节为:Spring
一年第 2 个季节为:summer
一年第 3 个季节为:fall
一年第 4 个季节为:winter
```

enumerate()方法返回序列的元素索引及元素内容,返回内容为 1 个可迭代对象,可通过 for 循环对其元素进行操作。

**【示例 4.36】　序列的 zip()方法示例。**

```
1    names = ["张三", "李四", "王五"]
2    ages = [19, 20, 18, 21]
3    talls = [178, 172, 173, 178, 182]
4    print(zip(names, ages, talls))              #返回 zip 对象
5    for name, age, tall in zip(names, ages, talls):   #使用 for 循环对 zip 对象迭代
6        print(f"{name}{age},身高{tall}cm.")
```

程序运行结果:

```
<zip object at 0x000002D4939FF0C0>
张三 19,身高 178cm.
李四 20,身高 172cm.
王五 18,身高 173cm.
```

zip()方法对多个序列的元素进行配对,并在最短的序列内容结束时停止配对,返回内容为 1 个可迭代对象,可通过 for 循环对其元素进行操作。

**【示例 4.37】　序列的加乘操作示例。**

```
1    la, lb = (1, 2, 3), (4, 5, 6)
2    lc = la * 2 + lb              #元组的加乘
3    print(lc)
4    str1, str2 = "Hello", "world!"
5    print(str1 * 2+str2)          #字符串的加乘
```

程序运行结果:

```
(1, 2, 3, 1, 2, 3, 4, 5, 6)
HelloHelloworld!
```

序列的常用操作方法通常都适用于列表、元组、字符串、集合、字典等数据序列,但具体又有所不同,例如集合、字典就不支持加法和乘法操作。因此要在实践中经常练习,才能熟练掌握这些操作方法。

## 4.2.6　列表推导式

列表推导式利用 for 循环从已有序列中快速生成满足特定需求的列表,其中,for 循环可嵌套使用。列表推导式在逻辑上相当于一个或多个循环,只是形式更加简洁。

语法结构:

```
[表达式 for 表达式中的变量 in 已有序列 if 过滤条件]
```

视频讲解

**【示例 4.38】　列表推导式示例。**

```
1    square = [x**2 for x in range(1, 11)]
2    print(square)
```

```
3    #if 语句与 for 循环结合,生成列表推导式
4    square = [x**2 for x in range(1, 11) if x%2==0]
5    print(square)
6    #for 循环嵌套,生成列表推导式
7    xy = [(x, y) for x in range(3) for y in range(3)]
8    print(xy)
9    la = [(1, 2, 3), (4, 5, 6), (7, 8, 9)]
10   flat_la = [x for lb in la for x in lb]        #对二维列表进行展开
11   print(flat_la)
```

程序运行结果:

```
[1, 4, 9, 16, 25, 36, 49, 64, 81, 100]
[4, 16, 36, 64, 100]
[(0, 0), (0, 1), (0, 2), (1, 0), (1, 1), (1, 2), (2, 0), (2, 1), (2, 2)]
[1, 2, 3, 4, 5, 6, 7, 8, 9]
```

示例 4.38 第 10 行代码使用两个 for 循环,对二维列表进行展开,多维序列的展开方式也是如此。

### 4.2.7 综合小例子

【示例 4.39】 判断字符串是否为回文字符串。

```
1    str1 = input("请输入一个字符串: ")
2    str2 = str1[::-1]              #通过切片操作实现字符串反转
3    if str1 == str2:              #字符串顺序和逆序一致,是回文字符串
4        print(f"{str1}是回文字符串!")
5    else:                        #字符串顺序和逆序不一致,不是回文字符串
6        print(f"{str1}不是回文字符串!")
```

程序运行结果:

```
请输入一个字符串: 12345
12345 不是回文字符串!
请输入一个字符串: abcdcba
abcdcba 是回文字符串!
```

【示例 4.40】 删除输入字符串中重复出现的字符。

```
1    str1 = input("请输入一个字符串: ")
2    str2 = []                     #创建新的列表保存字符
3    for c in str1:                #遍历字符串 str1 的每个字符
4        if c not in str2:         #如果字符 c 没有在 str2 中出现
5            str2.append(c)        #将字符 c 保存在 str2 中
6
7    print(str2)                   #此时打印的 str2 为没有重复字符的列表
8    print("".join(str2))          #将 str2 的内容拼接起来以字符串的形式输出
```

程序运行结果:

```
请输入一个字符串: hello, world!
['h', 'e', 'l', 'o', ',', ' ', 'w', 'r', 'd', '!']
helo, wrd!
```

**【示例 4.41】** 输入两个字符串,从第一个字符串中删除所有在第二个字符串出现过的字符。

```
1    str1 = input("请输入一个字符串: ")
2    str2 = input("请输入要删除的字符: ")
3    str3 = [c for c in str1 if c not in str2]   #得到 c 在 str1,不在 str2 的结果
4    print(str3)                    #此时打印的 str3 为列表
5    print("".join(str3))          #将 str3 的内容拼接起来以字符串的形式输出
```

程序运行结果:

```
请输入一个字符串: hello, world!
请输入要删除的字符: le
['h', 'o', ',', ' ', 'w', 'o', 'r', 'd', '!']
ho, word!
```

**【示例 4.42】** 将字符串中的所有数字字符取出,组成一个新的字符串。

```
1    str1 = input("请输入一个字符串: ")
2    str2 = []                      #创建新的列表保存 str1 的数字
3    for c in str1:                 #遍历 str1 的每个字符
4        if c.isdigit():            #如果 c 是数字
5            str2.append(c)         #将 c 添加到 str2
6
7    print(str2)                    #此时打印的 str2 为列表
8    print("".join(str2))          #将 str2 的内容拼接起来以字符串的形式输出
```

程序运行结果:

```
请输入一个字符串: abc123def456, hello12345
['1', '2', '3', '4', '5', '6', '1', '2', '3', '4', '5']
12345612345
```

## 思考与练习

4.6　判断题:Python 列表中的所有元素都必须为相同数据类型。

4.7　已知列表 a=[1,2,3,4],执行(　　)操作不会使列表 a 的内容为[1,2,4]。

　　A. del a[2]　　　　　　B. a.remove(3)　　　　　　C. a.pop(3)　　　　　　D. a.pop(2)

4.8　已知列表 a=[1,2,3],在执行 b=a * 2 语句后,请写出 b 的值。

4.9　请比较列表的 append()方法和 extend()方法的区别。

4.10　编写程序,忽略字母的大小写,实现对列表 cars=["BYD","kia","benz", "ford","BMW","GM",]从大到小降序排列(正确排序结果为["kia","GM","ford", "BYD","BMW","benz"])。

列表小
练习(上)

列表小
练习(下)

列表常
见错误

## 4.3　元组

元组和列表在结构上非常相似,但元组属于不可变序列。

视频讲解

### 4.3.1　元组的定义和创建

**1. 元组的定义**

元组属于不可变序列,一旦创建,其中的元素便不可修改。元组中的元素放在一对圆括号"()"中,并用逗号分隔,其元素类型可以不同。

**2. 元组的创建**

元组的创建主要有两种方式,第一种是直接通过一对圆括号创建元组对象,第二种是使用 tuple()函数将列表、range()对象、字符串或其他类型的可迭代对象转换为元组。

【示例 4.43】　元组的创建。

```
1    ta = ()                    #创建空元组
2    tb = (20, "张三", 177.5)
3    tc = tuple(range(10))
4    td = ("A",)                #当元组中只有一个元素时,拖尾逗号不能省略
5    print(ta)
6    print(tb)
7    print(tc)
8    print(td)
9    #tb.append(10)             #执行该行代码会报错
10   #del tc[1]                 #执行该行代码会报错
11   #tc[1] = 10                #执行该行代码会报错
12   te = tb + tc               #元组相加,并将相加结果赋给变量 te
13   print(te)
14   del te
```

程序运行结果:

```
()
(20, '张三', 177.5)
(0, 1, 2, 3, 4, 5, 6, 7, 8, 9)
('A',)
(20, '张三', 177.5, 0, 1, 2, 3, 4, 5, 6, 7, 8, 9)
```

元组不支持增删改操作,因此执行第 9、10、11 行代码时,程序会报错。第 12 行代码为元组的相加,并不是对已有元组进行增删改操作,因此也可正确执行。而第 14 行代码是在当前命名空间中删除变量名 te,因此程序也不会报错。

**注意**:当元组只包含一个元素时,元素后面的拖尾逗号不能省略,否则 Python 解释器会将其看作其他数据类型。

视频讲解

### 4.3.2　元组与列表的异同

元组和列表非常相似,它们的相同之处有:

（1）二者都属于可迭代对象，支持索引和切片操作；

（2）二者都支持重复运算（＊）和合并运算（＋）；

（3）二者都支持一些常见的序列操作函数，例如 len()、max()、min() 等；

（4）二者之间可相互转换，可使用 tuple() 将列表转换为元组，list() 将元组转换为列表。

元组和列表的区别为：

（1）元组中的数据一旦定义就不允许更改，而列表中的数据可以任意修改；

（2）元组没有 append()、extend() 和 insert() 等方法，无法向元组添加插入元素；

（3）元组没有 remove() 和 pop() 方法，也无法对元组的元素进行 del 操作，不能从元组中删除元素，但可以删除整个元组。

**【示例 4.44】　元组的操作。**

```
1    ta = tuple(range(1, 10))
2    print(ta)
3    print(ta[5])            #元组的索引操作
4    print(ta[1:3])          #元组的切片操作
5    print(ta * 2)           #元组的重复运算（＊）
6    print(ta+(11, 22, 33))  #元组的合并运算（＋）
7    print(ta)
8    print(len(ta))          #对元组求长
9    print(sum(ta))          #对元组求和
10   print(list(ta))         #使用 list() 将元组转换为列表
11   print(tuple(list(ta)))  #使用 tuple() 将列表转换为元组
```

程序运行结果：

```
(1, 2, 3, 4, 5, 6, 7, 8, 9)
6
(2, 3)
(1, 2, 3, 4, 5, 6, 7, 8, 9, 1, 2, 3, 4, 5, 6, 7, 8, 9)
(1, 2, 3, 4, 5, 6, 7, 8, 9, 11, 22, 33)
(1, 2, 3, 4, 5, 6, 7, 8, 9)
9
45
[1, 2, 3, 4, 5, 6, 7, 8, 9]
(1, 2, 3, 4, 5, 6, 7, 8, 9)
```

在 Python 中，列表是可变序列，元组是不可变序列，而且列表的功能比元组更加丰富，那么为什么还需要提供元组类型呢？综合来讲，元组具有以下两个优势。

（1）元组的操作速度比列表更快。

（2）元组对不需要改变的数据进行写保护，这使得数据更加安全。

### 4.3.3　生成器推导式*

推导式只适用于列表、字典和集合，元组没有推导式。如果尝试通过已有序列快速生成满足特定需求的元组，产生的将是一个生成器对象。生成器推导式的语法结构与列表推导式非常类似。

视频讲解

语法结构：

> **(表达式 for 表达式中的变量 in 已有序列 if 过滤条件)**

生成器用来创建 Python 序列的一个对象，使用它可以迭代出庞大的序列，而且不需要在内存中直接创建和存储整个序列。它的工作方式是每次只生成一个数据对象，而不是一次性处理和构造出整个数据序列。每次迭代生成器时，它会记录上一次调用的位置，并返回下一个值。

使用 tuple()、list()函数可将生成器内容转换成元组或列表。通过生成器对象的__next__()方法或者内置函数 next()可逐个访问生成器的元素。

**【示例 4.45】** 创建一个生成器对象，并逐一访问其中的元素。

```
1    ga = (i * * 10 for i in range(11, 21) if i%2==0)   #产生一个生成器对象
2    print(ga)
3    print(ga.__next__())           #通过__next__()方法逐个访问其中的元素
4    print(next(ga))                #通过 next()方法逐个访问其中的元素
5    for item in ga:                #从第 3 个元素开始循环
6        print(item)
7
8    print(ga.__next__())           #报错：StopIteration
```

程序运行结果：

```
<generator object <genexpr> at 0x00000186F4F62340>
61917364224
289254654976
1099511627776
3570467226624
10240000000000
Traceback (most recent call last):
  File "D:\Python\Basic_Python\chap_04\ch04_45.py", line 7, in <module>
    print(ga.__next__())
StopIteration
```

每次通过生成器对象的__next__()方法或者内置函数 next()访问生成器时，它将生成并返回 1 个元素，对比一次性生成所有元素的列表，将极大减轻系统资源的消耗，特别是涉及大量运算时。生成器的所有元素访问结束后，再对其进行访问，程序将报错，如示例 4.45 的第 8 行代码所示。如果需要再次访问生成器的内容，可以重新生成一次生成器。

**思考与练习**

4.11  判断题：使用 del 命令不能删除元组的元素，但可以删除整个元组。

4.12  下列属于元组的是(      )。

　　　A. a="123"　　　　B. b=[10,20,30]　　　　C. c=(10,)　　　　D. d=(10)

4.13  已知元组 a=("python",2020,"java","C","php")，执行语句 print(a[1::2])，打印的结果是什么？

4.14　请分析元组和列表的相同之处,以及它们的区别。

4.15　对比列表,说明元组存在的优势。

序列小
练习

## 4.4　集合

前面介绍的列表、元组、字符串这几种常见的数据结构实际上都属于序列,它们的元素都是有顺序的,可以通过索引来访问元素,也支持切片操作,同时这几种序列的元素可以重复。而在实际应用中,有时会要求数据内容不能存在重复,这就需要借助集合来实现。

### 4.4.1　集合的定义和创建

视频讲解

**1. 集合的定义**

集合是无序可变容器,集合的元素放在一对花括号"{}"中,并用逗号分隔,集合的元素类型可以不同,但不能重复,并且集合元素只能为固定数据类型。可变数据类型如列表、集合等。这两种方式都作为集合的元素出现。

**2. 集合的创建**

集合的创建主要有两种方式,第一种是直接将元素放在一对花括号中来创建集合对象,第二种是使用 set() 函数将列表、range() 对象、字符串或其他类型的可迭代对象转换为集合,此时会自动去除其中的重复元素。

**【示例 4.46】　集合的创建。**

```
1    s1 = {20, "张三", 177.5}
2    #通过 set()创建空集合,或将序列转换为集合
3    s2, s3, s4 = set(), set(range(10)), set('hello')
4    s5 = {}                #只使用花括号创建的为字典
5    print(s1)
6    print(s2)
7    print(s3)
8    print(s4)
9    print(type(s5))
10   s6 = {1, "a", [3, 4, 5], "d"}
11   #hash([3, 4, 5])
```

程序运行结果:

```
{177.5, '张三', 20}
set()
{0, 1, 2, 3, 4, 5, 6, 7, 8, 9}
{'o', 'e', 'h', 'l'}
<class 'dict'>
Traceback (most recent call last):
  File "D:\Python\Basic_Python\chap_04\ch04_46.py", line 10, in <module>
    s6 = {1, "a", [3, 4, 5], "d"}
TypeError: unhashable type: 'list'
```

示例 4.46 的第 10 行代码执行时会报错,因为其使用了列表这种可变数据类型作为集合的元素。Python 界定固定数据类型与否,主要考察对象是否能够进行哈希运算,如第 11 行代码所示,能够进行哈希运算的类型都可作为集合元素。

注意:使用 s5＝{}创建的是一个空字典,而不是集合(字典的概念后续会进行介绍)。

视频讲解

### 4.4.2 集合运算

Python 支持使用运算符进行集合的交集、并集、差集、对称差集等运算,同时也提供了对应的函数实现等价的集合运算符操作。

交集:集合 A 和集合 B 的交集由既属于 A 又属于 B 的元素构成。

交集操作有两种写法:A & B 或 A.intersection(B)。

【示例 4.47】 交集运算。

```
1    s1 = {1, 8, 5, 9}
2    s2 = {2, 8, 5, 7}
3    print(s1 & s2)                    #s1 与 s2 的交集
4    print(s1.intersection(s2))        #s1 与 s2 的交集
```

程序运行结果:

```
{8, 5}
{8, 5}
```

并集:集合 A 和集合 B 的并集由属于 A 或属于 B 的元素构成。并集有两种写法:A|B 或 A.union(B)。

【示例 4.48】 并集运算。

```
1    s1 = {1, 8, 5, 9}
2    s2 = {2, 8, 5, 7}
3    print(s1 | s2)                    #s1 与 s2 的并集
4    print(s1.union(s2))               #s1 与 s2 的并集
```

程序运行结果:

```
{1, 2, 5, 7, 8, 9}
{1, 2, 5, 7, 8, 9}
```

差集:集合 A 和集合 B 的差集由属于 A 但不属于 B 的元素构成。

差集有两种写法:A－B 或 A.difference(B)。

【示例 4.49】 差集运算。

```
1    s1 = {1, 8, 5, 9}
2    s2 = {2, 8, 5, 7}
3    print(s1-s2)                      #s1 与 s2 的差集
4    print(s1.difference(s2))          #s1 与 s2 的差集
5    print(s2-s1)                      #s2 与 s1 的差集
6    print(s2.difference(s1))          #s2 与 s1 的差集
```

程序运行结果：

```
{1, 9}
{1, 9}
{2, 7}
{2, 7}
```

**对称差集**：集合 A 和集合 B 的对称差集由 A 和 B 的差集加 B 和 A 的差集组成。对称差集有两种写法：A^B 或 A.symmetric_difference(B)。

**【示例 4.50】　对称差集运算。**

```
1    s1 = {1, 8, 5, 9}
2    s2 = {2, 8, 5, 7}
3    print(s1 ^ s2)                        #s1 和 s2 的对称差集
4    print(s1.symmetric_difference(s2))    #s1 和 s2 的对称差集
```

程序运行结果：

```
{1, 2, 7, 9}
{1, 2, 7, 9}
```

判断集合 A 是否为集合 B 的子集有两种方式：A.issubset(B)或 A <= B。

**【示例 4.51】　子集判断。**

```
1    s1 = {1, 8, 5, 9}
2    s2 = {8, 5}
3    print(s2.issubset(s1))    #判断集合 s2 是否为集合 s1 的子集
4    print(s2 <= s1)           #判断集合 s2 是否为集合 s1 的子集
```

程序运行结果：

```
True
True
```

判断集合 A 是否为集合 B 的父集有两种方式：A.issuperset(B)或 A >= B。

**【示例 4.52】　父集判断。**

```
1    s1 = {1, 8, 5, 9}
2    s2 = {8, 5}
3    print(s1.issuperset(s2))    #判断集合 s1 是否为集合 s2 的父集
4    print(s1 >= s2)             #判断集合 s1 是否为集合 s2 的父集
```

程序运行结果：

```
True
True
```

### 4.4.3　集合的常用方法

集合中的元素是无序、可变、不重复的，不支持索引、切片等操作，因此使用 for 循环

视频讲解

访问集合的元素只能通过遍历的方式进行。

**【示例 4.53】 访问集合的所有元素。**

```
1    s1 = {1, 8, 5, "A", 9}          #集合是无序的
2    for item in s1:                 #通过循环,遍历集合中的所有元素
3        print(item, end=" ")
```

程序运行结果:

```
1 5 8 9 A
```

此外,Python 为集合提供了如表 4.7 所示的一些常见操作方法,用于添加元素、删除元素、复制集合、清空集合等操作。

表 4.7　集合的常见方法及作用

| 方　　法 | 作　　用 |
| --- | --- |
| add(element) | 向集合中添加一个元素,元素需为不可变类型,如果该元素已存在则不作更新 |
| update(iterables) | 将可迭代对象中的元素依次添加到集合中,并去除重复元素 |
| copy() | 复制集合 |
| pop() | 随机弹出一个元素,并返回弹出的元素 |
| remove(element) | 从集合中删除某个元素,如果该元素不存在,则抛出错误 KeyError |
| discard(element) | 从集合中删除某个元素,如果该元素不存在,则什么都不做 |
| clear() | 清空集合 |

**【示例 4.54】 使用 add()方法添加元素。**

```
1    s1 = {1, 8, 5, "A", 9}
2    s1.add(10)                      #添加元素 10
3    s1.add(8)                       #元素 8 已存在,集合没有变化
4    s1.add((2, 4, 5))              #将元组作为元素添加到集合中
5    print(s1)
```

程序运行结果:

```
{1, (2, 4, 5), 5, 'A', 8, 9, 10}
```

**【示例 4.55】 使用 update()方法更新集合。**

```
1    s1 = {1, 8, 5, "A", 9}
2    s1.update((2, 4, 5))          #update()传递的是可迭代对象,可以是列表
3    print(s1)
```

程序运行结果:

```
{1, 'A', 2, 4, 5, 8, 9}
```

update()方法会将可迭代对象中的元素依次取出,并添加到集合中。

**【示例 4.56】** 使用 **copy()** 方法复制集合。

```
1    s1 = {1, 8, 5, "A", 9}
2    s2 = s1.copy()              #将集合 s1 复制一份,得到集合 s2
3    s2.add(12)                  #对集合 s2 进行 add()操作
4    print(s1)                   #原来的集合 s1 没有变化
5    print(s2)                   #集合 s2 发生变化
```

程序运行结果:

```
{1, 5, 'A', 8, 9}
{1, 5, 'A', 8, 9, 12}
```

**【示例 4.57】** 使用 **pop()** 方法随机弹出集合的元素。

```
1    s1 = {1, 8, 5, "A", 9}
2    a = s1.pop()                #随机弹出集合的一个元素
3    print(f"a = {a}, s1 = {s1}")
```

程序运行结果:

```
a = 1, s1 = {'A', 5, 8, 9}
```

**【示例 4.58】** 使用 **remove()** 方法删除集合的元素。

```
1    s1 = {1, 8, 5, "A", 9}
2    print(s1.remove(8))         #从集合中删除元素 8,不返回删除的元素
3    print(b_set.remove(6))      #元素 6 不存在,会抛出错误 KeyError
4    print(s1)
```

程序运行结果:

```
None
{1, 5, 9, 'A'}
```

**【示例 4.59】** 使用 **discard()** 方法删除集合的元素。

```
1    s1 = {1, 8, 5, "A", 9}
2    print(s1.discard(8))        #从集合中删除元素 8,不返回删除的元素
3    print(s1.discard(6))        #元素 6 不存在,则什么都不做
4    print(s1)
```

程序运行结果:

```
None
None
{1, 'A', 5, 9}
```

从功能上看,集合的 remove()方法和 discard()方法作用类似,只是对于删除不存在的元素,remove()方法会报错,而 discard()不会。Python 中常常会对相同功能的方法提供这样会报错和不会报错的两个版本,例如前面字符串中的 find()方法和 index()方法,

这样做主要是方便程序的开发。通常在程序开发中,使用会产生报错的方法,可以促使程序员修改程序中的错误;而在项目发布时,则优先使用不会产生报错的方法,以免用户产生不好的体验。

**【示例 4.60】** 使用 clear()方法清空集合。

```
1    s1 = {1, 8, 5, "A", 9}
2    s1.clear()              #清空集合的元素
3    print(s1)
```

程序运行结果:

```
set()
```

视频讲解

### 4.4.4 集合推导式

集合推导式写法类似于列表推导式,只不过集合推导式外层使用一对花括号,而且使用集合推导式时会自动去除结果中的重复元素。

语法结构:

```
{表达式 for 变量 in 已有序列 if 过滤条件}
```

**【示例 4.61】** 使用集合推导式生成集合。

```
1    s1 = {x * * 2 for x in range(-5, 5)}
2    s2 = {x * 2 for x in ["A", "B", "A", 2, 4, 2]}
3    s3 = {x * 2 for x in ["A", "B", "A", 2, 4, 2] if str(x).isdigit()}
4    s4 = {x for x in [2, 4, 6, 8] if x in [1, 3, 6, 4]}        #求交集
5    s5 = {x for x in [2, 4, 6, 8] if x not in [1, 3, 6, 4]}    #求差集
6    s6 = {x+y for x in [2, 4, 6, 8] for y in [1, 3, 5]}
7    print(s1)
8    print(s2)
9    print(s3)
10   print(s4)
11   print(s5)
12   print(s6)
```

程序运行结果:

```
{0, 1, 4, 9, 16, 25}
{8, 4, 'BB', 'AA'}
{8, 4}
{4, 6}
{8, 2}
{3, 5, 7, 9, 11, 13}
```

### 思考与练习

4.16  判断题:集合中的元素不能重复。

4.17  判断题：集合的元素不能为可变数据类型，例如列表、集合等。

4.18  有哪些方法可用来删除集合的元素？试分析这些方法的区别。

4.19  已知集合 a＝{6,8,5,2,4}，执行 a.update([9,2,7])后，再执行 print(a)
语句，得到的结果为(　　　)。

      A. {6,8,5,2,4,[9,2,7]}　　　　　B. {6,8,5,2,4,9,2,7}

      C. {2,4,5,6,7,8,9}　　　　　　　D. 抛出异常

4.20  已知集合 a＝{3,7,2,5,6}，集合 b＝{8,5,3,1,4}。编写程序，求集合 a 和集
合 b 的交集、并集、差集、对称差集。

4.21  对于一个列表，如[1,2,3,'a',3,2,5]，编写代码，利用集合判断其是否具有重
复元素。

# 4.5  字典

字典的结构与集合较为类似，其元素也是放在一对花括号中，字典中的元素也是无序
且不可重复的。

## 4.5.1  字典的定义和创建

视频讲解

**1. 字典的定义**

字典是一种映射类型，由若干"键（key）：值（value）"对组成，键和值之间用冒号分
开，所有键值对放在一对花括号"{}"内，并用逗号分隔。其中键必须为固定数据类型，在
同一个字典中，键必须是唯一的，但值可以重复。

**2. 字典的创建**

字典的创建主要有两种方式，第一种是通过一对花括号包裹键值对的方式来创建字
典对象，第二种是使用 dict()函数创建字典对象。

【示例 4.62】  字典的创建。

```
1    d1 = {}                                        #创建空字典
2    d2 = {"姓名": "张三", "年龄": "20"}
3    d3 = dict(name="张三", age="20")              #使用 dict()函数创建字典
4    d4 = dict([("体重", 156), ("身高", 177)])      #将可迭代对象转换为字典
5    d5 = dict(zip(range(5), reversed(range(5))))   #将可迭代对象转换为字典
6    print(d1)
7    print(d2)
8    print(d3)
9    print(d4)
10   print(d5)
11   del d5
```

程序运行结果：

```
{}
{'姓名': '张三', '年龄': '20'}
```

```
{'name': '张三', 'age': 20}
{'体重': 156, '身高': 177}
{0: 4, 1: 3, 2: 2, 3: 1, 4: 0}
```

当不再需要使用字典时,可通过 del 命令删除字典变量名,如上例第 11 行代码所示,这实际上是在当前命名空间中删除了字典名,删除后字典将不再可调用。

**注意**:将可迭代对象转化为字典时,要求可迭代对象中每个元素的长度必须为 2。

### 4.5.2　字典元素的访问

字典是无序的,因此与集合一样不支持索引、切片等操作。单个字典元素主要通过字典对象的键来获取对应的值。

【**示例 4.63**】　字典元素的访问与增删改。

```
1    d1 = {"姓名":"张三", "年龄": 20, "身高":172}
2    print(d1["姓名"])                       #单个字典元素值的访问
3    d1["年龄"] = 21                          #字典元素值的修改
4    print(d1)
5    d1["体重"], d1["性别"] = 68, "男"          #字典元素键值对的添加
6    print(d1)
7    del d1["体重"]                           #字典键值对的删除
8    print(d1)
9    #print(d1["体重"])                       #访问的键不存在,报错:KeyError
```

程序运行结果:

```
张三
{'姓名': '张三', '年龄': 21, '身高': 172}
{'姓名': '张三', '年龄': 21, '身高': 172, '体重': 68, '性别': '男'}
{'姓名': '张三', '年龄': 21, '身高': 172, '性别': '男'}
```

字典键值对的值可以修改,如示例 4.63 第 3 行代码所示,但字典的键不能修改。当访问的字典的键不存在时,程序会报错,如示例 4.63 第 9 行代码所示。

视频讲解

### 4.5.3　字典的常用方法及应用

字典常见操作方法如表 4.8 所示。

表 4.8　字典的常见方法及作用

| 方　　法 | 作　　用 |
| --- | --- |
| items() | 返回字典所有的键值对 |
| keys() | 返回字典所有的键 |
| values() | 返回字典所有的值 |
| fromkeys(iterable,value=None) | 以可迭代序列中元素为键,创建一个新的字典,默认所有键对应的值都为 None |

续表

| 方　　法 | 作　　用 |
|---|---|
| get(key,default＝None) | 返回字典中指定键对应的值,如果不存在该键,则返回默认值 |
| update(…) | 将指定字典的元素更新到当前字典中,如果两个字典存在相同的键,则只保留最新的键值对 |
| setdefault(key,default＝None) | 为指定键设置默认值,如果该键已存在对应的值,则不作改动 |
| pop(key＝None) | 从字典中弹出指定的键值对,并返回该键对应的值 |
| popitem() | 从字典中随机弹出键值对,并返回该键值对 |
| copy() | 返回字典的副本 |
| clear() | 清空字典 |

**【示例 4.64】** 遍历字典。

```
1    users = {"张三": "C",
2             "李四": "Java",
3             "陈二": "C#",
4             "孙七": "Python",
5             "赵六": "R",}
6
7    print(users.items())              #返回字典的 dict_items 对象
8    for user, lg in users.items():    #遍历字典所有的键值对
9        print(f"{user}擅长{lg}语言.")
10
11   for user in users                 #调用 keys()方法,遍历字典所有的键
12       print(f"{user}", end="  ")
13   print()                           #输出换行
14
15   for lg in users.values():         #遍历字典所有的值
16       print(f"{lg}语言", end="  ")
```

程序运行结果:

```
dict_items([('张三', 'C'), ('李四', 'Java'), ('陈二', 'C#'), ('孙七', 'Python'),
('赵六', 'R')])
张三擅长 C 语言.
李四擅长 Java 语言.
陈二擅长 C#语言.
孙七擅长 Python 语言.
赵六擅长 R 语言.
张三　李四　陈二　孙七　赵六
C 语言　Java 语言　C#语言　Python 语言　R 语言
```

字典的 items()、keys()、values()方法,分别返回字典的 dict_items、dict_keys、dict_values 对象,这些对象为可迭代对象,可通过循环进行遍历。如果只遍历字典的键,keys()方法可以省略,如示例 4.64 第 11 行代码所示。

视频讲解

**【示例 4.65】** 获取字典指定键对应的值。

```
1   users = {}.fromkeys(["张三", "李四", "陈二", "孙七",])      #生成字典的键
2   print(users)
3   print(users["张三"])                              #打印键"张三"对应的值
4   message = f"张三擅长{users['张三']}语言" \         #使用简化 if 语句返回对应字符串
5             if users["张三"] else "张三还不擅长任何语言"
6   print(message)
7   print(users.get("赵六", "还不存在用户赵六"))#返回"还不存在用户赵六"
8   print(users["赵六"])                              #"赵六"键不存在,报错
```

程序运行结果:

```
{'张三': None, '李四': None, '陈二': None, '孙七': None}
None
张三还不擅长任何语言
还不存在用户赵六
Traceback (most recent call last):
  File "D:\Python\Basic_Python\chap_04\ch04_65.py", line 7, in <module>
    print(users["赵六"])
KeyError: '赵六'
```

示例 4.65 的第 1 行代码用 fromkeys()方法生成字典 users 的键,该方法还可以指定所有键的默认值,不指定则默认为 None。当直接访问字典的键不存在时,程序会报错,这时可通过 get()方法获取字典中指定键对应的值。当键不存在时,get()方法不会报错,还可指定方法返回的值,如第 7 行代码所示。

**【示例 4.66】** 字典的更新。

```
1   users = {}.fromkeys(["张三", "李四", "陈二", "孙七",])         #生成字典的键
2   infos = {"张三": "C", "李四": "Java",
3           "陈二": "C #", "孙七": "Python",
4           "赵六": "R", }
5   users.update(infos)                   #使用字典 infos 对 users 进行更新
6   print(users)
7   users.setdefault("赵六", "Ruby")  #"赵六"的值存在,不作修改
8   print(users)
9   users.setdefault("周八", "Go")    #"周八"的值不存在,更新
10  print(users)
```

程序运行结果:

```
{'张三': 'C', '李四': 'Java', '陈二': 'C #', '孙七': 'Python', '赵六': 'R'}
{'张三': 'C', '李四': 'Java', '陈二': 'C #', '孙七': 'Python', '赵六': 'R'}
{'张三': 'C', '李四': 'Java', '陈二': 'C #', '孙七': 'Python', '赵六': 'R', '周八': 'Go'}
```

setdefault()方法为字典指定的键设置值,如果该键已存在对应的值,则不作修改,否则,为对应的键生成新的值。而 update()方法则不管指定的键是否存在,都会使用新的值进行更新字典的内容。

**【示例 4.67】** 字典的其他操作。

```
1    #指定键的默认值
2    users = {}.fromkeys(["张三", "李四", "陈二", "王五"], "Unknown")
3    print(f"users:{users}")
4    infos = users.copy()              #复制字典
5    user1 = users.pop("张三")          #弹出"张三"的值
6    print(f"user1:{user1}")
7    user2 = users.popitem()           #随机弹出键值对
8    print(f"user2:{user2}")
9    print(f"users:{users}")
10   users.clear()                     #清空字典
11   print(f"users:{users}")
12   print(f"infos:{infos}")
```

程序运行结果：

```
users:{'张三': 'Unknown', '李四': 'Unknown', '陈二': 'Unknown', '王五': 'Unknown'}
user1:Unknown
user2:('王五', 'Unknown')
users:{'李四': 'Unknown', '陈二': 'Unknown'}
users:{}
infos:{'张三': 'Unknown', '李四': 'Unknown', '陈二': 'Unknown', '王五': 'Unknown'}
```

**注意**：字典的键值对不是严格排序的，只要两个字典的键值对内容相同，Python 就认为它们相等，集合也是如此。

## 4.5.4　字典推导式

视频讲解

字典推导式与集合推导式的写法类似，也是在一对花括号中完成推导式，但表达式要包含键和值两部分，并分别指定这两部分的值。

语法结构：

> **{键表达式:值表达式 for 变量 in 已有序列 if 过滤条件}**

**【示例 4.68】** 使用字典推导式生成字典。

```
1    d1 = {i: i * * 2 for i in range(11, 15)}
2    print(d1)
3    d2 = {i: i * * 2 for i in range(11, 15) if i%2==0}    #推导式包含 if 语句
4    print(d2)
5    d3 = {i: f"{i}平方为{i * * 2}" for i in range(11, 15)}
6    print(d3)
7    seasons = {"Spring", "Summer", "Fall", "Winter"}
8    d4 = {f"一年第{i+1}个季节":f"{s}" for i, s in enumerate(seasons)}
9    print(d4)
10   s1 = "abcd"
11   s2 = [1, 2, 3, 4, 5]
12   d5 = {i: s for i, s in zip(s2, s1)}                   #zip 对象解包
13   print(d5)
```

程序运行结果：

```
{11: 121, 12: 144, 13: 169, 14: 196}
{12: 144, 14: 196}
{11: '11平方为121', 12: '12平方为144', 13: '13平方为169', 14: '14平方为196'}
{'一年第1个季节': 'Winter', '一年第2个季节': 'Summer', '一年第3个季节': 'Spring
', '一年第4个季节': 'Fall'}
{1: 'a', 2: 'b', 3: 'c', 4: 'd'}
```

### 4.5.5 字典排序

字典不像列表那样自带 sort()方法,因此字典本身不支持排序。但可通过序列的 sorted()方法对字典进行特定方式的排序,该方法返回的是一个列表。

【示例 4.69】 字典的排序。

```
1    from operator import itemgetter
2    d1= {"Seal": 70, "Ada": 85, "Tom": 90, "Blake": 66, "Greek": 82,}
3    result1 = sorted(d1.items(), key=lambda x: x[0])    #对姓名进行排序
4    print(result1)
5    print(d1)                                          #d1内容不变
6    result2 = sorted(d1.items(), key=itemgetter(0))    #itemgetter()方法更易用
7    print(result2)
8    result3 = sorted(d1.items(), key=lambda x: x[1], reverse=True)
9    print(result3)
10   result4 = sorted(d1.items(), key=itemgetter(1), reverse=True)
11   print(result4)
12   user_info = [{'name': 'Dong', 'age': 37},
13               {'name':'Li', 'age': 41},
14               {'name':'Dong', 'age':32},
15               {'name': 'Li', 'age': 53},]
16   result5 = sorted(user_info, key=lambda x:
17               (x["name"], -x["age"]), reverse=True)
18   print(result5)
19   result6 = sorted(user_info,
20               `key=itemgetter("name", "age"), reverse=True)
21   print(result6)
```

程序运行结果：

```
[('Ada', 85), ('Blake', 66), ('Greek', 82), ('Seal', 70), ('Tom', 90)]
{'Seal': 70, 'Ada': 85, 'Tom': 90, 'Blake': 66, 'Greek': 82}
[('Ada', 85), ('Blake', 66), ('Greek', 82), ('Seal', 70), ('Tom', 90)]
[('Tom', 90), ('Ada', 85), ('Greek', 82), ('Seal', 70), ('Blake', 66)]
[('Tom', 90), ('Ada', 85), ('Greek', 82), ('Seal', 70), ('Blake', 66)]
[{'name': 'Li', 'age': 41}, {'name': 'Li', 'age': 53}, {'name': 'Dong', 'age':
32}, {'name': 'Dong', 'age': 37}]
[{'name': 'Li', 'age': 53}, {'name': 'Li', 'age': 41}, {'name': 'Dong', 'age':
37}, {'name': 'Dong', 'age': 32}]
```

示例 4.69 中加载了 operator 库的 itemgetter()方法,其参数如果为数字,则表示参与排序的元素索引序号,如第 6 行、第 10 行代码所示;其参数如果为字符串,则表示参与排

序的字典元素的键,如第 19 行、第 20 行代码所示。该方法对于不太熟悉 lambda 函数的用户,较为友好,读者可以多练习,以熟练掌握它的使用。

**思考与练习**

4.22　判断题:字典的键必须为固定数据类型,且必须唯一,但字典的值可以是可变数据类型,且可以重复。

4.23　以下代码中,不能正确创建字典的语句是(　　　)。

  A. d1 = {}

  B. d2 = {"name":"Python","age":20}

  C. d3 = dict(("name","Python"),("age",20))

  D. d4 = dict([("name","Python"),("age",20)])

4.24　字典提供了哪些方法用来获取字典的所有键值对、所有键和所有值?

4.25　设 d2 = {"name":"Python","age":20},获取 name 键对应值的方式有两种,即 d2["name"]和 d2.get("name"),请说明这两种方法的区别。

4.26　已知字典 a={"中国":"上海","美国":"纽约","日本":"东京"},执行下列操作,并输出结果。

字典综合
小例子(上)

  (1) 将字典 b={"韩国":"首尔","美国":"旧金山"}的元素更新到字典 a 中。

  (2) 修改"中国"对应的值为"深圳"。

字典综合
小例子(下)

  (3) 删除"韩国"对应的键值对。

## 4.6　本章小结

本章介绍了 Python 的常用序列,包括列表、元组、字符串、集合和字典。

列表是有序的、可变的、元素可重复的序列。列表的元素放在一对方括号“[]”内,支持索引和切片操作。列表的索引分为正向索引和反向索引,正向索引是从 0 开始,从左到右元素不断递增;反向索引从 −1 就开始,从右到左不断递减。切片用于获取列表中的某一部分,可以是连续的区间,也可以是非连续的区间。

元组是有序的、不可变的、元素可重复的序列。元组和列表的主要区别在于,元组的元素不可变,而列表的元素可变。元组的元素放在一对小括号“()”内,也支持索引、切片等操作。此外,元组没有推导式,通过一对小括号来写推导式时,实际上得到的是一个生成器,可以通过其__next__()方法来访问生成器的每一个元素,也可以将其转换成列表或者元组。

字符串是有序的、不可变字符序列。字符串的元素都是字符,放在一对单引号、双引号或三引号内。字符串也支持索引、切片等操作。字符串也提供了许多常见的操作方法,例如查找子字符串、替换字符、字符串的拼接、转换字母大小写等。

集合是无序可变容器。集合的元素放在一对花括号“{}”内,不支持切片、索引操作。集合对象支持一些专有运算,例如,交集、并集、差集、对称差集等。

字典和集合类似,也是无序的容器,元素由键值对组成。其中,键只能是固定数据类型,且不能重复,值可以是可变数据类型,且可重复。字典也是放在一对花括号"{}"内,不支持索引、切片等操作。字典也支持推导式,因为字典元素为键值对,所以推导式要包含键和值的内容,从而正确地生成字典。

## 课后习题

### 一、单选题

1. print(type({'a',2,'b',4}))的运行结果是(    )。

    A. <class 'tuple'>                    B. <class 'dict'>

    C. <class 'set'>                     D. <class 'list'>

2. 以下序列中,不支持索引访问的是(    )。

    A. 字符串         B. 集合         C. 列表         D. 元组

3. 以下序列中,支持切片访问的是(    )。

    A. 字符串         B. 字典         C. 集合         D. 以上都不对

4. 列表 la=[1,0,'',None,[2,3]],那么执行 len(la)的结果为(    )。

    A. 4         B. 2         C. 6         D. 5

5. 集合 s1=set([1,1,2,2,3,3,4,4]),那么执行 sum(s1)的结果为(    )。

    A. 10         B. 0         C. 20         D. 报错

6. 集合 s1=set("Hello,world"),那么执行 len(s1)的结果为(    )。

    A. 9         B. 10         C. 8         D. 11

7. 字符串 str1="This is a python lesson",那么执行 str1[5:7]的结果为(    )。

    A. " i"         B. "is"         C. "s "         D. ['i','s']

8. 列表 s1=[1,2,3,4],执行代码:s2=s1;s1[1]=3;print(s2);结果为(    )。

    A. [1,3,3,4]     B. [1,2,3,4]     C. [3,2,3,4]     D. 以上都不对

9. 代码:print(type({}));执行结果为(    )。

    A. <class 'tuple'>                    B. <class 'dict'>

    C. <class 'set'>                     D. <class 'list'>

10. 以下代码中,不能创建字典的是(    )。

    A. d1 = {}                    B. d1 = {1:5}

    C. d1 = {[1,2,3]: 5}             D. d1 = {(1,2,3):5}

11. 执行代码:name="Seal";tall=172;print(f"{name} is {tall:>8.2f}cm.");其执行结果为(    )。

    A. Seal is 172.00cm.              B. Seal is   172.00cm.

    C. Seal is   172cm.                D. Seal is   172.00cm.

12. 执行代码:s1=list(set("hello"));s1.sort();print(s1);其执行结果为(    )。

    A. ['e','h','l','o']                    B. "ehlo"

    C. "ehllo"                       D. ['e','h','l','l','o']

**二、填空题**

1. 表达式：[2] in [0,2,4,6]，其结果为_____。

2. 使用列表推导式生成列表[0,5,10,15,20]，代码可写为_____。

3. 字典的遍历方法有_____、_____、_____，分别用来返回字典所有的键值对、字典所有的键和字典所有的值。

4. 字符串 str1="This is a python lesson"。现要求从 str1 中，从索引 0 开始，隔 1 个字符取 1 个字符，即取出的字符串为"Ti sapto esn"，代码可写为_____。

5. 表达式：{1,2,3} < {4,5,6}。其结果为_____。

6. 列表 names = ["Ada","Bob","Seal","Tom"]。则 names[-2][1] 结果为_____。

7. 字典 d1={"a":3,"b":7,"c":2,"d":4}。则 sum(d1.values())结果为_____。

8. 字符串 str1="This is a python lesson"。则执行 str1.replace("is","at")结果为_____。

**三、编程题**

1. 已知有两个列表 la=[4,10,12,4,9,6,3]，lb=[12,8,5,6,7,6,10]。编写程序实现以下功能：

(1) 将两个列表合并，合并时删除重复元素，并将结果存放在 lc 中；

(2) 对 lc 按照元素的大小降序排列，并打印出排序结果。

2. 已知列表 la=[4,6,8,6,4,2,6,6,5,7,4,2,1,7,6,7,4]，编写程序统计列表中各元素出现的次数，并将结果按图 4.2 的格式输出。

```
元素4在列表中出现4次
元素6在列表中出现5次
元素8在列表中出现1次
元素2在列表中出现2次
元素5在列表中出现1次
元素7在列表中出现3次
元素1在列表中出现1次
```

图 4.2　编程题 2 的程序效果图

3. 编写程序，生成由 4,6,8,9 这四个数字组成的三位数，要求这些三位数的百、十、个位数字都不相同，找出所有符合要求的三位数，将其存入列表并打印输出。

4. 使用列表推导式求解"百钱买百鸡"问题。假设大鸡 5 元一只，中鸡 3 元一只，小鸡 1 元三只。现有 100 元钱想买 100 只鸡，有多少种买法？

5. 已知列表 la=[4,8,7,8,6,3]，编写程序删除列表中重复的数字（保留第一个），然后将其转换为字符串"48763"。

6. 随机输入一个字符串，统计该字符串中各字符出现的次数，并将统计结果按照字符出现次数从高到低进行排序，最终打印排序后的信息。每行效果如下。

```
xxx字符出现次数为：xxx
```

7. 已知某班学生成绩如下。

| 姓名 | 成绩 | 姓名 | 成绩 | 姓名 | 成绩 |
|---|---|---|---|---|---|
| Ada | 80 | Bob | 75 | Charlie | 88 |
| Dio | 65 | Eve | 90 | Fly | 95 |
| Mute | 58 | Wheal | 86 | Yhe | 78 |

编程实现：将学生成绩从高到低排序并输出，打印出班级平均分以及优秀率(成绩≥90 为优秀,保留优秀率小数点后两位数)。

再谈赋值语句

本章常见问题说明

# 第5章

# 函　　数

　　函数也可称为方法，是具有特定功能的程序代码块。前几章中已经多次使用了 Python 自带的标准函数，如 int()、type()、range()、print()等。通过使用函数，开发者可以快速调用某些功能，从而不需要从零开始构建程序，大大提升程序的开发效率。函数是编程语言学习过程中非常重要的一部分内容。

　　本章将对函数的定义、调用、函数参数类型、参数传递、变量作用域和递归函数等内容进行讲解，还将对一些重要的特殊函数，如 lambda 函数、map 函数、filter 函数等进行介绍。

## 5.1　函数的定义与调用

视频讲解

### 5.1.1　函数概念

　　函数，是具有特定功能的代码块，其目的是代码可以重复使用。比如第 3 章示例 3.21 的菱形打印小程序，用户只要输入菱形的行数，程序就可以打印出对应的菱形。

　　如果项目组成员都需要调用这个程序，那么让每个成员都编写一个打印菱形的程序，显然是较为浪费人力和物力资源的。最好的方式就是将其编写为一个函数，共享给项目组成员使用。

　　**【示例 5.1】**　将示例 3.21 改为函数形式。

```
1    def print_lx(rows):                          #将菱形打印程序转换为函数形式
2        rows = int(rows)
3        half = rows // 2                         #整除,分为上下两部分
4        if rows % 2 == 0:                        #进行奇偶判断
5            up = half
6        else:
7            up = half +1
8        for i in range(1,up+1):
9            print('  '*(up-i),'*'*(2*i-1))
10       for i in range(half, 0, -1):             #反向遍历
11           print('  '*(up-i), '*'*(2*i-1))      #打印下半部分的结果
12
13   rows = input("请输入菱形的行数:")
14   print_lx(rows)
```

程序运行结果：

```
请输入菱形的行数：7
      *
     * * *
    * * * * *
   * * * * * * *
    * * * * *
     * * *
      *
```

示例 5.1 把菱形行数作为函数的参数进行传递，需要打印几次菱形，就调用几次函数。

从函数使用者角度看，函数就如图 5.1 所示的一个黑盒子，用户传入零个或多个参数，该黑盒子经过一定的处理后，就会返回零个或多个值。使用者只要知道传递什么参数，能得到什么结果即可，而不需要了解函数的内部处理过程。

从函数设计者（实现函数的编程人员）的角度看，在设计函数时，一般要思考以下几个问题：

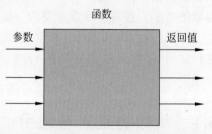

图 5.1　使用者角度的函数调用流程图

（1）函数中哪些内容是动态变化的，即哪些内容应该被定义为函数参数，如程序示例 5.1 的菱形行数；

（2）函数要实现什么功能，函数最终给使用者返回什么结果；

（3）函数如何实现这些功能，即函数体。

### 5.1.2　函数定义及调用

Python 定义函数的语法结构如下。

```
def 函数名([形参列表])：
    """函数说明文档"""
    函数体
    [return [返回值]]
```

语法释义如下。

（1）def：用来定义函数的关键词。

（2）函数名：必须是一个合法的标识符，函数名应见名知义，建议由小写字母组成，多个单词间用下画线隔开。

（3）形参列表：函数可包含零个或多个参数，形参不用指定数据类型，多个参数间用逗号隔开，调用函数时再对形参传递参数值。

（4）函数说明文档：一般用于说明函数的功能及调用方式，函数说明文档可以用三双引号或三单引号对括起，可选。

（5）函数体：由一条或多条语句组成的代码块，用于实现函数的功能。

（6）return 语句：返回函数结果，可选。函数可以没有返回值，也可以有一个或多个返回值,多个返回值会以元组的形式返回。

**注意**:函数可以没有参数,但函数名后的圆括号不能少;函数体、函数说明文档及 return 语句都要保持缩进。

**【示例 5.2】** 定义一个无返回值的函数。

```
1    def greet_user(name):
2        """向用户问候的函数"""
3        name = name.title()
4        print(f"Hello, {name}!")          #打印欢迎语句
5
6    name = "alice"
7    greet_user(name)                      #函数调用
8    greet_user("bob")                     #函数调用
```

程序运行结果:

```
Hello, Alice!
Hello, Bob!
```

视频讲解

**【示例 5.3】** 定义一个有返回值的函数。

```
1    def is_leap_year(year):                              #判断一个年份是否为闰年
2        """判断 year 是否为闰年的函数"""
3        if (year % 4 == 0 and year % 100 != 0) or year % 400 == 0:
4            return True
5        else:
6            return False
7
8    year = int(input("Input year:"))
9    is_or_not = "is" if is_leap_year(year) else "is not"   #使用简化 if 语句返回结果
10   print(f"{year} {is_or_not} a leap year.")
```

程序运行结果:

```
Input year:2000
2000 is a leap year.
```

通过上述两个程序示例可以看出,函数调用的方式是:函数名(实参列表)。一般来讲,实参列表中的参数数量要与函数定义时的形参数量相同,参数类型也要一致,否则将会抛出 TypeError 错误。

由于 Python 是解释性语言,因此函数的调用一定要放在函数定义之后,否则解释器将找不到函数,会抛出 NameError 错误。当定义了多个同名函数时,解释器调用的是最近一次定义的函数。

根据函数是否有返回值,函数调用有以下两种方式。

(1)带有返回值的函数调用,通常将函数的调用结果作为一个值处理。

(2)没有返回值的函数调用,通常将函数调用作为一条语句来处理。

**注意**:不论 return 语句出现在函数体的什么位置,一旦得到执行,将直接结束函数的运行。

**思考与练习**

5.1 判断题：定义函数时，可以没有参数，但必须要有一对圆括号。

5.2 判断题：在 Python 中，函数的使用包括函数定义和函数调用，并且函数调用一定要放在函数定义之后。

5.3 什么是函数？函数的作用是什么？

5.4 Python 中用来定义函数的关键字是什么？函数必须包含 return 语句吗？

5.5 阅读下面的代码，写出其执行结果。

```
1    def func(x):
2        return x + 2
3        return x + 4
4
5    print(func(3))
```

视频讲解

## 5.2 参数类型与参数传递

### 5.2.1 形参和实参

在介绍函数参数传递前，首先要明确形式参数和实际参数两个概念。形式参数通常简称为形参，是指在函数定义时，写在圆括号内的变量。形参不代表任何具体的值，只是作为一种占位符参与函数体的业务逻辑。实际参数通常简称为实参，是指在函数调用时，实际传递给形参的值。

程序示例 5.3 的第 1 行代码，函数定义 is_leap_year(year) 中的 year 就是形参，没有具体的值，只是作为一种占位符参与函数体的业务逻辑。而程序示例 5.3 的第 9 行代码，则是对 is_leap_year() 的函数调用，其中的 year 就是实参，由用户输入的具体值确定。一般来讲，形参和实参的名称（变量名）可以相同也可以不同，但建议设置为相同的名称。

在 Python 程序中，定义函数时不需要指定形参的类型，形参类型由函数调用时传递的实参类型决定。实参与形参通常数量一致，当形参为可变长度参数时，实参可以有多个，此时实参和形参的数量可以不相同。

根据函数参数传递的特点和形式，可大致将函数参数分为位置参数、关键字参数、默认值参数、可变长度参数、序列解包参数等。

### 5.2.2 位置参数

位置参数是指函数调用时，根据函数定义的形参位置，依次将实参的值赋值给形参。位置参数传递要求实参和形参的数量必须一致，顺序一一对应。位置参数是最常见、最简单的函数参数传递方式。

【示例 5.4】 函数的位置参数传递。

```
1    def describe_pet(pet_name, pet_type):
2        """描述宠物信息的函数"""
```

```
3        print(f"I have a {pet_type}.")
4        print(f"It's {pet_name.title()}.")
5
6    pet_name = "Tom"
7    pet_type = "cat"
8    describe_pet(pet_name, pet_type)        #按顺序依次将实参的值传给形参
9    describe_pet("Jerry", "mouse")          #按顺序依次将实参的值传给形参
```

程序运行结果：

```
I have a cat.
It's Tom.
I have a mouse.
It's Jerry.
```

### 5.2.3　关键字参数

关键字参数是函数调用时，以"形参名＝实参值"的形式指定形参的实参值。此时形参出现的顺序可以和函数定义时不一致。关键字参数灵活、方便，调用者不用关注形参定义时的顺序和位置。

【示例 5.5】　函数的关键字参数传递。

```
1    def describe_pet(pet_name, pet_type):        #该函数和示例 5.4 一致
2        """描述宠物信息的函数"""
3        print(f"I have a {pet_type}.")
4        print(f"It's {pet_name.title()}.")
5
6    pet_name = "bath"
7    pet_type = "dog"
8    describe_pet(pet_type=pet_type, pet_name=pet_name)  #指定形参对应的实参值
9    describe_pet(pet_type="mouse", pet_name="jerry")    #指定形参对应的实参值
```

程序运行结果：

```
I have a dog.
It's Bath.
I have a mouse.
It's Jerry.
```

### 5.2.4　默认值参数

默认值参数是函数定义时，在形参列表中，直接为形参指定默认值。函数调用时，对于有默认值的参数，可传值也可不传值。未传值时，将采用默认值；传值时，将用新的值替换默认值。默认值参数可方便函数调用，减少参数传递数量。

**注意**：定义带有默认值参数的函数时，默认值参数要出现在函数形参列表的右端，任何一个默认值参数右边都不能再出现非默认值参数。

【示例 5.6】 定义一个带有默认值参数的函数。

```
1   def describe_pet(pet_name, pet_type="dog"):      #定义函数,并使用默认值参数
2       """描述宠物信息的函数"""
3       print(f"I have a {pet_type}.")
4       print(f"It's {pet_name.title()}.")
5
6   pet_name = "Bath"
7   describe_pet(pet_name=pet_name)                   #默认值参数不传值
8   describe_pet(pet_name="Jerry", pet_type="mouse")  #默认值参数传值
```

程序运行结果：

```
I have a dog.
It's Bath.
I have a mouse.
It's Jerry.
```

对于函数的参数默认值,可使用"函数名.__defaults__"查看函数所有参数的默认值,其返回值为一个元组,其中的元素依次为每个参数的默认值。

【示例 5.7】 查看参数默认值。

```
1   def describe_pet(pet_name="bath", pet_type="dog"):   #定义函数,并使用默认值参数
2       """描述宠物信息的函数"""
3       print(f"I have a {pet_type}.")
4       print(f"It's {pet_name.title()}.")
5
>>>describe_pet.__defaults__                              #运行代码需在命令行中运行
```

程序运行结果：

```
('Bath', 'dog')
```

## 5.2.5  可变长度参数

视频讲解

可变长度参数是函数定义时,无法确定具体参数的数量,此时可将函数的形参设为可变长度参数,然后根据调用者传递的实际参数数量来确定参数的长度。

可变长度参数有两种形式: * 形参名和 * * 形参名。

* 参数名:表示该参数是一个元组类型,可接受多个实参,并将传递的实参依次存放到元组中,其主要针对以位置传值的实参。

例如披萨店会根据用户的口味来提供不同的配料,那么定义函数时,便可将配料设为可变长度参数。

【示例 5.8】 定义一个制作披萨的函数。

```
1   def make_pizza(*toppings):        #定义函数,并使用可变长度参数
2       """制作披萨的函数"""
3       print("Your pizza has following toppings:")
4       for topping in toppings:
```

```
5            print("-->", topping)
6
7    make_pizza("pepper")
8    make_pizza("rushroom", "pepper", "raddish")
```

程序运行结果：

```
Your pizza has following toppings:
--> pepper
Your pizza has following toppings:
--> rushroom
--> pepper
--> raddish
```

在有多种类型参数的情况下，Python 解释器会先匹配位置实参，再匹配任意数量实参，所以要将可变长度参数放在函数定义的位置参数右边。

**【示例 5.9】** 定义一个制作披萨的函数，并使用多种类型参数。

```
1    def make_pizza(size, * toppings):      #定义函数,并使用可变长度参数
2        """制作披萨的函数"""
3        print(f"Your pizza is {size} inches.")
4        print("It has following toppings:")
5        for topping in toppings:
6            print("-->", topping)
7
8    make_pizza(12, "pepper")               #先传 12 给 size 形参,其余给 toppings
9    make_pizza(12, "rushroom", "pepper", "raddish")
```

程序运行结果：

```
Your pizza is 12 inches.
It has following toppings:
--> pepper
Your pizza is 8 inches.
It has following toppings:
--> rushroom
--> pepper
--> raddish
```

**\*\*形参名：** 表示该形参是一个字典类型，可接受多个实参，主要针对以关键字传值的实参，并将传递的键值对保存到字典中。

**【示例 5.10】** 定义一个水果描述函数。

```
1    def fruit_info(name, grade, **other_info):    #定义函数,并使用可变长度参数
2        """定义水果描述函数"""
3        profile = {}
4        profile["name"] = name
5        profile["grade"] = grade
6        for key, value in other_info.items():
```

视频讲解

```
7              profile[key] = value
8         return profile
9
10   fruit = fruit_info("apple", "A++",  #通过关键字参数给 other_info 传值
11   location="shandong", color="red")  #other_info 为字典
12   print(fruit)
```

程序运行结果：

```
{'name': 'apple', 'grade': 'A++', 'location': 'shandong', 'color': 'red'}
```

### 5.2.6 多种类型参数混用 *

视频讲解

Python 支持定义函数时几种不同形式的参数混用,但初学者要谨慎使用,因为使用不当将导致代码混乱,且降低可读性,使得程序查错困难。

在多种类型参数混用时,要注意以下几点原则。

(1) 实参传值时,既可通过位置传值,也可通过关键字传值,但 * 可变参数后面的参数只能通过关键字传值。

(2) 函数定义时,不能同时包含多个相同类型的可变参数,即多个 * 参数或多个 ** 参数,但可同时包含一个 * 参数和一个 ** 参数,且 * 参数要放在 ** 参数前面。

(3) 当既有可变参数又有普通参数时,会先给普通参数赋值,最后将多余的值存放在可变参数中,可变参数可以不进行赋值,此时可变参数为空。

(4) 带有默认值的参数后面不能包含没有默认值的参数,但可以包含可变参数。

**【示例 5.11】** 定义一个学生信息函数,并使用多种参数混用。

```
1    def student_info(name, age, * contacts, gender="男", **others):
2        """定义学生信息函数"""
3        print("=" * 10, "学生基本信息", "=" * 10)
4        print("姓名: ", name)
5        print("年龄: ", age)
6        print("性别: ", gender)
7        print("联系方式: ", end="")
8        if len(contacts) == 0:          #判断联系方式是否为空
9            print("无")
10       else:
11           for contact in contacts:     #将所有联系方式放在一行打印
12               print(contact, end="\t")
13           print()
14       for key, value in others.items():
15           print(key, ":", value)
16       print("=" * 34)                  #结束分割线
17
18   student_info("张三", 19, "手机-138****2222", "QQ-876***567", 身高=175,
     籍贯="江西")
19   student_info("张丽", 18, "QQ-358***121", gender="女", 职务="班长", 学号="006")
20   student_info("张小东", 18, 专业="软件工程", 学号="008")
```

程序运行结果：

```
========== 学生基本信息 ==========
姓名：张三
年龄：19
性别：男
联系方式：手机-138****2222    QQ-876***567
身高：175
籍贯：江西
================================
========== 学生基本信息 ==========
姓名：张丽
年龄：18
性别：女
联系方式：QQ-358***121
职务：班长
学号：006
========== 学生基本信息 ==========
姓名：张小东
年龄：18
性别：男
联系方式：无
专业：软件工程
学号：008
================================
```

【示例 5.12】 对示例 5.11 进行修改。

```
1    def student_info(name, age, gender="男", * contacts, **others):
2        #调换 gender 与 * contacts 位置,后续代码同示例 5.11 一致,不再列出
```

程序运行结果：

```
========== 学生基本信息 ==========
姓名：张三
年龄：19
性别：手机-138****2222
联系方式：QQ-876***567
身高：175
籍贯：江西
================================
Traceback (most recent call last):
  File "D:\Python\Basic_Python \chap05\ch05_12.py", line 25, in <module>
    student_info("张丽", 18, "QQ-358 * * * 121", gender="女",职务="班长",学号=
    "006")
TypeError: student_info() got multiple values for argument 'gender'
```

当 gender＝"男"放在 * contacts 之前时,Python 解释器在解释执行第 19 行代码时,会先按照位置参数进行传值,gender 首先得到值"QQ-358***121",后又继续赋值 gender＝"女",因此程序报错。

**【示例 5.13】** 继续对示例 5.11 进行修改。

```
1    def student_info(name, * contacts, age, gender="男", **others):
2        #调换 name 之后的参数顺序,后续代码同示例 5.11 一致,不再列出
```

程序运行结果:

```
Traceback (most recent call last):
  File "D:\Python\Basic_Python \chap05\ch05_13.py", line 24, in <module>
    student_info("张三", 19, "手机-138 * * * 2222", "QQ-876 * * 567", 身高=
175, 籍贯="江西")
  TypeError: student_info() missing 1 required keyword-only argument: 'age'
```

此时第 18 行代码中函数参数传递时,contacts 得到的值为(19,"手机-138****2222","QQ-876***567")。因此,age 没有得到赋值,程序报错。实参传值时,可变参数后面的参数只能通过关键字传值。

**【示例 5.14】** 继续对示例 5.11 进行修改。

```
1    def student_info(name, age, * contacts, **others, gender="男"):    #语法错误
2        #将 gender 置于**others 后,后续代码同示例 5.11 一致,不再列出
```

程序运行结果:

```
  File "D:\Python\Basic_Python \chap05\ch05_14.py", line 8
    def student_info(name, age, * contacts, * * others, gender="男"):
                                                         ^
SyntaxError: arguments cannot follow var-keyword argument
```

带有**的可变长度参数必须放在函数定义的最后,因此这里程序报错。

视频讲解

### 5.2.7　参数传递的序列解包*

参数传递的序列解包:实参为序列对象,传值时将序列中的元素依次取出,然后按照一定规则赋值给相应变量。其主要有两种形式: * 序列对象、**字典对象。

当传递的实参为 * 序列对象时,将会取出序列中的每个元素,然后按照位置顺序依次赋值给每一个形参。

**【示例 5.15】** 使用 * 序列实参。

```
1    def demo(a, b, c):
2        print(f"a = {a}, b = {b}, c = {c}")
3
4    seq = [1, 2, 3]
5    demo( * seq)            #实参为 * 序列对象
```

程序运行结果:

```
a = 1, b = 2, c = 3
```

如果使用字典作为函数实参,并在前加上"**"号进行解包时,会把字典解包成关键字参数进行传递,字典的键作为参数名,字典值作为参数值。

**【示例 5.16】 使用**序列实参。**

```
1    def demo1(a, b, c):
2        print(f"a = {a}, b = {b}, c = {c}")
3
4    d1 = {'a':2, 'b':3, 'c':4}
5    demo1( * * d1)            #实参为**序列对象
```

程序运行结果:

```
a = 1, b = 2, c = 3
```

**注意**:在将字典作为**序列实参使用时,字典的键必须和调用函数的形参名保持一致,否则程序会报错。

当实参为序列对象,但没有"*"时,函数传值会将其看成一个整体赋值给某个形参。

**【示例 5.17】 使用带"*"和不带"*"的实参序列对象。**

```
1    def demo2(a, * b):
2        print(f"a = {a}")
3        print(f"b = {b}")
4
5    demo2([20, 15, 30], 40, 50)       #实参为序列对象
6    demo2( * [20, 15, 30], 40, 50)    #实参为 * 序列对象
```

程序运行结果:

```
a = [20, 15, 30]
b = (40, 50)
a = 20
b = (15, 30, 40, 50)
```

当实参为字典对象,不加"**"时,函数传值会将其看成一个整体赋值给某个形参。

**【示例 5.18】 使用带"**"和不带"**"的实参序列对象。**

```
1    def demo3(a, * b):
2        print(f"a = {a}")
3        print(f"b = {b}")
4
5    demo3({"a": 5, "b": 0}, c=20, d=30)      #实参为序列对象
6    demo3(**{"a": 5, "b": 0}, c=20, d=30)    #实参为 * 序列对象
```

程序运行结果:

```
a = {'a': 5, 'b': 0}
b = {'c': 20, 'd': 30}
a = 5
b = {'b': 0, 'c': 20, 'd': 30}
```

## 5.2.8 参数传递对实参的影响

在函数参数传递时,根据实参对象是否可变,可将实参分为可变类型和不可变类型。对于不可变类型实参,例如整型、字符串、元组、浮点型等,函数调用时传递的只是实参的值,相当于将实参的值复制一份给形参,函数内部对形参的修改,不会影响到实参。

对于可变类型实参,例如列表、字典、集合等,函数调用时传递的是实参对象的引用,此时形参和实参指向同一对象,函数内部对形参的修改通常会影响到实参。

【示例 5.19】 参数传递对实参变量的影响。

```
1    def double1(x):                          #对变量修改
2        x = x * 2
3        return x
4
5    def double2(x):                          #对列表内部修改
6        for i in range(len(x)):
7            x[i] = x[i] * 2
8        return x
9
10   a = 50                                   #不可变类型实参
11   print(f"第 1 次, a = {a}; 函数内:{double1(a)}, 函数外:{a}")
12
13   b = [1, 2, 3]                            #可变类型实参
14   print(f"第 2 次, b = {b}; 函数内:{double2(b)}, 函数外:{b}")
15
16   b = [1, 2, 3]                            #可变类型实参
17   print(f"第 3 次, b = {b}; 函数内:{double1(b)}, 函数外:{b}")
18
19   b = [1, 2, 3]                            #可变类型实参
20   print(f"第 4 次, b = {b}; 函数内:{double2(b[:])}, 函数外:{b}")
```

程序运行结果:

```
第 1 次, a = 50; 函数内:100, 函数外:50
第 2 次, b = [1, 2, 3]; 函数内:[2, 4, 6], 函数外:[2, 4, 6]
第 3 次, b = [1, 2, 3]; 函数内:[1, 2, 3, 1, 2, 3], 函数外:[1, 2, 3]
第 4 次, b = [1, 2, 3]; 函数内:[2, 4, 6], 函数外:[1, 2, 3]
```

第 1 次调用函数 double1,实参为不可变类型,a=50,double1(a)传递的只是 a 的值,相当于将 a 的值复制一份给 x,所以 double1()函数内部对 x 的修改,不会影响到 a。

第 2 次函数调用 double2,实参为可变类型,b=[1,2,3],double2(b)传递的是 b 所指对象[1,2,3],此时 x 和 b 指向同一对象,double2()函数内部让 x 的每个元素乘以 2,此时并没有产生新的序列,而是改变了原有的序列内容,x 和 b 的引用变成了[2,4,6],所以 double2()函数内部对 x 的修改,会影响到 b。

第 3 次依旧调用函数 double1,这时 b=[1,2,3],double1(b)传递的是 b 所指对象[1,2,3],此时 x 和 b 指向同一对象,而 double1()函数内部让 x 乘以 2,列表乘以 2 相当

于复制,会生成新的列表[1,2,3,1,2,3],然后将其重新赋值给 x,此时 x 的引用发生变化,而 b 的外部引用还是[1,2,3]。所以 double1()函数内部对 x 的修改,不会影响 b。

第 4 次函数调用 double2,实参为可变类型,但传递的是列表切片 b[:],即 b 的复制,而不是原列表引用,因此 double2()函数内部对 x 的修改,不会影响到 b。

一般在处理大型列表时,除非有必要保留副本,否则还是应该将原始列表传递给函数,以避免花时间和内存创建副本,从而提高程序运行效率。

### 思考与练习

5.6 判断题:定义带有默认值参数的函数时,若没有可变参数,默认值参数必须出现在函数形参列表的最右端。

5.7 判断题:调用函数时,通过关键字参数进行赋值,实参顺序和形参顺序可以不一致。

5.8 阅读下面的代码,分析其执行结果。

```
1    def func(a, b, c=3, d=5):
2        print(sum((a, b, c, d)))
3
4    func(2, 4, 6, 8)
5    func(2, 4, d=6)
```

5.9 阅读下面的代码,分析其执行结果。

```
1    def func(*n):
2        print(sum(n))
3
4    func(1, 2, 3, 4, 5)
```

5.10 阅读下面的代码,分析其执行结果。

```
1    def func1(x, numbers):
2        for i in range(len(numbers)):
3            numbers[i] *= x
4        print(f"numbers={numbers}")
5
6    numbers = [1, 2, 3]
7    print(f"numbers={numbers}")
```

5.11 多种类型参数混用时,有哪些混用原则?

5.12 编写函数,当实参为可变长度参数且都为整数时,则进行求和;而当实参为可变长度参数,但部分为字符串时,则实现字符串合并操作。函数运行示例如下(sumns()为示例函数名)。

```
>>>sumns(1, 2, 3, 4, 5)
15
>>>sumns(1, 2, 3, 'a', 4, 5)
'123a45'
```

视频讲解

## 5.3  变量作用域与递归

### 5.3.1  变量作用域

在 Python 语言中,根据变量定义的位置,可将变量分为全局变量和局部变量。全局变量是定义在函数外部的变量,可以在多个函数中进行访问,但不能在函数中执行赋值操作。如果在函数中有赋值语句,则相当于创建了一个同名的局部变量。局部变量是定义在函数内部的变量,只能在它被定义的函数中使用,在函数外部无法直接访问。

**注意**:当局部变量和全局变量同名时,在函数内部使用的变量通常是局部变量,如果确实需要对全局变量进行修改,需要使用 global 关键字对变量进行声明,此时操作的就是全局变量。

【示例 5.20】 在函数内部访问全局变量。

```
1   def func1():
2       print(f"函数内部 a:{a}")          #在函数内部访问全局变量
3
4   a = 10
5   func1()
6   print(f"函数外部 a:{a}")
```

程序运行结果:

```
函数内部 a: 10
函数外部 a: 10
```

【示例 5.21】 在函数内部定义同名的局部变量。

```
1   def func2():
2       a = 8                            #函数内部定义同名的局部变量
3       print(f"函数内部 a:{a}")
4
5   a = 10
6   func2()
7   print(f"函数外部 a:{a}")
```

程序运行结果:

```
函数内部 a: 8
函数外部 a: 10
```

【示例 5.22】 在函数内部对全局变量进行操作。

```
1   def func3():
2       global a                         #在函数内部对全局变量操作
3       a = 8
4       print(f"函数内部 a:{a}")
5
6   a = 10
7   func3()
8   print(f"函数外部 a:{a}")
```

程序运行结果：

```
函数内部 a: 8
函数外部 a: 8
```

【示例 5.23】 函数内部对可变序列操作。

```
1    def func4():
2        a.append(12)        #a 为可变类型时,这时函数将其视为全局变量
3        print(f"函数内部 a:{a}")
4
5    a = [1, 2, 3]
6    func4()
7    print(f"函数外部 a:{a}")
```

程序运行结果：

```
函数内部 a: [1, 2, 3, 12]
函数外部 a: [1, 2, 3, 12]
```

当全局变量为列表、字典等可变序列时,这时函数内部对其操作,会将其视为全局变量。

## 5.3.2  函数的递归调用

递归函数是在设计函数结构时,又直接或间接调用该函数本身。这常用来解决结构相似的问题。所谓结构相似,是构成原问题的子问题与原问题在结构上相似,可以用类似的方法求解。结构相似问题的求解可分为两部分：第一部分是一些特殊情况,有直接的解法；第二部分与原问题相似,但比原问题的规模小,并且依赖第一部分的结果。

对应地,递归函数通常也包含两部分：基线条件,即针对最小问题的解法,满足这种条件时,函数将直接返回一个值,这也是递归的出口；递归条件,包含函数自身的调用,旨在解决函数的一部分,即如何将大问题分解为小问题。

下面通过递归函数计算 $n$ 的阶乘。一个正整数的阶乘是所有小于及等于该数的正整数的积,并且 1 的阶乘为 1。自然数 $n$ 的阶乘写作 $n!$,$n!=1\times2\times3\times\cdots\times(n-1)\times n$。阶乘也可递归方式定义：$1!=1$,$n!=(n-1)!\times n$。

【示例 5.24】 使用递归函数计算阶乘。

```
1    def factorial(n):                       #使用递归函数计算阶乘
2        if n == 1:                          #基线条件
3            return 1                        #基线条件的出口,即最小问题的解法
4        else:                               #递归条件
5            return n * factorial(n-1)       #大问题分解为小问题
6
7    print(f"3 的阶乘为:{factorial(3)}")      #打印 3 的阶乘
8    print(f"10 的阶乘为:{factorial(10)}")    #打印 10 的阶乘
```

程序运行结果：

```
3 的阶乘为：6
10 的阶乘为：3628800
```

下面再通过递归函数计算斐波那契数列。

斐波那契数列以如下方法定义：$F(1)=1,F(2)=1,F(n)=F(n-1)+F(n-2)$，$n$ 为正整数，并且大于或等于 3。斐波那契数列产生的是这样一个整数数列：$1,1,2,3,5,8,13,21,34\cdots\cdots$

**【示例 5.25】** 使用递归函数计算斐波那契数列。

```
1    def fibonacci(n):                    #使用递归函数计算斐波那契数列
2        if n == 1 or n == 2:            #如果 n==1 或 n==2
3            return 1                     #直接返回结果 1
4        else:                           #否则，返回前两项之和
5            return fibonacci(n-1) + fibonacci(n-2)
6
7    print(f"fibonacci(7) = {fibonacci(7)}")
```

程序运行结果：

```
fibonacci(7) = 13
```

一般来讲，能使用递归完成的任务都可以使用循环来完成，而且使用循环的效率会普遍更高。但是，很多情况下，递归会让程序的可读性更好些。

**【示例 5.26】** 使用循环计算斐波那契数列。

```
1    def fibonacci(n):                    #使用 for 循环计算斐波那契数列
2        la = [0, 1, 1]                   #初始值
3        for i in range(3, n+1):         #循环递推
4            la.append(la[i-1]+la[i-2])
5        return la[n]                     #返回需要的值
6
7    print(f"fibonacci(7) = {fibonacci(7)}")
```

程序运行结果：

```
fibonacci(7) = 13
```

递归函数由于需要保存较多的临时变量，会较多消耗系统的资源，因此，Python 解释器设置了默认的递归深度，超过这个深度，解释器将终止程序的运行。当然，也可以通过代码来设置递归深度。

**【示例 5.27】** 使用指令设置递归深度。

```
1    import sys                           #加载 sys 库
2    sys.setrecursionlimit(200)          #将递归深度设置为 200 层
```

**思考与练习**

5.13  请说明什么是全局变量，什么是局部变量。

5.14　判断题：在函数内部对变量赋值时，如果没有对变量进行额外声明，那么这个变量一定是局部变量。

5.15　使用（　　）关键字可以将函数的内部变量声明为全局变量。

A. global　　　　　B. lambda　　　　　C. def　　　　D. class

5.16　阅读下面的代码，写出其执行结果。

```
1  def func():
2      global name
3      name = "Java"
4
5  name = "Python"
6  func()
7  print(name)
```

5.17　幂是一个数自乘若干次的形式，乘方的结果叫作幂。当 $m$ 为正整数时，$n^m$ 意义为 $m$ 个 $n$ 相乘。请使用递归函数计算 $n^m$。

5.18　对上题进行修改，编写函数，使用循环来计算 $n^m$。

## 5.4　特殊函数

视频讲解

Python 中有些特殊的函数功能强大，可大大提高程序运行效率，并减少程序员的开发时间，在编写程序代码时经常会用到。

常用的特殊函数有 map() 函数、lambda 匿名函数、filter() 函数、eval() 函数、callable() 函数等。本节将依次介绍它们。

### 5.4.1　map() 函数

map() 函数是 Python 的内置函数，用于多次调用某一函数，并将可迭代对象中的元素作为实参依次传入，最终返回结果为函数运行结果的迭代器（1 个 map 对象）。方法声明如下。

```
map(func, iterables)
```

其中，func 参数表示需调用的函数，可以是已定义好的函数名，也可以是 lambda 匿名函数。iterables 参数表示可迭代对象，即每次调用时传递的实参，如果函数需要传递多个参数，此时需要对应匹配多个可迭代对象。

【示例 5.28】　使用 map() 函数，对元组的所有元素乘以 2 操作。

```
1  def map_func(x):
2      return x * 2                      #对 x 乘以 2 操作
3
4  result = map(map_func, (10, "A", 12.7)) #使用 map_func()函数,依次对元组进行处理
5  print(tuple(result))
```

程序运行结果：

```
(20, 'AA', 25.4)
```

【示例 5.29】 使用 map()函数,返回字符串列表每个元素的长度。

```
1    stra = ["bird", "apple", "tomato", "cat", "fish"]
2    lens = map(len, stra)     #使用 len()函数对 stra 列表的元素求长度
3    print(f"列表每个元素长度为:{list(lens)}")
```

程序运行结果:

```
列表每个元素长度为:[4, 5, 6, 3, 4]
```

以上两个 map()函数中调用的 map_func()、len()函数,其形参都只有 1 个,因此传递序列时,也只传递 1 个序列给 map()函数。如果 map()调用的函数有多个形参,则需要对应匹配多个可迭代对象。

【示例 5.30】 使用 map()函数,计算对应的矩形面积。

```
1    def get_area(width, height):    #计算矩形面积的函数,有两个形参
2        return width * height
3
4    widths = [8, 6, 4, 5]
5    heights = (9, 5, 4, 3)
6    result = list(map(get_area, widths, heights))
7    print(f"计算面积分别为:{result}")
```

程序运行结果:

```
计算面积分别为:[72, 30, 16, 15]
```

【示例 5.31】 使用 map()函数,求三角形第 3 边边长。

```
1    import math
2    x = input("请输入两条边的长度及夹角:")
3    a, b, theta = map(float, x.split())      #获得两边长和夹角度数
4    #求第 3 边边长
5    c = math.sqrt(a**2+b**2-2 * a * b * math.cos(theta * math.pi/180))
6    print(f"三角形第 3 边边长为:{c}")
```

程序运行结果:

```
请输入两条边的长度及夹角: 10 12 30
三角形第 3 边边长为: 6.012811579596913
```

视频讲解

## 5.4.2　匿名函数:lambda 函数

Python 使用 lambda 表达式创建匿名函数,即没有函数名称的、临时使用的函数。可以将 lambda 函数看作普通函数的简写形式。lambda 函数的语法如下。

```
lambda 参数列表:表达式
```

　　lambda 函数与普通函数的区别：①关键字不同,普通函数使用关键字 def 定义,lambda 函数则使用关键字 lambda 定义；②普通函数有函数名,而 lambda 函数没有名称；③普通函数参数列表和 lambda 函数参数列表的作用完全一样,但 lambda 函数的参数列表不需要一对圆括号,且 lambda 函数体只能包含一个表达式语句,不能有多条语句,包括 if,while,for 语句也不可以有。

　　在 lambda 函数中可以调用其他函数,并支持默认值参数、关键字参数、可变长度参数等,表达式的结果相当于函数的返回值。此外,可以直接把 lambda 定义的函数赋值给一个变量,用变量名来表示 lambda 表达式所创建的匿名函数,这样就可以通过变量反复调用该函数。

**【示例 5.32】** 使用 lambda 函数计算两数相乘结果。

```
1    multi = lambda x, y: x * y              #将 lambda 定义的函数赋值给一个变量
2
3    print(f"两数相乘结果:{multi(8, 6)}")
4    print(f"两数相乘结果:{multi(y=8, x=9)}")
```

程序运行结果：

```
两数相乘结果:48
两数相乘结果:72
```

**【示例 5.33】** 使用 lambda 函数计算求和结果。

```
1    addall = lambda x, y, z=5: 3 * x + 2 * y + z    #将 lambda 定义的函数赋值给一个
                                                      #变量
2            #并使用默认值参数
3    print(f"求和结果:{addall(8, 6)}")
4    print(f"求和结果:{addall(y=8, x=6)}")
```

程序运行结果：

```
求和结果:41
求和结果:39
```

　　**注意**：所有通过 lambda 函数实现的功能,都可以通过相应的普通函数实现,反之则不一定。

**【示例 5.34】** 示例 5.33 的普通函数形式。

```
1    def addall(x, y, z=5):
2        return 3 * x + 2 * y + z
3
4    print(f"求和结果:{addall(8, 6)}")
5    print(f"求和结果:{addall(y=8, x=6)}")
```

程序运行结果：

```
求和结果:41
求和结果:39
```

在 Python 程序编写中,lambda 函数经常与其他函数配合使用,以提高程序编写效率和执行效率。

**【示例 5.35】** 将 lambda 函数应用于字符串列表排序。

```
1    ls = ['radish', 'foo', 'card', 'abea', 'dish', 'bathe', 'banana']
2    #按列表元素的非重复字母数量排序,x 为 ls 列表的元素
3    sorted_ls = sorted(ls, key=lambda x: len(set(x)))
4    print(sorted_ls)
```

程序运行结果:

```
['foo', 'abea', 'banana', 'card', 'dish', 'bathe', 'radish']
```

**【示例 5.36】** 将 lambda 函数应用于奇偶排序。

```
1    import random
2
3    nums = random.choices(range(20), k=12)          #随机取 12 个数,范围[0,19]
4    #将列表元素按奇偶数进行排序,x 取自于列表 nums
5    sorted_nums = sorted(nums, key=lambda x: x%2==0)
6    print(f"原列表为:{nums}")
7    print(f"奇偶分类后列表为:{sorted_nums}")
```

程序运行结果:

```
原列表为:[6, 0, 8, 6, 2, 18, 7, 16, 4, 11, 18, 1]
奇偶分类后列表为:[7, 11, 1, 6, 0, 8, 6, 2, 18, 16, 4, 18]
```

视频讲解

### 5.4.3　callable()函数

一般而言,要判断某个变量、方法是否可调用,可使用内置函数 callable()。

**【示例 5.37】** callable()函数应用示例。

```
1    import math
2
3    x = 1                          #x 为整数变量
4    y = math.sqrt                  #y 为函数 math.sqrt 的引用
5    print(f"x 是否可调用:{callable(x)}")
6    print(f"y 是否可调用:{callable(y)}")
7    print(f"81 的平方根为:{y(81)}")
```

程序运行结果:

```
x 是否可调用:False
y 是否可调用:True
81 的平方根为:9.0
```

视频讲解

### 5.4.4　exec()与 eval()函数 *

eval()和 exec()函数的功能相似,都可执行一个字符串形式的 Python 代码,二者不同之处在于,eval()执行完要返回结果,而 exec()执行完不返回结果。

【示例 5.38】　exec()与 eval()函数应用示例。

```
1    print('Hello, world!')
2    exec("print('Hello, world!')")       #执行打印输出
3    eval("print('Hello, world!')")       #执行打印输出
4
5    a = 3; b = 8
6    print(exec("a * b"))                 #返回 None
7    print(eval("a * b"))                 #返回计算结果
```

程序运行结果:

```
Hello, world!
Hello, world!
Hello, world!
None
24
```

【示例 5.39】　使用 eval()函数将字符串转换为代码。

```
1    #eval()函数将用户输入字符串作为代码执行,并返回结果
2    #此处使用 exec()函数则无此效果
3    a, b = eval(input("请输入两个数, 用逗号隔开:"))
4
5    print(f"type(a):{type(a)}")
6    print(f"type(b):{type(b)}")
7    print(f"a * b = {a * b}")
```

程序运行结果:

```
请输入两个数, 用逗号隔开: 12, 16
type(a):<class 'int'>
type(b):<class 'int'>
a * b = 192
```

可以看出,exec()函数中最适合放置运行后没有结果的语句,而 eval()函数中适合放置有结果返回的语句。

在使用 Python 开发服务器端程序时,这两个函数应用非常广泛。例如,客户端向服务器端发送一段字符串代码,服务器端无须关心具体的内容,直接选择 eval()、exec()函数来执行,这样的设计将使服务器端与客户端的耦合度更低,系统更易扩展。

【示例 5.40】　使用 eval()函数调用本地程序。

```
1    >>>exec_pad = input('启动本地记事本程序:')
2    #c:\windows\notepad.exe 为编者计算机的记事本程序路径,读者可根据具体情况修改
```

```
3    启动本地记事本程序:__import__('os').startfile(r'c:\windows\notepad.exe')
4    >>>eval(exec_pad)
```

程序运行结果如图 5.2 所示。

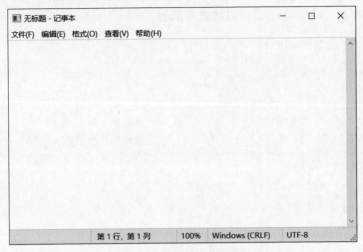

图 5.2　记事本启动界面

　　示例 5.40 通过 eval() 函数来启动本地的记事本程序，实际上，也可以通过 eval() 函数来启动其他本地的应用程序。因此，eval() 和 exec() 都是相对不太安全的函数，常常会被恶意程序利用，成为可以执行系统级命令的入口点。常用的解决方法是为其使用命名空间，来限制 eval() 和 exec() 的执行范围。

　　【示例 5.41】　使用命名空间来限制 exec() 函数的执行范围。

```
1    from math import sqrt
2
3    a = 81
4    print(f"a 的平方根为:{sqrt(a)}")
5    exec('sqrt=1')
6    print(f"sqrt 此时为:{sqrt}")
7    #print(f"a 的平方根为:{sqrt(a)}")        #此行代码执行将会报错
```

程序运行结果：

```
a 的平方根为: 9.0
sqrt 此时为: 1
```

　　【示例 5.42】　使用命名空间来限制 eval() 函数的执行范围。

```
1    scope = {}                              #定义一个字典,作为存储变量的命名空间
2    scope['x'] = 2
3    scope['y'] = 3
4    print(f"eval(x * y) = {eval('x * y', scope)}")
5    exec('x=3', scope)                      #等价于 scope['x'] = 3
6    print(f"eval(x * x) = {eval('x * x', scope)}")
```

程序运行结果：

```
eval(x * y) = 6
eval(x * x) = 9
```

### 5.4.5 filter()函数*

视频讲解

filter()函数也是 Python 的内置函数，用于过滤可迭代对象中的元素，只保留使函数调用结果为 True 或结果可转化为 True 的元素，最终结果为符合要求的元素组成的迭代器，1 个 filter 对象。方法声明为

```
filter(func, iterable)
```

其中，func 参数表示需调用的函数，可以是已定义好的函数名，也可以是 lambda 表达式，函数返回值通常为 True 或 False；iterable 参数表示可迭代对象，用于每次调用时传递实参。

**【示例 5.43】** 调用 **filter**()函数，保留列表的非空元素。

```
1    words = ["hello", "are", "happy", "python", "test", ""]
2    result = filter(len, words) #len()函数的返回值为整数,非零为 True,零为 False
3    print(list(result))
```

程序运行结果：

```
['hello', 'are', 'happy', 'python', 'test']
```

**【示例 5.44】** 调用 **filter**()函数，保留列表长度大于或等于 5 的元素。

```
1    words = ["hello", "are", "happy", "python", "test", ""]
2    result = filter(lambda x: len(x)>= 5, words)
3    print(list(result))
```

程序运行结果：

```
['hello', 'happy', 'python']
```

还可以使用列表推导式实现相同的过滤效果。

**【示例 5.45】** 使用列表推导式，保留列表长度大于或等于 5 的元素。

```
1    words = ["hello", "are", "happy", "python", "test", ""]
2    result = [x for x in words if len(x) >= 5]
3    print(result)
```

程序运行结果：

```
['hello', 'happy', 'python']
```

### 5.4.6 reduce()函数*

视频讲解

reduce()函数可对一个具有两个形参的函数以累加的方式从左到右依次作用到一个

序列或迭代器对象的所有元素上。即先对序列或迭代器中的第 1 个、第 2 个元素进行操作,得到结果再与第 3 个数据运算,最后返回一个汇总结果。

**【示例 5.46】** 使用 reduce()函数实现阶乘和求幂。

```
1    from functools import reduce
2
3    fac10 = reduce(lambda x,y:x * y, range(1, 11))
4    print(f"10 的阶乘:{fac10}")
5
6    power2_5 = reduce(lambda x,y:x * y, [2, 2, 2, 2, 2])
7    print(f"2 的 5 次方:{power2_5}")
```

程序运行结果:

```
10 的阶乘: 3628800
2 的 5 次方: 32
```

### 思考与练习

5.19　请说明 lambda 函数与普通函数的区别。

5.20　判断题:所有通过 lambda 表达式实现的功能,都可以通过相应的普通函数形式实现;反之,所有通过普通函数实现的功能,也都可以通过 lambda 表达式实现。

5.21　阅读下面的代码,写出其执行结果。

```
1    test = filter(lambda x: x > 5, range(10))
2    print(list(test))
```

5.22　阅读下面的代码,写出其执行结果。

```
1    test = lambda x, y=5, z=8: x + y + z
2    print(test(2))
```

5.23　阅读下面的代码,写出其执行结果。

```
1    x = list(range(10))
2    x[::3] = map(lambda y: y ** 2, [1, 2, 3, 4])
3    print(x)
```

5.24　编写程序,使用 reduce()函数将 range(10)中的元素转换为字符串"0123456789"输出(进阶)。

视频讲解

## 5.5　函数的导入与函数编写指南

### 5.5.1　函数的导入

函数的优点之一,是使用它们可将函数代码块和主程序分离。通过将函数存储在被称为模块的独立文件中,然后就可以将模块中的函数导入主程序中。

要让函数是可导入的,首先需要创建模块。模块是扩展名为.py 的文件,用以包含要导入的函数和类,模块的设计使众多不同的程序可以复用函数。

使用 import 语句可以在当前运行的程序文件中导入模块的函数。通常来讲,导入函数的方式有以下 2 种。

(1) import module。

这种方式用以导入模块,再使用 module.function 的方式调用模块中的函数。

(2) from module import function0,function1,…

这种方式用以导入模块中的具体函数,这时可直接使用函数,而无须加上 module 前缀。下面通过例子进行演示。

假定存在模块 ch05_47.py,其包含了 factorial()和 power()两个函数。

**【示例 5.47】　模块 ch05_47.py 包含的函数内容。**

```
1    def factorial(n):                          #求阶乘的函数
2        if n == 1:
3            return 1
4        else:
5            return n * factorial(n-1)
6
7    def power(a, n):                           #求幂的函数
8        return a ** n
```

那么,可通过以下代码来导入其中的函数。

**【示例 5.48】　导入模块 ch05_47.py 中的函数。**

```
1    import ch05_47      #导入模块
2
3    print(f"10 的阶乘:{ch05_47.factorial(10)}")      #通过模块调用函数
4
5    from ch05_47 import factorial                    #直接导入模块中的函数
6
7    print(f"10 的阶乘:{factorial(10)}")              #直接调用函数
```

程序运行结果:

```
10 的阶乘:3628800
10 的阶乘:3628800
```

另外,还可以在导入模块、函数时为其指定别名,以方便后面的调用。

也可以通过 from module import * 来导入模块中的所有函数,但并不建议这样做,因为这可能会导致命名冲突。

**【示例 5.49】　函数导入示例。**

```
1    #导入 math 模块中的函数,并为其指定别名
2    from math import sqrt as sq, degrees as dg
3    #导入 random 模块,并为其指定别名
4    import random as rd
```

```
5      #导入 ch05_47 模块中的所有函数,一般不建议这样做
6      from ch05_47 import *
7
8      print(f"81 的平方根:{sq(81)}")                    #调用 math 模块中的 sqrt()函数
9      print(f"返回 0-9 之间的 1 个随机数:{rd.choice(range(10))}")
10     print(f"10 的阶乘:{factorial(10)}")               #调用 ch05_47 模块中的函数
11     print(f"2 的 5 次方:{power(2, 5)}")               #调用 ch05_47 模块中的函数
```

程序运行结果:

```
81 的平方根: 9.0
返回 0-9 之间的 1 个随机数: 9
10 的阶乘: 3628800
2 的 5 次方: 32
```

## 5.5.2  函数编写指南

函数的命名和编写,建议遵守以下规则指南。

(1) 应给函数指定描述性名称,且只使用小写字母和下画线。

(2) 每个函数应包含简要描述其功能的说明文档,说明文档应紧跟在函数定义后面,并采用长字符串格式。

(3) 给形参指定默认值时,等号两边不要有空格,对于函数调用的关键字实参,也应遵守这种规定。

(4) 如果程序包含多个函数,应使用一个空行将其分开。

(5) 所有的 import 语句都应放在文件开头,且加载标准库模块的 import 语句应放在最前面,然后是加载第三方库的 import 语句,最后才是用户自身编写模块的 import 语句。

(6) 如果函数形参过多,导致函数定义超过了 80 个字符,这时可在函数定义输入左括号后按 Enter 键,并在下一行空 8 个字符,从而将形参和只缩进 4 个字符的函数体区分开来。

**【示例 5.50】** 函数编写指南示例。

```
1      from math import sqrt as sq, degrees as dg         #首先加载标准库
2      import random as rd
3      import jieba                                        #然后加载第三方库
4      from ch05_47 import *                               #最后加载用户自己编写的库
5
6      def many_params(                                    #函数命名使用小写字母
7              parameter_0, parameter_1, parameter_3,     #形参过多,函数定义超过 80
8              parameter_4, parameter_5, parameter_6="demo"): #个字符的函数定义示例
9          """演示函数 1"""
10         print("此处为函数体.")                           #函数体空 4 个空格
11                                                          #函数定义之间空 1 行
12     def demo():
13         """演示函数 2"""
14         print("演示函数 2.")
```

## 5.6　本章小结

本章介绍了 Python 的函数相关知识,主要包括以下几方面。

函数的定义与调用。函数是实现某一功能的代码块,主要作用是实现代码的复用。在进行函数定义时,函数名需要符合 Python 标识符的命名规范。函数形参可以有,也可以没有,但一定要有一对圆括号。函数体一定要缩进,可以有返回值,也可以没有返回值,还可以有多个返回值。函数如果有返回值,可以将函数的返回结果作为一个值处理;如果没有返回值,则可以将函数作为一条语句来使用。

参数类型和参数传递。函数的参数类型包括位置参数、关键字参数、默认值参数、可变长度参数以及序列解包参数。位置参数是函数调用时,按照实参的顺序依次传值给相应的形参。关键字参数是函数调用时,将实参通过键值对的形式传值给形参。默认值参数则是在函数定义时,为某个形参赋一个具体的值,后面在函数调用时,这个形参就可以不用传实参值,如果不赋值相关形参就会使用默认值。可变长度参数分为两种,一种是 * 可变长度参数,元素按照顺序依次放在元组里;一种是**可变长度参数,其元素放在字典里,通过关键字方式进行传值。参数传递的序列解包是将序列或者字典中的每个元素依次取出,然后赋值给相应的形参。函数的参数传递涉及可变参数传递和不可变参数传递。不可变参数传递时,函数中对形参的修改不会改变实参;而对于可变参数传递,函数中对形参的修改通常会改变实参值。

根据变量定义的位置,Python 将变量分为局部变量和全局变量。全局变量在函数外部定义,所有函数都可以访问,而局部变量只能在它所定义的函数中访问。如果在函数内部为全局变量赋值,则相当于在函数内部又新建了一个局部变量,只不过名称和全局变量一样。如果确实需要在函数内部对全局变量进行操作,则要使用 global 关键字进行声明。

所谓递归函数,就是在一个函数中直接或者间接地调用函数本身。递归函数通常包含两部分:基线条件,即针对最小问题的解法;递归条件,包含函数自身的调用,旨在解决函数的一部分,即如何将大问题分解为小问题。

为了提高编程效率,Python 还提供了一些功能强大的特殊函数。map()函数用于多次调用某一函数,并将可迭代对象中的元素作为函数实参传入,最终返回结果为函数执行结果的迭代器。lambda 函数大部分时候是作为其他函数的参数使用,这种情况下它表示的匿名函数只能使用一次。如果需要重复多次使用 lambda 表达式,可以将其赋值给一个变量,这样就可以通过该变量来调用 lambda 表达式。callable()函数用于判断某个变量、方法是否可调用。eval()和 exec()函数都可以执行字符串形式的 Python 代码,但二者区别在于,exec()执行完不返回代码执行结果,而 eval()执行完则会返回结果。filter()函数是对可迭代对象中的元素进行过滤,将满足条件的元素保留,不满足条件的元素过滤掉。

在编写完函数,把它们保存到模块后,便可以通过函数导入,将函数共享于其他程序。导入函数的方式有两种:一种是使用 import module 语句导入模块,然后使用 module.

function 的方式调用模块中的函数;另一种是使用 from module import function 语句导入模块中的具体函数,这样就可以直接调用函数 function,而不需要指定 module 名称。

编写函数时,需要熟练掌握函数的编写指南规则,这是函数编程的重要基础。

# 课后习题

## 一、单选题

1. 函数是具有特定功能的代码块,其主要作用是(　　)。
    A. 便于实现程序内聚　　　　　　　　　B. 有利于代码的整洁度
    C. 实现复杂的功能　　　　　　　　　　D. 代码复用

2. 代码 f＝lambda x,y: x * y; f(11,2)的运行结果为(　　)。
    A. 13　　　　　　　B. 9　　　　　　　C. 22　　　　　　　D. None

3. 代码 def func(p1,** p2): print(type(p2)),则 func(10,a＝20)的运行结果是(　　)。
    A. <class 'dict'>　　　　　　　　　　B. <class 'int'>
    C. <class 'float'>　　　　　　　　　　D. <class 'tuple'>

4. 对于有返回值的函数调用。通常可以将函数的调用结果作为(　　)。
    A. 程序结果　　　　B. 表达式的值　　　C. 一条语句　　　　D. 以上都不对

5. 对于位置参数传递,实参和形参需要(　　)。
    A. 数据类型一致　　　　　　　　　　　B. 数量对应
    C. 形参数量可以少些　　　　　　　　　D. 实参数量可以少些

6. 定义函数 def func(a,b,c): print(a＋b),则代码 nums＝(10,20,30); func(* nums)结果为(　　)。
    A. 60　　　　　　　B. 50　　　　　　　C. 30　　　　　　　D. 以上都不对

7. lambda 函数的函数体可以包含(　　)。
    A. 一条代码　　　　B. if 语句　　　　　C. for 语句　　　　D. 多条代码

## 二、填空题

1. 在函数内部可以通过关键字_____来定义全局变量。

2. 执行代码 a＝5; b＝2; eval("a ** b");结果为_____。

3. 执行代码 a＝"he"; b＝2; exec('print("a * b")');结果为_____。

4. 根据函数参数传递的特点和形式,可大致将函数参数分为_____、_____、默认值参数、可变长度参数、序列解包参数等。

5. 要判断某个变量、方法是否可调用,可使用_____函数。

6. 执行代码 str1＝["seal","ada","jerry","tom"]; list(map(len,str1));结果为_____。

7. 加载模块的关键字为_____。

8. 可变长度参数有两种形式: * 形参名和_____。

## 三、编程题

1. 定义一个函数,对任意两个整数之间所有整数(包含这两个整数)进行求和。函数包含两个参数,用于指定起始整数和结束整数。其中小的作为起始整数,大的作为结束整数,将求和结果作为返回值返回。

2. 定义一个函数,用于计算矩形的面积和周长。函数包含两个参数:长和宽。由于正方形是特殊的矩形,因此也支持传递一个参数的情况。当传递一个参数时,表示长和宽相等,最后将计算结果返回(同时支持一个参数和两个参数,同时返回多个值)。

3. 角谷定理。随机输入一个自然数,若为偶数,则把它除以 2;若为奇数,则把它乘以 3 加 1。经过如此有限次运算后,总可以得到自然数 1。编写函数,接收用户输入的自然数,然后输出从该数字到最终结果 1 的过程,并统计需要经过多少步计算可得到自然数 1。

如:输入 22,输出 22 11 34 17 52 26 13 40 20 10 5 16 8 4 2 1,步数为 15。

4. 一只青蛙一次可以跳上 1 级台阶,也可以跳上 2 级台阶。求该青蛙跳上 n 级的台阶总共有多少种跳法(先后次序不同算不同的结果)。

5. 编写函数,接收 2 个形参 a,b。其中 a 用于指定生成随机数的范围[0,a),b 用于生成随机数的数量。然后对这组随机数进行操作,调整整数的位置,使所有的奇数位于前半部分,所有的偶数位于后半部分,并保证奇数和奇数、偶数和偶数之间的相对位置不变。随机数的生成可使用 random 库。

示例:

a 的取值范围[0,30),b 为 9;

生成的随机数列为[12,23,9,18,12,18,11,11,17];

排序后数列为[23,9,11,11,17,12,18,12,18]。

# 第 6 章

# 类

面向对象编程是一种对现实世界理解和抽象的方法,是计算机编程技术发展到一定阶段的产物,是目前最有效的软件编写指导思想之一。而类是面向对象编程的核心思想之一,本章将详细讲述 Python 类的相关知识和编写技巧。

## 6.1 类的概述

视频讲解

### 6.1.1 类与面向对象

面向对象编程是相对于面向过程编程而言的。

面向过程编程主要是分析出实现需求所需要的步骤,通过函数和普通代码一步一步实现这些步骤。面向过程编程的代表性语言有 C、Pascal 等。

面向对象编程则是分析出需求中涉及哪些对象,这些对象各自有哪些特征、有什么功能,对象之间存在何种关系等,将存在共性的事物或关系抽象成类,最后通过对象的组合和调用完成需求。面向对象编程的代表性语言有 Java、C♯ 等。

通常来讲,面向过程编程效率更高,容易理解。面向对象编程易维护、易扩展、易复用,灵活方便。

在面向对象编程语言中,对象是实实在在存在的各种事物,例如桌子、汽车、学生等。对象通常包含两部分信息:属性和行为。一般使用变量表示对象的属性,用函数或方法表示对象的行为。

类是用来描述一组具有相同属性和行为的对象的模板,是对这组对象的概括、归纳和抽象表达。

在现实世界中,是先有对象后有类;而在计算机的世界里,则是先有类后有对象。在面向对象程序设计中,先在类中定义共同的属性和行为,然后通过类创建具有特定属性值和行为的实例,这便是对象。

大部分时候,定义一个类就是为了重复创建该类的实例,同一个类的多个实例具有相同的特征。类不是一种具体存在,实例才是具体存在。

面向对象编程的三个特点:封装(信息隐藏)、继承和多态。

### 6.1.2 类的定义与创建

在 Python 中,使用 class 关键字定义类,然后通过定义的类创建实例对象。定义类的语法如下。

```
class  <类名>:
    """类说明文档"""
    类属性 1
     ⋮
    类属性 n
    <方法定义 1>
     ⋮
    <方法定义 n>
```

**【示例 6.1】** 定义一个小狗类。

```
1    class Dog():                        #也可以是 class Dog:
2        """定义小狗类"""
3        sex = "male"                    #类属性,会在类实例之间共享
4
5        def __init__(self, name, age):
6            """小狗的初始化方法"""
7            self.name = name            #通过 self.name 来调用实例属性
8            self.age = age
9
10       def sit(self):
11           """让小狗坐下"""
12           print(f"{self.name.title()}已坐下.")
13
14       def roll_over(self):
15           """让小狗打滚"""
16           print(f"{self.name.title()}打了个滚.")
17
18
19   wang = Dog("旺仔", 2)                 #创建类对象,也即类的实例化
20   wang.sit()                          #对象的方法调用
21   wang.roll_over()
```

程序运行结果:

```
旺仔已坐下.
旺仔打了个滚.
```

类是一种抽象的概念,要使用类定义的功能,就必须进行类的实例化,即创建类的对象。在进行类的定义时,需要注意以下几点。

(1)在进行类定义时,使用的是 class 关键词,而不是 def。类的单词首字母名称一般要用大写,且应使用驼峰命名法,要求见名知义,但类实例一般应使用小写名称,且使用蛇形命名法。

(2)类名后面的圆括号可以省略,但冒号不能省略,类体由冒号后缩进的语句块组成。

(3)类的成员分为两种,描述属性的类变量或实例变量成员,和描述行为的函数成员。

（4）__init__方法是类的初始化方法，前后为两个下画线，旨在与普通方法区别开来，但该方法不是必需的。当使用类创建实例时，Python 解释器会自动调用该方法来完成对象的初始化工作。

（5）类的所有实例方法都必须有一个 self 参数，它用于指向实例本身的引用，在使用时，必须放在其他形参的前面。

（6）类实例方法调用时，self 形参会自动传递。因此示例 6.1 根据 Dog 类创建实例时，只需要为最后两个形参 name 和 age 提供实参值。

（7）以 self 为前缀的实例变量可供类中的方法使用，但要求这些方法的形参必须要包含 self 参数。可以通过"类实例.变量名"的方式来访问这些变量，这些实例变量也称为实例属性。

（8）实例方法的调用与实例属性的调用类似，使用的是"类实例.方法名"的调用方式。

（9）在类的所有方法外定义的变量，称为类属性或类变量，其可以通过类名或实例名称进行访问。

（10）类属性和实例属性都可以被外部修改，且可以动态为类和对象添加属性成员，这点和许多面向对象语言不同。

**思考与练习**

6.1　类是对象的抽象、概括和总结。在现实世界中，是先有对象才有类。在计算机世界中，是否也是先有对象才有类？

6.2　类中定义的方法一般都有一个名为 self 的参数，该参数要求放在类方法的什么位置？ self 代表的是类，还是类对象？

6.3　简述 Python 类的命名规则。定义一个类名，要求使用不少于两个单词。

6.4　请尝试按照文中的方法定义一个学生类，要求有身高、年龄、性别、成绩等属性。

6.5　为上面的学生类定义一个方法，打印学生的成绩。

## 6.2　类的属性

类成员属性用于存储类或对象属性的值，根据位置不同可分为类属性和实例属性。类属性和实例属性可以被该类中定义的方法访问，也可以在外部通过对象进行访问，而在方法体中定义的局部属性，则只能在方法内进行访问。

### 6.2.1　实例属性

视频讲解

实例属性是在方法内部通过"self.属性名"定义的属性，实例属性在类的内部通过"self.属性名"访问，在外部通过"对象名.属性名"来访问。

实例属性一般在__init__()方法中定义，使用"self.变量名＝实例属性值"方式进行初始化，实例属性值一般为__init__()方法传递过来的实参。

**【示例 6.2】 实例属性定义及使用。**

```
1    class Student:                          #创建 Student 类
2        """定义一个学生类"""
3
4        def __init__(self, name):           #定义 Student 类初始化方法
5            self.name = name                #给实例属性 name 赋值
6
7        def set_major(self, major):         #定义类实例方法
8            self.major = major              #给实例属性 major 赋值
9
10   s1 = Student('张三')                    #生成类实例 s1
11   s1.set_major("软件工程")                #设置类实例 s1 的 major
12   print(f"{s1.name}专业:{s1.major}")
13
14   s2 = Student('李四')                    #生成类实例 s2
15   Student.set_major(s2, "汉语")           #使用类方法设置类实例 s2 的 major
16   print(f"{s2.name}专业:{s2.major}")
17   s2.id = "002"                           #设置类实例 s2 的 id
18   print(f"{s2.name}学号:{s2.id}")         #打印类实例 s2 的 id
19   #print(f"{s1.name}的学号为{s1.id}")     #该行代码会报错
```

程序运行结果:

```
张三专业:软件工程
李四专业:汉语
李四学号:002
```

实例属性归属于实例本身,如对一个不存在的实例属性变量赋值,将会为该实例添加一个新的实例属性变量,如示例 6.2 第 17 行代码所示,这类似于字典中键值对的赋值操作。实例新的属性归属实例本身所有,并不与其他实例共享,如果直接访问一个不存在的实例属性时,将会抛出 AttributeError 属性异常,如示例 6.2 第 19 行代码所示。

## 6.2.2 类属性

类属性变量是在类中所有方法之外定义的变量,可以在所有实例之间共享。类属性变量可以通过"类名.类属性变量名"进行访问,也可以通过"对象名.类属性变量名"进行访问。

视频讲解

**【示例 6.3】 类属性定义及使用。**

```
1    class Student:
2        """定义一个学生类"""
3        score = "尚未给出"                  #定义类属性变量
4
5        def __init__(self, name):
6            self.name = name
7
8        def set_major(self, major):
```

```
9            self.major = major
10
11    s1 = Student('张三')                    #生成类实例 s1
12    print(f"{s1.name}分数:{s1.score}")
13
14    s2 = Student('李四')                    #生成类实例 s2
15    s2.score = 89                          #为类实例属性 score 赋值
16    print(f"{s2.name}分数:{s2.score}")
17    print(f"{s1.name}分数:{s1.score}")     #s2.score 赋值,不会对 s1.score 产生影响
18
19    Student.address = "北京"               #为新的类属性赋值
20    print(f"{s1.name}地址:{s1.address}")   #类属性为所有类实例共享
21    #print(f"{s2.name}地址:{s2.field}")   #访问不存在的类属性,报错
22
23    s2.address = "江西"                    #为 s2.address 赋值,其将覆盖类属性值
24    print(f"{s2.name}地址:{s2.address}")   #s2.address 仍为实例属性值
25    print(f"{s1.name}地址:{s1.address}")   #s1.address 仍为类属性值
```

程序运行结果:

```
张三分数:尚未给出
李四分数:89
张三分数:尚未给出
张三地址:北京
李四地址:江西
张三地址:北京
```

如果对一个不存在的类属性变量赋值,将会为该类添加一个新的类属性变量,如示例 6.3 第 19 行代码所示。但当访问一个不存在的类属性变量时,则会抛出 AttributeError 属性异常,如示例 6.3 第 21 行代码所示。

要访问类变量,只能通过"类名.类变量名"形式访问。对"对象名.类属性变量名"进行赋值,相当于创建了一个同名的实例属性变量,这时通过"对象名.变量名"访问时,访问的是实例变量。

视频讲解

另外,Python 还定义了一些具有特殊含义的、以下画线开头的变量名和方法名。总结如下。

(1) _xxx:以单个下画线开头,称为类的保护成员,这样的对象默认不能使用 from module import * 导入。

(2) __xxx:以两个下画线开头,称为类的私有成员,只有类对象自身能访问,子类对象也不能访问该成员。

(3) __xxx__:前后包含两个下画线,称为类的特殊成员,一般用于实现一些特殊功能。这些成员在类中具有特殊的含义,由 Python 内部自动调用,一般不需要手动调用。例如 __init__()方法用于初始化对象,__str__()方法用于返回对象的字符串表示等。

如果要查看类或实例对象的所有成员名称,可使用 dir()方法来查看。

**【示例 6.4】** 使用 **dir()** 方法查看类、实例的属性和方法（接示例 6.3）。

```
1    print("类 Student 包含的所有对象: ")
2    print(dir(Student))              #查看类的结构
3    print("实例 s1 包含的所有对象: ")
4    print(dir(s1))                   #查看类实例的结构
```

程序运行结果：

```
类 Student 包含的所有对象:
['__class__', '__delattr__', '__dict__', '__dir__', '__doc__', '__eq__', '__
format__', '__ge__', '__getattribute__', '__getstate__', '__gt__', '__hash__',
'__init__', '__init_subclass__', '__le__', '__lt__', '__module__', '__ne__',
'__new__', '__reduce__', '__reduce_ex__', '__repr__', '__setattr__', '__sizeof__',
'__str__', '__subclasshook__', '__weakref__', 'address', 'score', 'set_major']
实例 s1 包含的所有对象:
['__class__', '__delattr__', '__dict__', '__dir__', '__doc__', '__eq__', '__
format__', '__ge__', '__getattribute__', '__getstate__', '__gt__', '__hash__',
'__init__', '__init_subclass__', '__le__', '__lt__', '__module__', '__ne__',
'__new__', '__reduce__', '__reduce_ex__', '__repr__', '__setattr__', '__
sizeof__', '__str__', '__subclasshook__', '__weakref__', 'address', 'name',
'score', 'set_major']
```

## 6.2.3 装饰器 *

对于类的私有成员或保护成员，一般不允许外部直接访问，为了方便对这些成员进行操作，Python 提供了@property 装饰器把这些成员"装饰"成属性使用。@property 装饰器提供了一个读取这些成员变量值的接口，如果需要修改成员变量的值，可搭配使用@属性名.setter 装饰器，如果需要删除这些成员变量，可搭配使用@属性名.deleter 装饰器。

**【示例 6.5】** 使用装饰器实现对私有成员的访问和修改。

```
1    class Person:
2        def __init__(self, name="未知", age=18):
3            self.name = name             #公有成员
4            self.__age = age             #self.__age 为私有成员
5
6        @property                        #将 age()方法装饰成 age 属性使用
7        def age(self):
8            return self.__age
9
10       @age.setter                      #设置 age 的取值范围
11       def age(self, new_age):
12           if new_age < 1 or new_age > 120:
13               print("年龄不符合真实情况.")
14           else:
15               self.__age = new_age
16
17       @age.deleter
18       def age(self):
```

```
19          del self.__age
20
21   p = Person("张三", 23)
22   #print(p.__age)              #报错,不能直接访问私有成员
23   p.age = 123                  #调用@age.setter 装饰器定义的方法
24   print(p.age)
25   del p.age                    #调用@age.deleter 装饰器定义的方法
26   #print(p.age)                #报错,该成员已被删除
```

程序运行结果:

```
年龄不符合真实情况.
23
```

**思考与练习**

6.6　类的实例属性一般使用什么方法进行初始化?

6.7　如果对一个不存在的实例属性赋值,程序会报错吗?

6.8　类的私有属性定义,以(　　)开头。

　　A. 1 个下画线　　　　B. 2 个下画线　　　　　C. 冒号　　　　D. self

6.9　实例属性如何访问?类属性如何访问?它们之间有什么区别?

6.10　dir()方法不仅可以查看类的方法和属性,还可以查看包的结构,请试图使用 dir()方法查看 math 包的结构。

6.11　除了 dir()方法外,help()方法可以帮助用户查看一个方法的使用说明。请使用 help()方法查看 print()方法的使用说明,并尝试理解 print()方法的使用技巧。

6.12　为示例 6.4 的 s2.score 重新赋值,然后查看它和 Student.score、s1.score 值的区别,理解类变量与实例变量的关系。

# 6.3　类的方法

Python 中类的方法与类的属性相似,也包含对应的实例方法和类方法。

实例方法至少包含一个对象参数,在内部通过"self.方法()"调用,在外部通过"对象名.方法()"调用,执行时,自动将调用方法的对象作为参数传入。

类方法至少包含一个类参数,由类调用,调用类方法时,自动将调用该方法的类作为参数传入。

## 6.3.1　实例方法

实例方法和函数定义类似,但第一个参数必须为 self 参数,其表示当前调用这个方法的对象。实例方法定义语法如下。

```
def 实例方法名(self,[形参列表]):
    方法体
```

在类的内部通过"self.方法名"来调用实例方法,在类的外部需通过"对象名.方法名"调用实例方法。

如果定义方法时,方法名以两个下画线开始,即"__方法名",表示该方法属于私有方法,只允许在这个类的内部调用,外部无法直接调用。

【示例 6.6】　类实例方法定义和调用。

```
1    class Student:                              #定义 Student 类
2        """定义一个学生类"""
3        score = "尚未给出"
4
5        def __init__(self, name):
6            self.name = name
7
8        def set_major(self, major):             #定义实例方法
9            self.major = major
10
11       def set_score(self, score):             #定义实例方法
12           self.set_major("计算机")             #类内部调用实例方法
13           self.score = score
14
15   s1 = Student("张三")
16   s1.set_major("软件工程")                     #实例方法的外部调用
17   print(f"{s1.name}专业为: {s1.major}")
18   s1.set_score(93)                            #实例方法的外部调用
19   print(f"{s1.name}专业: {s1.major}, 成绩: {s1.score}")
```

程序运行结果:

```
张三专业为: 软件工程
张三专业为: 计算机, 成绩为: 93
```

## 6.3.2　类方法

类方法通常用于定义与类相关,而与具体对象无关的操作。在进行类方法定义时,一般需要添加@classmethod 装饰器。类方法的第一个参数必须为 cls 参数,表示当前类。

类方法定义语法如下。

```
def 类方法名(cls,[形参列表]):
    方法体
```

类方法只能访问类变量,不能访问实例变量。

使用类方法时,既可以通过"实例名.类方法名"来调用,也可以通过"类名.类方法名"来调用。

【示例 6.7】　类方法定义和调用。

```
1    class A:                                    #定义类 A
2        name = 'A'                              #类属性
3
```

```
4        def __init__(self, name):              #初始化方法,实例方法
5            self.name = name                    #实例属性
6
7        @classmethod                            #定义类方法
8        def get_name(cls):
9            return cls.name
10
11   print(f"类 A 的类属性 name 为: {A.get_name()}")      #调用类方法
12   b = A("类 B")
13   print(f"实例 b 的类属性 name 为: {b.get_name()}")     #调用类方法
14   b.name = "B"
15   print(f"实例 b 的实例属性 name 为: {b.name}")         #调用实例属性
```

程序运行结果:

```
类 A 的类属性 name 为: A
实例 b 的类属性 name 为: A
实例 b 的实例属性 name 为: B
```

### 6.3.3  静态方法*

除了类方法和实例方法外,静态方法也是一种常用的类方法,它主要作为一些工具方法使用,通常与类和对象无关。

在申明时,静态方法前需要添加@staticmethod 装饰器,形式上与普通函数无区别。但静态方法只能访问属于类的成员,不能访问属于对象的成员。使用静态方法时,既可以通过"对象名.静态方法名"来访问,也可以通过"类名.静态方法名"来访问。

静态方法定义语法如下。

```
@staticmethod
def 静态方法名([形参列表]):
    方法体
```

【示例 6.8】 静态方法定义和调用。

```
1    class A:                                   #定义类 A
2        name = 'A'                             #类属性
3
4        def __init__(self, name):              #初始化方法,实例方法
5            self.name = name                   #实例属性
6
7        @staticmethod                          #定义静态方法
8        def get_name():
9            return A.name
10
11   print(f"类 A 的类属性 name 为: {A.get_name()}")      #调用静态方法
12   b = A("类 B")
13   print(f"实例 b 的类属性 name 为: {b.get_name()}")     #调用静态方法
14   b.name = "B"
15   print(f"实例 b 的实例属性 name 为: {b.name}")         #调用实例属性
```

程序运行结果：

> 类 A 的类属性 name 为：A
> 实例 b 的类属性 name 为：A
> 实例 b 的实例属性 name 为：B

### 6.3.4　构造方法和初始化方法 *

前面讲过，当创建类对象时，需要先定义类，然后才能创建类对象，这涉及类的两个特殊方法：\_\_new\_\_()和\_\_init\_\_()。

这两个方法用于创建并初始化一个类对象。当实例化一个类对象时，最先被调用的是\_\_new\_\_()方法。\_\_new\_\_()方法创建完对象后，将该对象传递给\_\_init\_\_()方法中的 self 参数。而\_\_init\_\_()方法是在对象创建完成之后，用于初始化对象状态。这两个方法都是在实例化对象时被自动调用的，不需要程序显式调用。

\_\_new\_\_()方法至少需要一个 cls 参数，用于表示需要实例化的类，且该方法还必须要有返回值，用来返回实例化对象。如果类定义中没有提供\_\_new\_\_()方法，将自动调用从父类或 object 类继承而来的\_\_new\_\_()方法。Python 所有的类都直接或间接继承自 object 类，它是所有类的基类。

\_\_init\_\_()方法需要有一个参数 self，该参数就是\_\_new\_\_()方法返回的实例对象。若\_\_new\_\_()方法没有正确返回当前类 cls 的实例对象，那么\_\_init\_\_()方法将无法被正常调用。\_\_init\_\_()方法在\_\_new\_\_()方法的基础上完成一些初始化工作，不需要返回值。

如果在类定义中未提供\_\_init\_\_()方法，Python 将默认调用父类或 object 类的初始化方法。

**【示例 6.9】**　构造方法和初始化方法。

```
1    class A:
2        def __new__(cls, * args, * * kwargs):      #定义类的构造方法
3            print("调用__new__方法构造对象")
4            #如果注释下行代码,则无法进行初始化
5            return super().__new__(cls)             #调用父类的__new__()方法
6
7        def __init__(self, name):                   #定义类的初始化方法
8            self.name = name
9            print("调用__init__方法初始化对象")
10
11       def show(self):
12           print(f"Class {self.name}")
13
14   a = A("A")
15   a.show()
```

程序运行结果：

```
调用__new__方法构造对象
调用__init__方法初始化对象
Class A
```

在实际编程时,一般只需要定义__init__(),并且不对__new__()和__init__()进行严格概念区分,有时将它们统称为构造方法或初始化方法。

**思考与练习**

6.13  Python 中类的方法与类的属性相似,也包含对应的_____方法和_____方法。

6.14  请说明实例方法和类方法的区别。

6.15  判断题:调用类方法时,可以通过"类名.类方法名"来调用,但不可以通过"对象名.类方法名"来调用。

6.16  对示例 6.8 进行修改,为 get_name()方法添加 self 参数或 cls 参数,查看程序运行结果,理解静态方法的作用及含义(进阶)。

6.17  判断题:Python 类中有两个特殊的方法,__init__()和__new__(),分别为类的初始化方法和构造方法,调用顺序为先调用__init__(),再调用__new__()方法(进阶)。

# 6.4  类的继承

视频讲解

## 6.4.1  类的继承方式

继承是创建新类的一种方式,在 Python 中,新建的类可以继承一个或多个父类。父类称为基类或超类,新建的类称为派生类或子类。

子类可以继承父类的公有成员,但不能继承其私有成员,子类可以定义自己的属性和方法。如果需要在子类中调用父类的方法,可以使用"super().方法名()"或者通过"基类名.方法名()"的方式来实现。

类的继承语法格式如下。

```
class 子类名(父类1, 父类2, …, 父类n):
    类体
```

父类可以只有一个、多个或者没有,使用类的实例对象调用一个方法时,若在子类中未找到该方法,则会从左到右查找父类中是否包含该方法。

如果在类定义时没有指定父类,则可以省去类名后面的圆括号,这时默认其父类为object 类。

## 6.4.2  object 类

object 类是 Python 所有类的基类,如果定义一个类时,没有指定继承自哪个类,则默认继承自 object 类。object 类中定义的所有方法名都是以两个下画线开始、以两个下画线结束,比较重要的方法有\_\_new\_\_()、\_\_init\_()、\_\_str\_\_()、\_\_eq\_\_()和\_\_dir\_\_()等。

其中,\_\_new\_\_()和\_\_init\_()作用前面已经介绍过,其他几个方法的作用如下。

(1) \_\_str\_\_()方法:返回一个描述该对象的字符串。默认情况下,它返回该对象所属的类名,以及该对象的内存地址(十六进制形式)组成的字符串。

(2) \_\_eq\_\_()方法:用于比较两个对象值是否相等,默认比较两个对象是否指向同一引用,可根据需要重写该方法。使用"=="判断两个对象是否相等时,将会调用该方法。

(3) \_\_dir\_\_()方法:用于显示对象内部所有的属性和方法。

(4) \_\_getattribute\_\_()方法:显示对象所有的属性名和属性值。

## 6.4.3　类方法重写

当父类方法不能满足子类的需求时,则可以在子类中重写父类的方法,也就是在子类中写一个与父类方法相同名称的方法。

【示例 6.10】　类方法重写。

```
1   class Person:
2       """描述普通人的类"""
3       def __init__(self, name, age):
4           self.name = name
5           self.age = age
6
7       def working(self):
8           print(f"{self.name}正在工作!")
9
10      def show(self):
11          print(f"姓名: {self.name}")
12          print(f"年龄: {self.age}")
13
14
15  class Student(Person):                  #Student 继承 Person 类
16      """描述学生的类"""
17      def __init__(self, name='张三', age='20',
18                  major='计算机'):
19          super().__init__(name, age)     #调用父类初始化方法,常规用法
20          self.major = major
21
22      def show(self):                     #重写父类方法
23          #Person.show(self)              #该代码与下行代码作用类似
24          super().show()                  #调用父类方法
25          print(f"专业: {self.major}")     #添加额外行为
26
27  stu_a = Student(major="软件工程")
28  stu_a.working()
29  stu_a.show()
```

程序运行结果：

张三正在工作！
姓名：张三
年龄：20
专业：软件工程

视频讲解

### 6.4.4　多重继承时的调用顺序*

创建子类对象时，会默认按子类定义时所继承的父类顺序创建所有的父类对象，即调用父类的__new__()方法，但并不会调用所有父类的__init__()方法。

如果子类没有提供自己的__init__()方法，将会默认调用第一个父类的__init__()方法，如果子类提供了__init__()方法，则默认不会调用父类的__init__()方法。此时，继承自父类的成员变量将无法初始化，因此，通常会在子类的 __init__() 方法中，显式调用父类的__init__() 方法。

【示例 6.11】　类的多重继承调用顺序。

```
1    class A:                        #定义类 A
2        def __new__(cls, * args, **kwargs):
3            print("创建类 A 的对象")
4            return super().__new__(cls)
5
6        def __init__(self):
7            self.count = 5
8            self.num = 15
9            print("类 A 的初始化")
10
11       def show(self):
12           print("类 A 的 show()方法")
13
14       def test(self):
15           print("类 A 的 test()方法")
16
17
18   class B:                        #定义类 B
19       def __new__(cls, * args, **kwargs):
20           print("创建类 B 的对象")
21           return super().__new__(cls)
22
23       def __init__(self):
24           self.count = 10
25           self.num = 20
26           print("类 B 的初始化")
27
28       def show(self):
29           print("类 B 的 show()方法")
30
```

```
31
32    class C(B, A):        #定义类 C,并顺序继承类 B 和类 A
33        pass
34
35
36    c = C()
37    c.show()     #调用 c.show()方法
38    c.test()     #调用 c.test()方法
39    print("num: ", c.num)
40    print("count: ", c.count)
```

程序运行结果:

```
创建类 B 的对象
创建类 A 的对象
类 B 的初始化
类 B 的 show()方法
类 A 的 test()方法
c.num: 20
c.count: 10
```

提示:读者也可尝试修改类 C 的父类继承顺序,观察程序运行结果有何不同。

对于支持类继承的编程语言来说,类的方法可能定义在当前类,也可能继承自基类,因此在方法调用时,就需要对当前类和基类进行搜索以确定方法所在的位置。类的方法的搜索顺序,就是所谓的"方法解析顺序"(MRO,Method Resolution Order)。对于单继承的类来说,MRO 一般比较简单,就是从当前类开始,依次向上搜索它的父类;而对于多重继承的类来说,MRO 就复杂一些。Python 类的方法搜索顺序如图 6.1 所示。

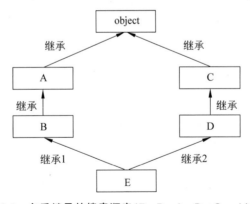

图 6.1　多重继承的搜索顺序(E→B→A→D→C→object)

### 6.4.5　对象的复制*

如果使用赋值符号"="将类对象赋值给某个变量,此时并不会重新创建一个对象,而是将类对象的引用赋给该变量,此时对类对象的修改会在该变量上反映出来。

如果要复制类对象,那么可用 copy 模块的 copy()函数,如 b=copy.copy(a),此时 a

和 b 对象内容相同,但是引用不同。但 copy()函数是浅复制,只复制当前对象,不会复制对象内部的其他对象。如果要递归复制对象中的其他对象,可用 copy 模块的 deepcopy()函数进行深度复制,如 b＝copy.deepcopy(a)。此时,b 完全复制了 a 对象及其子对象,a 和 b 是完全独立的两个对象。

**【示例 6.12】** 类对象的深度复制和浅复制。

```
1    import copy                            #加载 copy 模块
2
3    class Birthday:                        #创建 Birthday 类
4        def __init__(self, year, month, day):
5            self.year = year
6            self.month = month
7            self.day = day
8
9
10   class Person:                          #创建 Person 类
11       def __init__(self, name, birth):
12           self.name = name
13           self.birth = birth
14
15
16   birth1 = Birthday(2008, 5, 12)         #生成 Birthday 类的实例
17   p1 = Person("李四", birth1)            #生成 Person 类的实例 p1
18   birth2 = Birthday(2008, 5, 12)
19   p2 = Person("李四", birth2)            #生成 Person 类的实例 p2
20   p3 = p1                                #将 p3 指向 p1 的引用
21   p4 = copy.copy(p1)                     #变量 p4 为 p1 的浅复制
22   p5 = copy.deepcopy(p1)                 #变量 p5 为 p1 的深度复制
23
24   print(id(birth1))                      #打印 birth1 对象的 ID
25   print(id(birth2))                      #打印 birth2 对象的 ID
26
27   print("p1 == p2: ", p1 == p2)
28   print("p1 == p3: ", p1 == p3)
29   print("p1 == p4: ", p1 == p4)
30   print("p1 == p5: ", p1 == p5)
31
32   print("p1.name == p2.name: ", p1.name == p2.name)
33   print("p1.name == p3.name: ", p1.name == p3.name)
34   print("p1.name == p4.name: ", p1.name == p4.name)
35   print("p1.name == p5.name: ", p1.name == p5.name)
36
37   print("p1.birth == p2.birth: ", p1.birth == p2.birth)
38   print("p1.birth == p3.birth: ", p1.birth == p3.birth)
39   print("p1.birth == p4.birth: ", p1.birth == p4.birth)
40   print("p1.birth == p5.birth: ", p1.birth == p5.birth)
```

程序运行结果:

```
2038350758096
2038350758160
p1 == p2: False
p1 == p3: True
p1 == p4: False
p1 == p5: False
p1.name == p2.name: True
p1.name == p3.name: True
p1.name == p4.name: True
p1.name == p5.name: True
p1.birth == p2.birth: False
p1.birth == p3.birth: True
p1.birth == p4.birth: True
p1.birth == p5.birth: False
```

在这个程序中,p1 和 p3 指向同一对象。p4 是 p1 的浅复制,只复制当前对象内容,但不复制对象内部的对象,birth 仍然指向同一对象引用。p5 是 p1 的深度复制,对内部对象执行递归复制,此时 birth 指向不同对象引用。

除此之外,Python 还提供了一些方法和属性,用于查看类对象属于哪个类,包含哪些属性或方法等。

【示例 6.13】  类的属性和方法查看(接示例 6.12)。

```
1    from ch06_12 import Birthday, Person    #导入 Birtyday, Person 类
2
3    birth1 = Birthday(2008, 5, 12)           #创建 Birthday 类对象
4    p1 = Person("李四", birth1)              #创建 Person 类对象
5
6    print(issubclass(Birthday, Person))      #判断 Birtyday 是否为 Person 类的子类
7    print(Person.__bases__)                  #查看 Person 类的父类
8    print(isinstance(p1, Person))            #判断 p1 是否为 Person 类的实例
9    print(p1.__class__)                      #查看实例 p1 的类
10   print(hasattr(p1, "__init__"))           #判断 p1 是否包含__int__()方法
```

程序运行结果:

```
False
(<class 'object'>,)
True
<class 'ch06_12.Person'>
True
```

**思考与练习**

6.18  判断题:在 Python 中,新建的类可以继承自一个或多个父类,父类又可称为基类或超类,新建的类称为派生类或子类。子类可以继承父类的公有成员,但不能继承其

私有成员。

6.19　判断题：如果在类定义时没有指定父类,则默认其没有父类。

6.20　对示例6.10程序Student类的show()方法重写,使用其他方式调用父类的show()方法。要求程序运行结果不变。

6.21　画出示例6.11的代码c＝C()的父类构造方法及初始化方法的调用顺序(进阶)。

6.22　构建一个3～4层嵌套的列表,使用copy.copy()及copy.deepcopy()复制它,理解其与类对象浅复制和深度复制的异同。

视频讲解

## 6.5　类的导入和类编码规则

视频讲解

### 6.5.1　类的导入

根据Python语言的简洁原则,应尽可能让文件内容整洁,功能单纯。因此,应该将类存储在模块(即.py文件)中,然后在主程序中导入需要使用的模块和类。

类的导入,和第6章函数的导入非常相似。

通常来讲,导入类的方式有以下2种。

(1) import module

这种方式用以导入模块,然后使用module.类名的方式调用模块中的类。

(2) from module import class0,class1...

这种方式用以导入模块中的具体类,这时可直接使用类,而无须加上module前缀。

假定示例6.10的两个类Person、Student包含在模块ch06_10.py中。

【示例6.14】　导入模块ch06_10.py中的类。

```
1    import ch06_10                              #导入模块
2
3    s1 = ch06_10.Student()                      #通过模块调用类
4    s1.working()
5
6    from ch06_10 import Person, Student         #直接导入模块中的类
7
8    s2 = Student(name="李四")                    #直接调用类
9    s2.working()
```

程序运行结果:

```
张三正在工作!
李四正在工作!
```

有些类所处的模块并不在当前目录之下,这时需要加载模块的路径,然后再导入所需要使用的类。

假定模块ch06_10.py的存放路径为"D:\Python\Basic_Python\chap_06",那么可使用如下代码导入ch06_10.py中的类。

**【示例 6.15】** 导入非当前路径下的模块 **ch06_10.py** 中的类。

```
1    import sys                                          #导入 sys 库
2    sys.path.append(r"D:\Python\Basic_Python\chap_06")  #加载路径到 path 列表中
3    from ch06_10 import Person, Student                 #直接导入模块中的类
4
5    s1 = Student()                                       #直接调用类
6    s1.working()
```

程序运行结果：

```
张三正在工作！
```

### 6.5.2  类编写规则

类的命名和编写应遵守以下规则指南。

（1）类名应采用驼峰命名法，即类名中每个单词首字母都大写，且不使用下画线连接。

（2）实例名和模块名都采用小写格式，并在单词间加上下画线，即使用蛇形命名法。

（3）对于每个类，应紧跟在类定义后面包含一个文档字符串，这个字符串应简要描述类的功能。

（4）在类中，应使用一个空行来分隔方法。

（5）在同一模块中，应使用两个空行来分隔类。

（6）需要同时导入多个模块时，应先导入标准库模块，再导入扩展库模块，最后导入用户自己编写的模块，这种做法让人更容易明白程序使用的各个模块来自何方。

另外，在进行面向对象项目设计和开发时，初学者可能会存在一些困惑，以下为面向对象项目开发的一些思路。

（1）将有关问题描述记录下来，并给所有的名词、动词和形容词加上标记。

（2）在名词中寻找可能的类。

（3）在动词中寻找可能的方法。

（4）在形容词中寻找可能的属性。

（5）将找出的方法和属性分配给各个类。

## 6.6  本章小结

面向对象编程是一种对现实世界理解和抽象的方法，是目前最有效的软件编写指导思想之一。面向对象编程的三个特点：封装（信息隐藏）、继承和多态。

类是面向对象编程的核心概念，对象是类的实例化。

类可以拥有不同的变量类型，分别为实例变量、类变量。

对于类的私有成员或保护成员，一般不允许外部直接访问，为了方便对这些成员进行操作，Python 提供了@property 装饰器把这些成员"装饰"成属性使用。

类的方法大致可分为实例方法和类方法。

另外,静态方法也是一种常用的类方法,它主要作为一些工具方法使用,通常与类和对象无关,静态方法只能访问属于类的成员,不能访问属于对象的成员。

在使用类的继承时,既可以单向继承,也可以多重继承。在使用多重继承时,要了解继承时方法和属性的调用顺序。

在 Python 中,所有类的超类都为 object 类,其包含了__str__()、__eq__()、__dict__()等多个内部方法。在继承类时,子类可以对父类方法进行重写,以实现新的功能和作用。

在进行类对象复制时,如果使用的是赋值运算,则不会产生新的对象,只是将变量指向同一个对象的引用。也可以使用 copy 模块的 copy()方法,进行类对象的浅复制,或使用其 deepcopy()方法进行深度复制,这时候,将完整地复制整个类对象的内容。

在进行类定义和调用时,要遵守类的编写和调用规则。类的导入和函数导入方式类似,可以使用 import module 方式导入,也可以使用 from module import class1,class2…的方式导入。

# 课后习题

## 一、单选题

1. 定义类使用的关键字为( )。

    A. def             B. class             C. CLASS             D. func

2. 以下对于类属性和实例属性,说法正确的是( )。

    A. 类属性可以为所有该类的实例共享

    B. 实例属性可以为所有该类的实例共享

    C. 类属性只能被该类某一个实例使用

    D. 类属性不能被同名实例属性覆盖

3. 对于类的继承,以下表述错误的是( )。

    A. 定义类时,可以不指定该类的父类

    B. 定义类时,如果不指定父类,则表示该类没有父类

    C. 定义类时,可以只指定一个父类

    D. 定义类时,可以指定多个父类

4. p1 为类实例,如果使用代码:p3=copy.copy(p1),则( )。

    A. p1 的全部内容都会复制给 p3         B. p1 和 p3 的引用相同

    C. p3 是 p1 的浅复制                D. p3 是 p1 的深度复制

5. 在导入库时,如果同时存在标准库模块、第三方库模块和用户自定义的模块,则建议( )。

    A. 用户自定义的模块应放在最前面

    B. 第三方库应放在最前面

    C. 标准库模块应放在最前面

    D. 没有具体的要求,可以随意放

**二、填空题**

1. 面向对象程序设计的 3 个基本特征,即_____、_____和_____。

2. 执行代码 a= '30';print(isinstance(a,int))的运行结果为_____。

3. 实例属性在类的内部,通过参数访问_____,在外部通过对象实例访问。

4. 类的继承可分为单向继承和_____。

5. 当创建类对象时,需要先定义类,然后才能创建类对象。这涉及类的两个特殊方法:_____和_____(进阶)。

6. 在进行类名定义时,单词应首字母大写,单词间不分隔,这称为_____。

7. 类对象的复制,如果使用 copy.deepcopy()方法,将对类的内容进行完全复制,这称为_____。

**三、编程题**

1. 设计一个表示圆的类:Circle。要求类包含一个实例成员变量:半径;包含两个方法:求面积的方法、求周长的方法。利用这个类创建半径为 1~10 的圆,并打印出相应的信息。运行效果如图 6.2 所示,结果保留两位小数。

```
圆的半径为: 1,   面积为: 3.14,    周长为: 6.28
圆的半径为: 2,   面积为: 12.57,   周长为: 12.57
圆的半径为: 3,   面积为: 28.27,   周长为: 18.85
圆的半径为: 4,   面积为: 50.27,   周长为: 25.13
圆的半径为: 5,   面积为: 78.54,   周长为: 31.42
圆的半径为: 6,   面积为: 113.10,  周长为: 37.70
圆的半径为: 7,   面积为: 153.94,  周长为: 43.98
圆的半径为: 8,   面积为: 201.06,  周长为: 50.27
圆的半径为: 9,   面积为: 254.47,  周长为: 56.55
圆的半径为: 10,  面积为: 314.16,  周长为: 62.83
```

**图 6.2　程序的运行效果**

2. 阅读下列程序代码,写出代码片段的执行结果。

Test 类的源代码:

```
1    class Test:
2        count = 0
3
4        def __init__(self, num=10):
5            Test.count += 1
6            self.__num = num
7
8        def print(self):
9            print('count =', self.count)
10           print('num = ', self.__num)
```

代码片段①

```
1    t1 = Test(5)
2    t2 = Test(8)
3    t1.print()
4    t2.print()
```

代码片段②

```
1    t1 = Test(5)
2    t2 = Test(8)
3    t1.count = 12
4    t1.print()
5    t2.print()
```

代码片段③

```
1    t1 = Test(5)
2    t2 = Test(8)
3    Test.count = 12
4    t1.print()
5    t2.print()
```

代码片段④

```
1    t1 = Test(5)
2    t2 = Test(8)
3    t1._Test__num = 15
4    t1.print()
5    t2.print()
```

3. 使用装饰器，实现示例 6.5 的 Person 类的私有实例属性__name 的访问和修改（进阶）。

4. 设计一个银行账户类：Account。该类包含三个成员变量：账号、用户名、余额。该类提供三个方法：存款、取款、转账。初始化时，账户余额为 0，取款和转账前需判断余额是否充足，余额不足时，操作失败，打印相关提示信息。如果两个账户账号相同时，则认为它们是同一个账户。打印账户对象时，会显示账号、用户名、余额等基本信息（提示：可重写__eq__方法、__str__方法实现，也可用其他方式实现。程序运行效果如图 6.3 和图 6.4 所示）。

```
a = Account("007", "张三")  # 创建账户
a.put(2000)   # 存款2000
a.get(3000)   # 取款3000
a.get(800)    # 取款800
b = Account(num="009", name="李四")  # 创建账户
a.transform(b, 500)    # 转账500
b.transform(a, 1000)   # 转账1000
```

图 6.3　创建账户及存取款代码示例

5. 除了函数编码风格和类编码风格外，请读者自行查阅 PEP 8 的编程规范，看看Python 还有哪些常见的编码规范。

6. 创建一个 Restaurant 类，存储在一个.py 文件（模块）中。在另一个文件中，导入Restaurant 类，创建 Restaurant 实例，并调用 Restaurant 的一个方法，以确认 import 语句导入类正确无误。

账户创建成功，　账号为：**007**，　用户名为：张三，　余额为：**0** 元
成功存入 **2000** ，账号为：**007**，　用户名为：张三，　余额为：**2000** 元
余额不足，取款失败，请调整取款金额！
成功取走 **800** ，账号为：**007**，　用户名为：张三，　余额为：**1200** 元
账户创建成功，　账号为：**009**，　用户名为：李四，　余额为：**0** 元
账号 **007** 向账号 **009** 成功转了 **500**
账号为：**007**，　用户名为：张三，　余额为：**700** 元
账号为：**009**，　用户名为：李四，　余额为：**500** 元
余额不足，转账失败，请调整转账金额！

**图 6.4　程序运行效果**

7. 模块 random 包含多种生成随机数的函数，其中 randint( )返回一个指定范围内的整数。如 x＝randint(1,6)返回一个 1～6 的整数。请创建一个 Dice 类，它包含一个 sides 属性，该属性值默认为 6。为该类编写一个 roll_dice( )方法，它打印位于 1 和骰子面数之间的随机数。创建一个 6 面的骰子，求掷 10 次骰子的点数总和。另外，再创建一个 10 面和 20 面的骰子，分别求掷 10 次骰子的点数总和。

常见问题解答

# 异 常 处 理

对于程序开发人员来说,程序出错是不可避免的。例如,要使用英文半角符号却错误地使用了中文全角符号、变量命名和函数命名不符合标识符命名规则、让整数和字符串执行相加操作、索引下标越界等。当程序报错时,程序会强制退出,并且会在控制台打印错误信息和提示信息。不同错误的解决方案是不一样的,本章将介绍 Python 中常见的错误、异常以及异常处理机制。

视频讲解

## 7.1 错误和异常

一般来讲,错误主要是语法错误,而异常是语法正确但是在程序运行过程中出现的一些问题。对于语法错误,必须在程序执行前进行人为修改;而对于异常,则可以通过程序进行控制。

### 7.1.1 错误

错误通常可分为语法错误和逻辑错误。语法错误是源代码中的拼写不符合解释器和编译器所要求的语法规则。一般集成开发工具中都会直接提示语法错误,编译时会提示 SyntaxError。语法错误必须在程序执行前改正,否则程序无法运行。逻辑错误是程序代码可执行,但执行结果不符合要求。例如求两个数中的最大数,返回的结果却是最小数。

常见的语法错误有:

- 需要使用英文半角符号的地方用了中文全角符号;
- 变量、函数等命名不符合 Python 标识符规范;
- 条件语句、循环语句、函数定义后面忘了写冒号;
- 位于同一层级的语句缩进不一致;
- 判断两个对象相等时,使用一个等号而不是两个等号;
- 语句较为复杂时,括号的嵌套层次错误,少了或多了左/右括号;
- 函数定义时,不同类型参数之间的顺序不符合要求。

### 7.1.2 异常

异常是程序语法正确,但执行中因一些意外而导致的问题,异常并不一定会发生。例如两个数相除,只有当除数为 0 时才会发生异常。

当程序运行发生异常时,Python 解释器都会创建一个异常类实例。如果用户编写了处理该异常的代码,程序将继续运行;如果未对异常进行处理,程序将停止运行,并显示一个 Traceback,其中包含有关异常的报告。Traceback 是一个程序执行出错反向跟踪序列,也称为错误跟踪栈。

**【示例 7.1】**　两整数相除小程序。

```
1    print("整数相除小程序")
2    print("按'q'键退出")
3
4    while True:                          #让程序不断的循环,除非用户输入'q'终止
5        num1 = input("请输入被除数: ")      #让用户输入被除数
6        num2 = input("请输入除数: ")        #让用户输入除数
7        if num1=='q' or num2=='q':
8            break
9        result = int(num1) / int(num2)    #得到两整数相除结果
10       print(f"{num1}/{num2} = {result}")
```

程序运行结果 1:

```
整数相除小程序
按'q'键退出
请输入被除数: 10
请输入除数: 5
10/5 = 2.0
请输入被除数: 10
请输入除数: 0
Traceback (most recent call last):
  File "D:\Python\Basic_Python \chap07\ch07_01.py", line 9, in <module>
    result = int(num1) / int(num2)

ZeroDivisionError: division by zero
```

程序运行结果 2:

```
整数相除小程序
按'q'键退出
请输入被除数: 10
请输入除数: 5
10/5 = 2.0
请输入被除数: 10
请输入除数: w
Traceback (most recent call last):
  File "D:\Python\Basic_Python \chap07\ch07_01.py", line 9, in <module>
    result = int(num1) / int(num2)

ValueError: invalid literal for int() with base 10: 'w'
```

上述两次程序运行过程中都抛出了对应的异常信息。在程序运行结果 1 中,输入了除数 0,程序抛出了除数为 0 的异常,即 ZeroDivisionError,程序终止运行。在程序运行结果 2 中,输入的除数为字母'w',程序抛出了值异常,即 ValueError。其中,invalid literal for int() with base 10:'w'是异常解释信息,表示 int()方法无法对字母'w'进行转

换。Traceback 报错的第 2 行,File "D:\Python\ Basic_Python \chap07\ch07_01.py",line 9,in <module>,指出了异常发生的位置,即程序的第 9 行出现了异常。

**思考与练习**

7.1 请解释什么是错误。

7.2 请解释什么是异常。

7.3 判断题:当出现语法错误时,必须在程序执行前改正错误,否则程序无法运行。

7.4 常见的语法错误有哪些?

7.5 当程序出现异常时,将停止运行,抛出一个 Traceback。请观察程序,并对 Traceback 的作用进行分析说明。

## 7.2 异常处理机制

视频讲解

上一节通过程序示例展示了代码出现异常的情况。可以看出,程序一旦出现异常,将会终止运行,并会打印出异常的堆栈信息。这对于用户来讲可能会产生不好的体验。因此,一般的程序都应提供异常处理机制,通过异常处理机制捕获异常,然后对异常进行处理,以一种更友好的方式让用户使用程序,而不是直接让程序终止。

### 7.2.1 异常处理结构

异常处理是程序设计时考虑到可能出现的意外情况而做的一些额外操作。例如,当执行两个数相除时,如果用户输入的除数为 0,则提示用户除数不能为 0,让用户重新输入,而不是直接终止程序。

在进行异常处理时,通常将可能发生异常的代码块放在 try 语句中,然后通过 except 语句来捕获可能发生的异常,并进行相关处理。如果没有发生异常,则正常执行后续的代码块。

Python 提供了 3 种异常处理结构,分别为 try…except…,try…except…else…,try…except…else…finally…结构。接下来将详细介绍这几种异常处理结构。

**1. try…except…异常处理结构**

这是 Python 异常处理的最基本的结构,语法如下。

```
try:
    语句块
except 异常名称 1:
    处理异常的代码块
    ⋮
except 异常名称 n:
    处理异常的代码块
    ⋮
```

在程序示例 7.1 中,程序运行分别产生了 ZeroDivisionError 和 ValueError,下面通过异常捕获来对这两种异常情况进行处理。

【示例 7.2】　对示例 7.1 进行异常处理。

```
1     print("整数相除小程序")
  ⋮        ⋮
7       if num1=='q' or num2=='q':
8           print("程序结束.")
9           break
10      try:                                    #将可能产生异常的语句放入 try 语句
11          result = int(num1) / int(num2)
12      except ZeroDivisionError:               # 对 ZeroDivisionError 捕获,并处理
13          print("除数不能为 0, 请重新输入")
14      except ValueError as v:                 # 对 ValueError 捕获,并处理
15          #print(v)
16          print("输入必须为数字, 请重新输入")
17      print(f"{num1}/{num2} = {result}")  #打印结果
```

程序运行结果:

```
整数相除小程序
按 'q'键退出
请输入被除数: 10
请输入除数: 5
10/5 = 2.0
请输入被除数: 10
请输入除数: 0
除数不能为 0, 请重新输入
10/0 = 2.0    #该结果存在逻辑问题,后面会处理
请输入被除数: 10
请输入除数: w
输入必须为数字, 请重新输入
10/w = 2.0    #该结果存在逻辑问题,后面会处理
请输入被除数: q
请输入除数: q
程序结束.
```

对 try…except…异常处理结构的说明如下。

(1) try 子句中可含多条语句,如果未发生异常,语句依次执行;如果发生异常,则忽略异常发生处后面的语句,转向 except 语句执行。

(2) try 子句后可接多个 except 语句,分别用来处理不同类型的异常。发生异常时,按照 except 语句顺序从上到下依次匹配,如果匹配到所捕获的异常类,则执行该 except 子句中的代码块。异常处理结束后,不再匹配后面的 except 语句,即最多只有一个 except 子句会执行。

(3) 一个 except 子句可同时处理多个异常,这时可将多个异常名称放在一个元组中。例如 except(异常名称 1,异常名称 2,…)。

(4) except 子句的顺序会影响程序的执行结果,如果异常之间存在包含关系,通常应将范围小的异常放在前面,范围大的异常放在后面。

(5) 如果所有 except 语句都不匹配,那就相当于未捕获异常,此时将采用默认处理方式,程序终止,打印异常堆栈信息。因此,通常会让最后一个 except 不指定异常名称,或

指定异常名称为 Exception，Exception 是所有异常类的基类。此时，程序可处理所有的异常。

**2. try…except…else…异常处理结构**

视频讲解

在程序示例 7.2 中，其第 17 行代码无论是否发生异常，都会执行。因此，产生了程序运行结果的逻辑问题，即除数为 0 或除数为非数字字符时，都会打印两数相除结果。正常的程序逻辑应是程序没有发生异常时，才打印两数相除结果。这就需要借助于 try…except…else…结构，其语法结构如下。

```
try:
    语句块
except 异常名称 1:
    处理异常的代码块
    ⋮
except 异常名称 n:
    处理异常的代码块
else:
    语句块
    ⋮
```

【示例 7.3】 对示例 7.2 使用 try…except…else…结构修正。

```
1    print("整数相除小程序")
⋮      ⋮
10     try:                          #将可能产生异常的语句放入 try 语句
11         result = int(num1) / int(num2)
12         #print(f"{num1}/{num2} = {result}")        #打印两数相除结果
13     except ZeroDivisionError:     #对 ZeroDivisionError 捕获,并处理
⋮      ⋮
18     else:
19         print(f"{num1}/{num2} = {result}")         #打印两数相除结果
```

程序运行结果：

```
整数相除小程序
按'q'键退出
请输入被除数: 10
请输入除数: 5
10/5 = 2.0
请输入被除数: 10
请输入除数: 0
除数不能为 0, 请重新输入
请输入被除数: 10
请输入除数: w
输入必须为数字, 请重新输入
请输入被除数: q
请输入除数: q
程序结束.
```

对 try…except…else…异常处理结构的说明如下。

（1）与 try…except…结构相比，该结构多了一个 else 子句。如果 try 子句中没有出现异常，且没有 return 语句，则会执行 else 子句。

（2）else 语句不能独立存在，必须放在 except 语句之后，且与 except 语句互斥执行。

（3）else 语句中的内容也可以直接放在 try 语句的最后，效果是等价的。如示例 7.3 的第 12 行代码，就与第 18、19 行代码执行效果等价。但使用 else 语句，逻辑会更清楚。

### 3. try…except…else…finally…异常处理结构

该异常处理结构是最完全的异常处理结构，其 finally 中的语句块不管是否发生异常，都会被执行，因此，finally 语句块常被用于做一些程序的收尾工作。

视频讲解

try…except…else…finally…异常处理语句的语法结构如下。

```
try:
    语句块
except 异常名称 1:
    处理异常的代码块
    ⋮
except 异常名称 n:
    处理异常的代码块
else:
    语句块
finally:
    语句块
    ⋮
```

视频讲解

**【示例 7.4】** 对示例 7.3 使用 **try…except…else…finally…** 结构，计算程序执行次数。

```
1    print("整数相除小程序")
2    print("按'q'键退出")
3    total = 0
⋮    ⋮                                          #执行 while 循环
18       else:
19           print(f"{num1}/{num2} = {result}")    #打印两数相除结果
20       finally:                                  #finally 语句块
21           total += 1
22           print(f"程序运行第{total}次.")
```

程序运行结果：

```
...
请输入除数: 5
10/5 = 2.0
程序运行第 1 次.
...
除数不能为 0, 请重新输入
程序运行第 2 次.
...
程序运行第 3 次.
...
程序结束.
```

对 try…except…else…finally…异常处理结构的说明如下。

（1）在该异常处理结构中，无论程序是否发生异常，都会执行 finally 子句。它主要用来做收尾工作，如关闭之前打开的文件或数据库，释放其所占用的资源。

（2）try 子句不能独立存在，后面必须要有 except 子句或 finally 子句。

（3）若 try 或 except 中存在 break、continue 或 return 语句，finally 子句将在这些语句执行前执行。

（4）如果 finally 子句包含 return 语句，则优先执行 finally 中的 return 语句，函数返回值为 finally 子句中 return 语句的返回值。

## 7.2.2 抛出自定义异常

常见异常类

Python 提供了许多异常类，用于在程序运行出现异常情况时产生相关的异常实例。常见的异常如表 7.1 所示。

表 7.1 常见异常及其含义

| 异 常 名 称 | 含 义 |
| --- | --- |
| IndexError | 下标索引越界。例如列表 x 中包含三个元素，但试图访问 x[3] |
| TypeError | 执行了类型不支持的操作，例如整数＋字符串 |
| KeyError | 键错误，访问字典中不存在的键，关键字参数匹配不到形参变量 |
| ValueError | 类型符合要求，但值不符合要求，例如将字母字符串作为整型使用 |
| NameError | 使用了未定义的变量或函数 |
| ZeroDivisionError | 执行除法时，除数为 0，例如 10/0 |
| AttributeError | 属性错误，试图访问不存在的属性，例如 a 为列表，但试图访问 a.name |
| FileNotFoundError | 无法找到文件，指定的路径下不存在指定文件 |
| ImportError | 模块导入错误 |
| SyntaxError | 语法错误 |

除了系统中提供的异常类之外，还可以根据业务需要自定义异常类。自定义异常类和创建其他类一样，可以直接或间接继承标准异常类，或 Exception 类，Exception 类是所有异常类的基类。

除了程序运行出现异常外，用户也可以通过 raise 关键字主动抛出异常，在 raise 关键字后面指定一个异常实例或者异常类即可。如果传递的是异常类，则会调用无参数的构造方法来实例化对象。如果 raise 关键字后面不指定异常类，则表示抛出的为 Exception 类。

raise 语句和
pass 语句

【示例 7.5】 自定义异常类及主动抛出异常。

```
1    class NewValueError(ValueError):          #自定义异常类
2        def __init__(self, msg):
3            self.msg = msg
4
5    def check_age(age):
6        if age < 0 or age > 120:
```

```
 7              raise NewValueError(f"年龄{age}不符合实际 ")
 8         else:
 9              print("年龄符合要求")
10
11     age = int(input("请输入您的年龄: "))
12     check_age(age)
```

程序运行结果:

```
请输入您的年龄: -18
Traceback (most recent call last):
    File "D:\Python\Basic_Python\chap_07\ch07_05.py", line 20, in <module>
        check_age(age)
    File "D:\Python\Basic_Python\chap_07\ch07_05.py", line 14, in check_age
            raise NewValueError(f"年龄不符合实际")
NewValueError: 年龄-18 不符合实际
```

【示例 7.6】 对示例 7.5 进行异常处理。

```
 ⋮        ⋮
11     age = int(input("请输入您的年龄: "))
12     try:                          #对异常进行捕获
13         check_age(age)
14     except NewValueError as n:     #异常处理
15         print(n)
16         print("请重新输入")
```

程序运行结果:

```
请输入您的年龄: -18
年龄-18 不符合实际
请重新输入
```

如果希望发生异常时,程序暂时什么都不处理,这时可以使用 pass 语句来完成。pass 语句还可以充当占位符,用于其他的程序代码块中,它表示在程序的某个地方什么也没有做,但以后可以加上适当的功能。

**思考与练习**

7.6　判断题:在 try…except…else…异常处理结构中,如果 try 子句出现异常,也会执行 else 子句。

7.7　判断题:在异常处理结构中,无论是否发生异常都会执行 finally 子句。

7.8　判断题:try 子句后面可以有多个 except 子句,分别用来处理不同类型的异常,但最多只有一个 except 子句会执行。

7.9　什么是异常处理? 如何处理异常? 如何抛出异常?

7.10　阅读下面的代码,分析其执行结果。

```
1   try:
2       a = [1, 2, 3, 4, 5]
3       print(a[6])
4       print(a.length)
5   except IndexError:
6       print("抛出异常,下标索引越界!")
7   except AttributeError:
8       print("抛出异常,属性错误!")
9   print("程序执行结束!")
```

## 7.3  断言和警告

对于程序测试和调试来讲,有时需要个性化地抛出异常或警示信息,这时使用断言和警告会比用户自定义异常更加高效。

视频讲解

### 7.3.1  断言

Python 使用 assert 语句来声明断言,用来判断语句是否满足特定的条件,否则抛出异常,这在程序测试和调试时很有帮助。

其语法结构如下:

**assert** 条件表达式, 当结果为 **False** 时显示的字符串

【示例 7.7】 使用断言来判断年龄是否正常。

```
1   age = int(input("请输入您的年龄: "))
2   #判断年龄是否在合理范围,否则抛出异常
3   assert 0<=age<=120, "年龄不符合实际, 您输入的年龄为: {age}"
```

程序运行结果:

```
请输入您的年龄: -18
Traceback (most recent call last):
    File "D:\Python\Basic_Python\chap_07\ch07_07.py", line 9, in <module>
        assert 0<=age<=120, "年龄不符合实际, 您输入的年龄为: {age}"File
AssertionError: 年龄不符合实际, 您输入的年龄为: -18
```

可以看出,示例 7.7 使用断言也达到判断用户输入年龄是否合理的效果。

一般来讲,断言是针对程序员的错误设计的,用于程序代码的测试和调试中。如果程序调试测试结束,则可使用-O 参数,以禁用程序中的断言,从而提高程序运行性能。如在命令提示符中,就可以 python -O ch07_07.py 方式运行示例 7.7,并且禁用程序中的断言。

视频讲解

### 7.3.2  警告

警告与断言的不同之处是它仅仅给出一条警示信息,指出程序可能偏离了正轨,但不会抛出异常,终止程序的运行。要使用警告,可使用模块 warnings 中的 warn()函数。

**【示例 7.8】**　使用警告来判断年龄是否偏离正常。

```
1   from warnings import warn, filterwarnings
2   #filterwarnings("ignore")      #忽略警告信息
3
4   age = int(input("请输入您的年龄: "))
5   assert 0<=age<=120, f"年龄不符合实际, 您输入的年龄为: {age}"
6   if 100<=age<120:
7       warn(f"年龄可能不真实, 您输入的年龄为: {age}")
8
9   print("程序结束.")
```

程序运行结果:

```
请输入您的年龄: 101
    D:\Python\Basic_Python\chap_07\ch07_08.py: 12: UserWarning: 年龄可能不真
实, 您输入的年龄为: 101
    warn(f"年龄可能不真实, 您输入的年龄为: {age}")
程序结束.
```

还可以使用模块 warnings 中的 filterwarnings() 函数来抑制警告,并指定抑制类型,如参数'error'将警告设置为错误级别,而'ignore'则会忽视警告,如示例 7.8 第 2 行代码所示。

**思考与练习**

7.11　判断题:断言只是给出程序的警示信息,不会抛出异常。

7.12　判断题:警告与断言不同,它一般用来表达程序偏离了正轨,但不会终止程序的运行,除非进行警告级别设置。

7.13　当程序调试结束,执行程序时,应使用什么参数禁用程序中的断言?

7.14　判断题:断言和警告一般都用于程序的调试或测试中。

## 7.4　本章小结

本章介绍了错误和异常的概念,重点介绍了 Python 的异常处理机制。在 Python 程序设计中,错误主要是语法错误,也就是程序编写不符合 Python 的语法规范。对于语法错误,程序无法正常运行,必须人工修改语法错误。

常见的语法错误包括需要使用英文半角符号时使用了中文全角符号、括号不匹配、函数参数位置不正确等。而异常是语法正确,但在程序运行过程中因一些意外而导致的问题,异常可能发生也可能不发生。

对于异常,系统的默认处理是直接报错,程序终止运行,然后打印出异常的堆栈信息。常见的异常包括序列的下标索引越界、访问字典中不存在的关键字、对一些数据执行了不支持的类型操作等。

Python 使用 try…except…、try…except…else…、try…except…else…finally… 这三

种异常处理结构进行异常处理。在对异常进行捕获时,顺序为从上到下进行匹配,最多只执行一个 except 语句。除了系统中提供的一些异常之外,也可以根据业务需要,使用 raise 语句抛出自定义的异常。

在程序测试和调试中,有时需要个性化地抛出异常或警示信息,这时使用断言和警告常常会比用户自定义异常更加高效。

# 课后习题

## 一、单选题

1. 在没有导入 math 库的情况下执行代码 math.sqrt(9),解释器将在运行时抛出( )异常。

    A. ValueError                      B. NameError

    C. RuntimeError               D. ImportError

2. 执行代码 a=5/0,解释器将在运行时将抛出( )异常。

    A. NameError                    B. RuntimeError

    C. ZeroDivisionError         D. ReferenceError

3. 如果在程序中试图打开不存在的文件,解释器将在运行时抛出( )异常。

    A. ValueError                      B. ImportError

    C. RuntimeError               D. FileNotFoundError

4. 执行代码 ['a','b','c'] + 'abc',解释器将在运行时将抛出( )异常。

    A. TypeError                       B. IndexError

    C. KeyError                        D. AttributeError

5. 执行代码 a=[1,2,3,4,5]; b=a[5],解释器将在运行时将抛出( )异常。

    A. FloatingPointError          B. IndexError

    C. TypeError                       D. IndexError

6. 执行代码 da={1:"one",2:"two",3:"three"}; da[4],解释器将在运行时将抛出( )异常。

    A. UnicodeError               B. OverflowError

    C. TypeError                       D. KeyError

7. 以下关于 try…except…else…finally…异常处理结构的说法,不正确的是( )。

    A. 有且一定会有一个 except 子句会执行

    B. 不管是否发生异常,finally 子句一定会执行

    C. 只要 try 语句未发生异常,else 子句就一定会执行

    D. 可以使用一个 except 子句,捕获多个异常

## 二、填空题

1. 错误主要是_____,而异常是语法正确,但是在程序运行过程中出现的一些问题。

2. 在 try…except…异常处理结构中,_____语句块用来捕获程序中可能发生的

异常。

3. 在 try…except…else…异常处理结构中,如果没有发生异常,则 else 子句_____
(会/不会)执行。

4. 除了程序执行时,可能会抛出异常外,用户还可以通过_____语句抛出异常。

5. 用户自定义的异常,一般都继承自_____类或其子类。

6. 断言的语法结构为_____。

7. 判断题:使用模块 warnings 中的 warn()函数来给偏离正常轨道的程序给出警示
信息,这时程序会像抛出异常一样终止运行。

### 三、编程题

1. 编写一个程序,要求用户输入 1 个整数。如果输入的不是整数,则让用户重新输
入。示例:第一次输入 abc,第二次输入 12.5,第三次输入 6,执行效果如下。

```
请输入一个整数:abc
输入不符合要求,请重新输入!
请输入一个整数:12.5
输入不符合要求,请重新输入!
请输入一个整数:6
输入正确,你输入的整数为:6
```

2. 编写程序,要求用户连续输入 5 个整数,用空格隔开,最后将这 5 个整数存入列表
并打印输出。要求:如果输入的不是整数,则提示"输入的内容不是整数,请重新输入";
如果输入的整数不足 5 个,则提示"输入的整数不满 5 个,请重新输入"。

3. 定义一个函数,判断三条边 a,b,c 是否能构成一个三角形,如果不能则抛出异常信
息,提示"不能构成三角形!",否则打印出三角形三条边的值。

4. 定义一个函数,对任意 2 个整数进行减法运算,并返回计算结果。当第 1 个数小于
第 2 个数时,抛出异常信息,提示"被减数不能小于减数!"。

5. 编写程序,提示用户输入课程分数信息。如果分数在 0~100 之间,则输出课程成
绩;如果成绩不在该范围内,则抛出异常信息,提示"分数必须在 0~100 之间!",并让用户
重新输入。

6. 编写代码,计算圆的面积。要求用户输入圆的半径作为函数的参数,并返回计算
结果。如果半径为零或负数时,则抛出异常信息,并要求用户重新输入。

7. 定义一个函数,提示用户输入密码。如果密码长度≥8,则返回用户输入的密码;
如果密码长度<8 则抛出异常,并捕获该异常,提示"密码长度不够,请重新输入!",直到
密码长度符合要求为止。

# 第 8 章

# 文　件　操　作

文件操作在程序开发中有着广泛的应用。一个程序项目常常需要数据文件的支持，数据的处理就涉及文件的存取。对于计算量大、业务繁杂的系统，为了避免重复计算，往往也会将程序执行的结果保存到文件中。此外，从互联网下载图片、视频、音频保存到本地也会涉及文件操作。

本章首先讲述常见文本文件读写，然后是 Excel 文件的读写，最后是对文件和文件夹的一些常见操作，例如对文件夹的遍历、创建文件夹等。

视频讲解

## 8.1　文件操作及方法

数据通常以文件的形式存储在磁盘、U 盘等外部存储介质中，要对文件中的数据进行操作时再将存储介质中的文件读取到内存中。文件与存储介质的关系如图 8.1 所示。

根据编码不同，一般可将文件分为两类：文本文件和二进制文件。

文本文件基于字符编码，存储的内容为普通字符串，不包括字体、字号、样式、颜色等信息，可通过文本编辑对其进行显示和编辑。常见的.txt、.py、.csv 文件等都是文本文件。

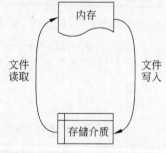

图 8.1　文件与存储介质的关系

二进制文件基于值编码，以字节形式存储数据内容，其编码长度根据值的大小长度可变。二进制文件通常会在文件头部的相关属性中定义表示值的编码长度。常见的视频、音频文件都是二进制文件。

本节先对文本文件的操作进行介绍。

Python 对文本文件的操作通常按照以下三个步骤进行。

视频讲解

（1）使用 open()函数打开（或建立）文件，返回一个 File 对象，如果该文件损坏或因其他原因导致文件无法被打开，将可能抛出 OSError 异常。

（2）使用 File 对象的读/写方法对文件进行读/写的操作。

（3）使用 File 对象的 close()方法关闭文件。

其中，open()函数是存取文件操作的第 1 步，其语法格式如下。

```
open(file, mode='r', buffering=-1, encoding=None, errors=None, newline=
None, closefd=True, opener=None)
```

其参数作用如下。

（1）file：表示要打开的文件名。

（2）mode：文件的打开模式，默认为只读模式 rt。

（3）buffering：设置缓存。

（4）encoding：设置文件的编码，一般使用 UTF-8 编码。

（5）errors：设置编码错误的处理方式（忽略或报错）。

（6）newline：设置新行处理方式。

（7）closefd：设置文件关闭时是否关闭文件描述符。

这些参数中，file 参数是必需的，其他参数都为可选。实际应用中通常传递 3 个参数：file、mode 和 encoding。

在使用 open()函数的 mode 参数时，可设置为下列字符实参或几个字符的实参组合。每个字符实参作用如下。

r：以只读形式打开文件（默认值，可以省略），文件不存在时报错。

w：以只写形式打开文件，文件不存在时，则创建文件，文件存在时会清除原有内容。

x：文件不存在时新建文件并写入，文件存在时则报错。

a：如果文件存在，在文件末尾追加写内容。

t：操作文本文件（默认值，可以省略）。

b：操作二进制文件。

＋：打开文件附加操作符，既可读，也可写，不能单独使用，需和其他字符实参配合使用。

表 8.1 列出了 open()函数的 mode 参数所能接收实参的主要模式组合及其特点。

表 8.1　open()函数 mode 实参的模式组合及其特点

| mode 取值 | 权限 | | | 是否以二进制读写？ | 是否删除原内容？ | 文件不存在时，是否产生异常？ | 文件指针的初始位置？ |
|:---:|:---:|:---:|:---:|:---:|:---:|:---:|:---:|
| | 读 | 写 | 附加 | | | | |
| r | 是 | | | | | 是 | 头 |
| r＋ | 是 | 是 | | | | 是 | 头 |
| rb＋ | 是 | 是 | | 是 | | 是 | 头 |
| w | | 是 | | | 是 | 否，新建文件 | 头 |
| w＋ | 是 | 是 | | | 是 | 否，新建文件 | 头 |
| wb＋ | 是 | 是 | | 是 | 是 | 否，新建文件 | 头 |
| a | | 是 | 是 | | | 否，新建文件 | 尾 |
| a＋ | 是 | 是 | 是 | | | 否，新建文件 | 尾 |
| ab＋ | 是 | 是 | 是 | 是 | | 否，新建文件 | 尾 |

在表 8.1 中，"附加"指从文件末尾开始读写，保留原有内容。"r＋"模式指写多少覆盖多少，未覆盖部分的内容保留；"w＋"模式指覆盖所有内容，最终内容为写入的内容。

在使用 open()函数打开文件后,就可以对文件对象进行读写操作。表 8.2 列出了文件对象的常用操作方法。

表 8.2　文件对象常用操作方法

| 方　法 | 作　用 |
|---|---|
| read([size]) | 默认为文本文件读取,表示读取文件数据,将所有内容作为一个字符串返回;若给定正整数 *n*,将返回 *n* 个的字符(若不足 *n* 个字符,则返回所有内容) |
| readline() | 单独读取文件的一行字符,包括"\n"字符 |
| readlines() | 把文件中的每行字符作为一个元素存入列表中,并返回该列表 |
| write(str) | 默认为文本文件写入,表示写入文本数据,返回值为写入的字节数 |
| writelines([str]) | 列表中每个元素作为一行,逐个写入列表中所有的元素,不会自动换行,没有返回值 |
| close() | 刷新缓冲区里还没写入的信息,并关闭该文件 |
| flush() | 刷新文件内部缓冲区,把内部缓冲区的数据立刻写入文件,但不关闭文件 |
| _next_() | 返回文件下一行 |
| tell() | 返回文件指针的当前位置 |
| seek(offset[,whence]) | 用于移动文件指针到指定位置,offset 为需要移动的字节数;whence 指定从哪个位置开始移动,默认值为 0。0 代表从文件开头开始,1 代表从当前位置开始,2 代表从文件末尾开始。要使用 1、2 参数,打开文件需使用 rb 模式 |

下面分别对文件的读、写和其他操作进行讲解。

## 8.1.1　文件读取

假定在路径 D:\Python\Basic_Python\chap_08\下,存在文本文件 readme.txt。其内容如图 8.2 所示。

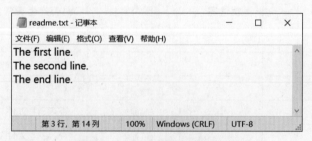

图 8.2　文件与存储介质的关系

下面,通过文件读取方法对其进行操作。

【示例 8.1】　读取文件 readme.txt 的内容。

```
1    path = r"D:\Python\Basic_Python\chap_08\readme.txt"        #指定文件全名
2    f = open(path)                      #1. 打开文件,返回 File 对象 f
3    contents = f.read()                 #2. 读取文件内容
4    print(contents)                     #打印文件内容
5    f.close()                           #3. 关闭文件
```

程序运行结果：

```
The first line.
The second line.
The end line.
```

示例 8.1 用到的是文件打开的基本步骤,即先打开文件,返回文件对象,然后对文件进行操作,最后关闭文件。

open()函数用于打开指定路径的文件,并将其作为 File 对象存储在变量 f 中,然后通过该文件对象对文件内容进行操作。在打开文件时,open()方法未指定 mode 参数值,即使用默认实参 rt。

如果需要读取系统中任意位置的文件,则需要使用绝对路径,这时应以原始字符串方式指定路径,即在路径引号前加上 r,表示不对路径字符串进行转义。

在对文件进行操作时,一般建议使用 with 关键字进行操作。

**【示例 8.2】　使用 with 关键字自动管理文件对象。**

```
1    name = "readme.txt"            #指定文件名
2
3    with open(name) as f:          #使用 with 关键字自动管理打开的文件对象 f
4        contents = f.read(15)      #读取文件中前 15 个字符内容
5        print(contents)
```

程序运行结果：

```
The first line.
```

关键字 with 可自动管理资源,这时不论何种原因跳出 with 代码块,它都能保证文件被正确关闭,且可在代码块执行完毕后自动还原进入该代码块时的现场。因此,不必再显式调用 close()方法关闭文件对象。

**【示例 8.3】　使用 readlines()方法读取文件内容。**

```
1    name = "readme.txt"            #指定文件名
2
3    with open(name) as f:          #使用 with 关键字自动管理打开的文件对象 f
4        lines = f.readlines()      #将文件内容以行为单位返回,结果为列表
5        for line in lines:
6            print(line, end="")    #因为每行内容自带换行,这里 end 参数便不再换行
```

视频讲解

程序运行结果：

```
The first line.
The second line.
The end line.
```

readlines()方法会以行的形式读取文件的内容,返回的结果是以行为元素的列表。

## 8.1.2　文件写入

文件的写入,同样是使用 open()方法,只是需要将其 mode 参数设置为 w、w+、a 或

视频讲解

a＋等实参形式。

【示例 8.4】 使用 write()方法写入文件内容。

```
1    name = "writeme.txt"                    #指定文件全名
2
3    with open(name, 'w') as f:              #使用 open()函数,并指定 w 模式
4        f.write("Writes first line.\n")     #写入文件内容
5        f.write("Writes second line.\n")
6        f.write("Writes end line.")
```

使用 wirte()方法对文件对象写入字符串,并不会自动加入换行符,因此如果需要换行符,得手动添加。程序运行之后,会在当前目录下创建 writeme.txt 文件,其文件内容如下。

```
Writes first line.
Writes second line..
Writes end line.
```

【示例 8.5】 使用 writelines()方法写入文件内容。

```
1    name = "writeme.txt"      #指定文件全名
2    ls = ["Writes first line.\n",  #定义列表
3        "Writes second line.\n",
4        "Writes end line.\n"]
5
6    with open(name, 'w') as f:
7        f.writelines(ls)        #使用 writelines()方法写入文件内容
```

视频讲解

示例 8.5 使用 writelines()方法,对文件 writeme.txt 写入字符串列表 ls 的内容,该方法也不会自动加入换行符。由于 open()函数使用的是 w 参数,因此程序运行之后,会在当前目录下重新创建 writeme.txt 文件,并覆盖原有的文件内容。

### 8.1.3 open()函数的 mode 参数

在对 open()函数的 mode 参数设置时,可设置的实参组合较多,下面对常见的几种实参组合进行讲解。

**1. open(mode="r+")**

mode="r"时,代表的是只读。如果 mode="r+",代表既可以读又可以写。

【示例 8.6】 r＋模式操作文件。

```
1    name = "writeme.txt"                              #打开文件
2
3    with open(name, "r+", encoding="utf-8") as f:     #读取文件内容
4        content = f.read()
5        f.write("后续内容.")
6    print(content)                                    #打印结果
```

程序运行结果:

```
Writes first line.
Writes second line..
Writes end line.
```

由于文件内容既有英文字符，又有中文字符，因此 encoding 参数设置为"utf-8"。打开 writeme.txt 文件，其文件内容如下。

```
Writes first line.
Writes second line..
Writes end line.后续内容.
```

为什么写入内容会自动加入最后一行呢？这是因为在文件读取结束时，指针已经移动到 writeme.txt 文件的末尾，然后再执行写入语句，就会在文件末尾添加内容。

【示例 8.7】　r＋模式操作文件。

```
1    name = "writeme.txt"                        #打开文件,如果文件不存在,则报错
2
3    with open(name, "r+", encoding="utf-8") as f:#使用 r+模式操作文件对象
4        f.write("后续内容.")
```

打开 writeme.txt 文件，其文件内容为

```
后续内容.line.
Writes second line..
Writes end line.后续内容.
```

可以看出，r＋模式既可以读又可以写，它不会直接创建文件，如果文件不存在，则报错。写入文件时，该模式并不会直接清空原有文件的内容，而是采取覆盖操作。

**2. open(mode＝'w＋')**

除了 r＋之外，既可以读又可以写的还有 w＋模式。

【示例 8.8】　w＋模式操作文件。

```
1    name = "writeme.txt"
2
3    with open(name, "w+", encoding="utf-8") as f: #使用 w+模式操作文件对象
4        f.write("后续内容.")
5        f.seek(0)                            #移动文件指针到文件开始位置
6        content = f.read()
7    print(content)
```

程序运行结果：

```
后续内容.
```

open()函数的 w＋模式会自动创建一个新文件，然后写入文件内容，因此即使多次运行该程序，文件打开后的内容会依旧一致。

第 5 行代码 f.seek(0)会将文件指针移至文件开始处，如果注释该行代码，那么文件指针将位于文件末尾，这时读取文件内容为空，打印文件内容也为空。

**3. open(mode="a+")**

使用 a+模式打开文件对象,会首先将文件指针移至文件结尾,然后再写入内容。如果只是 a 模式,将不支持文件读取。

**【示例 8.9】 a+模式操作文件。**

```
1    name = "writeme.txt"
2
3    #如果以 mode="a"模式打开文件,将不支持读取操作
4    with open(name, mode="a+", encoding="utf-8") as fa:   #使用 a+模式操作文件
5        fa.write("追加内容.")              #以追加模式写入内容
6        fa.seek(0)                       #移动文件指针至文件开头
7        contents = fa.read()
8        print(contents)
```

程序运行结果:

```
后续内容.追加内容.
```

使用 a+或 a 模式操作文件对象,如果文件不存在,将创建新的文件,并不会产生报错信息。

**4. open(mode="x")**

使用 x+模式打开文件对象,会首先创建文件。如果文件已经存在,则产生报错信息。如果只是 x 模式,将不支持文件读取。

**【示例 8.10】 x+模式操作文件。**

```
1    name = "writeme1.txt"
2
3    #如果以 mode="x"模式打开文件,将不支持读取操作
4    with open(name, mode="x+", encoding="utf-8") as fx:   #使用 x+模式操作文件
5        fx.write("x模式写入内容.")#写入内容
6        fx.seek(0)      #移动文件指针至文件开头
7        contents = fx.read()
8        print(contents)
```

程序运行结果:

```
x模式写入内容.
```

### 8.1.4  文件对象的其他常用方法

前面的文件读写示例程序中,多次用到了 seek()方法。seek()方法用于移动文件指针,以字节为单位。此外,还有 tell()方法,用于返回当前文件指针的位置,也是以字节为单位。这两个方法经常配合使用。

**【示例 8.11】 使用 seek()和 tell()方法对文件指针进行操作。**

```
1    name = "seek_test.txt"
2
```

```
3     with open(name, 'w') as fs:                    #写入文件内容
4         fs.write("0123456789")                     #写入 10 个英文字符
5         print(f"当前指针位置为：{fs.tell()}")      #文件指针位置 10,1 字符占 1 字节
6         fs.seek(0)                                  #移动文件指针至文件开头
7         fs.write("江西财经大学 jufe")
8         print(f"当前指针位置为：{fs.tell()}\n")    #文件指针位置 16,汉字字符占 2 字节
9
10    with open(name) as fr:
11        content = fr.read(4)                        #读取 4 个字符,1 个汉字字符也是 1 个字符
12        print(f"当前指针位置为：{fr.tell()}")      #文件指针位置 8,汉字字符占 2 字节
13        print(f"读出的内容为：{content}")
14        fr.seek(3)                                  #此时文件指针位于"西"字中间
15        #content = fr.read(4)                        #执行该代码将报错
16        #print(f"当前指针位置为：{fr.tell()}")
17        #print(f"读出的内容为：{content}")
```

程序运行结果：

```
当前指针位置为：10
当前指针位置为：16
当前指针位置为：8
读出的内容为：江西财经
```

在进行文本文件读取时，read()方法会将 1 个汉字字符和 1 个英文字符都作为单个字符来处理，而 seek()和 tell()方法则是以字节为单位，因此在进行转化时要非常注意，否则很容易产生程序错误。

除了文件对象的 write()方法外，print()方法实际上也可以用来向文件写入内容。

【示例 8.12】 使用 print()方法向文件写入内容。

```
1     name = "print_write.txt"
2
3     with open(name, "w+", encoding="utf-8") as fw:     #使用 w+模式返回文件对象
4         print("Print first line.", file=fw)    #写入第 1 行内容,向 fw 文件对象写入
5         print("Print second line.", file=fw)
6         print("Print end line.", file=fw)
7         fw.seek(0)                              #移动文件指针
8         content = fw.read()                     #读出文件的内容
9         print(content)                          #打印文件内容
```

程序运行结果：

```
Print first line.
Print second line.
Print end line.
```

## 思考与练习

8.1 从文件编码角度来看，文件大致可分为哪几类？

8.2 有一个包含中文字符的 test.txt 文件，现在需要以只读方式打开它。下列代码

中( )可以实现该操作。

    A. open("test.txt",mode="r",encoding="utf-8")

    B. open("test.txt",mode="r+",encoding="utf-8")

    C. open("test.txt",mode="r")

    D. open("test.txt",mode="r+")

8.3   同样都是既可以读又可以写的模式,请简述 r+ 和 w+ 模式的区别。

8.4   在对文件对象操作结束后,都需要关闭该文件对象,以防发生错误。Python 提供了 with open()语句来简化文件对象的操作,请问该语句有什么优点?

8.5   简述 Python 对文件的操作步骤。

8.6   使用 open()方法打开文件对象,其 read()方法默认以文本方式读取文件内容,以字符为单位进行读取。而对应的 seek()方法和 tell()方法是用于文件指针操作,它们是以( )为单位进行操作的。

    A. 字节          B. 字符          C. 比特          D. 索引

# 8.2   常见文件的操作

上一节的示例程序,都是对.txt 文本文件的操作。在实际的项目开发中,涉及的文件类型很多,如 JSON 文件、CSV 文件、Excel 文件都是项目开发中常常涉及的文件类型。本节将对 JSON 文件、CSV 文件和 Excel 文件的操作进行介绍。

### 8.2.1   JSON 文件的操作

视频讲解

JSON(JavaScript Object Notation)是一种轻量级的数据交换文件格式,其文件扩展名为 json。

JSON 文件采用完全独立于编程语言的文本格式来存储和表示数据,简洁和清晰的层次结构使它便于用户阅读和编写,同时也易于机器解析和生成,被包括 Python、JavaScript、Java 等众多语言支持。

**1. JSON 文件的数据格式**

JSON 文件采用键值对的方式进行数据存储:"键":"值"。

对于数据的保存格式,JSON 有以下一些约定:

(1) 数据保存在键值对中,键与值用冒号分开。

(2) 键值对之间用逗号分隔。

(3) 花括号用于保存键值对数据组成的对象。

(4) 方括号用于保存键值对数据组成的数组。

下面对本书作者的姓、名、单位采用 JSON 文件格式进行存储,并保存为 authors.json 文件。

**【示例 8.13】** authors.json 文件内容。

```
1    {"本书作者": [              #键为"本书作者",值为数组
2        {"姓氏": "朱",           #列表的两个元素都对应字典形式
```

```
3              "名字": "文强",
4              "单位": "江西财经大学",},
5          {"姓氏": "钟",
6              "名字": "元生",
7              "单位": "江西财经大学",},
8          ]}
```

可以看出,JSON 文件的键值对与 Python 的字典类型非常相似,而数组则与 Python 的列表吻合。因此,Python 可以很方便地对 JSON 类型文件进行操作。

**2. JSON 文件的操作**

Python 标准开发包自带了 JSON 文件处理库 json,只需要导入该库,即可进行 JSON 文件处理。其处理 JSON 文件包含两个过程:编码(encoding)和解码(decoding)。编码是将 Python 数据类型变换成 JSON 格式的过程,解码是解析 JSON 数据,对应到 Python 数据类型的过程,也即序列化和反序列化的过程。json 库的常用操作方法如表 8.3 所示。

视频讲解

表 8.3　json 库的常用操作方法

| 方　　　法 | 作　　　用 |
|---|---|
| dumps(obj,…,ensure_ascii＝True,…,indent＝None,separators＝None,…,sort_keys＝False,**kw) | 将 Python 的数据类型转换为 JSON 格式字符串。其中 obj 可以是列表或字典类型。sort_keys 对字典元素按 key 值进行排序;indent 参数用于增加缩进,使生成的字符串更具可读性;ensure_ascii 默认为 True,为了避免网络传输中因编码不同带来的问题,其采用 Unicode 编码处理非西文字符,如果要使 json 库输出中文字符,可将其设置为 False |
| dump(obj,fp,…,ensure_ascii＝True,…,indent＝None,…,sort_keys＝False,**kw) | 与方法 dumps()功能一致,只是将 JSON 格式字符串,输出到文件对象 fp 中 |
| loads(s,*,…,**kw) | 将 JSON 格式字符串转换为 Python 的数据类型,对应解码过程 |
| load(fp,*,…,**kw) | 读取 JSON 文件,将其中的文件内容转换为 Python 的数据类型,对应解码过程 |

**【示例 8.14】　JSON 格式字符串和 Python 对象的转换。**

```
1    import json
2
3    seasons = ["春天","夏天", "秋天", "冬天"]        #构建一个列表
4    dict1 = dict(enumerate(seasons))               #生成字典 dict1
5    print(f"字典内容: {dict1}")
6
7    str1 = json.dumps(dict1, ensure_ascii=False)    #将字典 dict1 转换为字符串
8    print(f"转换成 json 字符串 str1: {str1}")        #读出文件的内容
9
10   str2 = json.dumps(dict1, ensure_ascii=False,    #将字典 dict1 转换为字符串
11                  sort_keys=True, indent=4)         #并按键排序,保持字符缩进
12   print(f"转换成 json 字符串 str2: {str2}")
```

```
13
14    dict2 = json.loads(str1)                    #将 JSON 格式字符串转换为字典
15    dict3 = json.loads(str2)
16    print(f"dict2 == dict3: {dict2 == dict3}")
```

程序运行结果：

```
字典内容：{0: '春天', 1: '夏天', 2: '秋天', 3: '冬天'}
转换成 json 字符串 str1：{"0": "春天", "1": "夏天", "2": "秋天", "3": "冬天"}
转换成 json 字符串 str2：{
                        "0": "春天",
                        "1": "夏天",
                        "2": "秋天",
                        "3": "冬天"
}
dict2 == dict3: True
```

【示例 8.15】 **JSON 文件内容与 Python 对象的转换。**

视频讲解

```
1     import json
2
3     authors = {"本书作者":[                      #构建一个字典
4         {"姓氏": "朱",                            #生成字典 dict1
5          "名字": "文强",
6          "单位": "江西财经大学",},
7         {"姓氏": "钟",                            #将字典 dict1 转换为字符串
8          "名字": "元生",                          #读出文件的内容
9          "单位": "江西财经大学",},
10        ]}                                       #将字典 dict1 转换为字符串
11                                                 #并按键排序，保持字符缩进
12    fname = "authors.json"
13    with open(fname, "w") as fw:
14        json.dump(authors, fw, ensure_ascii=False)   #将 JSON 格式字符串转换为字典
15
16    with open(fname) as fr:
17        authors = json.load(fr)
18        print(f"作者列表：{authors}")
```

程序运行结果：

```
作者列表：{'本书作者':[{'姓氏': '朱', '名字': '文强', '单位': '江西财经大学'},
{'姓氏': '钟', '名字': '元生', '单位': '江西财经大学'}]}
```

## 8.2.2　CSV 文件的操作*

CSV(Comma-Separated Values)是一种通用的、相对简单的文本文件格式，在商业和科学上应用广泛，尤其适用于程序之间转移表格数据，其文件扩展名为 csv。

**1. CSV 文件的数据格式**

CSV 文件以纯文本形式存储表格数据，纯文本意味着该文件是一个字符序列。CSV

文件由任意数目的记录(以行的形式表现)组成,记录间以某种换行符分隔,每条记录由字段组成,字段间的分隔符是其他字符或字符串,最常见的是逗号。

CSV 文件格式具有以下基本规则:

(1) 纯文本格式,通过单一编码表示字符;

(2) 以行为单位,开头不留空行,行之间没有空行;

(3) 每行表示一个一维数据;

(4) 以逗号(英文,半角)分隔每列数据,列数据为空也要保留逗号;

(5) 对于表格数据,可以包含或不包含列名,包含列名时放在文件第一行。

通常,CSV 所有记录都有完全相同的字段序列。用户可以使用记事本或 Excel 程序来打开 CSV 文件。

图 8.3 展示了一个名为 example.csv 的 CSV 文件内容。

**图 8.3　example.csv 的 CSV 文件内容**

**2. CSV 文件的操作**

Python 标准开发包提供了一个读写 CSV 文件的标准库 csv,其提供了操作 CSV 文件的基本方法,csv.reader()和 csv.writer()。

要读取 CSV 文件数据,需要创建一个 Reader 对象,它可方便地迭代 CSV 文件中的每一行。

**【示例 8.16】　CSV 文件读取。**

```
1    import csv
2
3    file = "examples.csv"
4    with open(file) as fc:                        #打开 CSV 文件
5        csvreader = csv.reader(fc)                 #获得 CSV 的 Reader 对象
6        csvlist = list(csvreader)                  #将其内容转换为列表
7        print(csvlist[: 3])                        #打印前 3 个元素内容
8
9    with open(file) as fc:
10       csvreader = csv.reader(fc)                  #重新获得 Reader 对象
11       for row in csvreader:
12           #通过 line_num 获得行号
13           print(f"Row {str(csvreader.line_num)}, {str(row)}")
```

程序运行结果:

```
[['data', 'items', 'lefts'], ['05/05/2025 13: 34', 'Apples', '73'], ['05/05/2025
3: 41', 'Cherries', '85']]
Row 1, ['data', 'items', 'lefts']
Row 2, ['05/05/2025 13: 34', 'Apples', '73']
Row 3, ['05/05/2025 3: 41', 'Cherries', '85']
Row 4, ['05/06/2025 12: 46', 'Pears', '12']
Row 5, ['05/08/2025 8: 59', 'Oranges', '52']
Row 6, ['05/10/2025 2: 07', 'Apples', '152']
Row 7, ['05/10/2025 18: 06', 'Bananas', '23']
Row 8, ['05/10/2025 2: 36', 'Strawberries', '98']
```

在程序示例 8.16 中,csv 库的 reader()方法将返回一个 Reader 对象,该对象是一个可迭代对象,因此可以通过 list()方法将其转换为列表。该 Reader 对象还拥有一个 line_num 属性,用来生成从 0 开始的行号。Reader 对象生成后,它只能循环使用一次,要再次读取,需重新生成一次。

如果要写入 CSV 文件数据,则需要创建一个 Writer 对象,Writer 对象可以将数据写入 CSV 文件。通过使用 csv.writer()函数可获得 Writer 对象。

【示例 8.17】 CSV 文件写入。

```
1    import csv
2
3    file = "examples.csv"
4    file1 = "write_csv.csv"
5    with open(file) as fc:                              #打开 CSV 文件
6        csvreader = csv.reader(fc)                      #获得 CSV 的 Reader 对象
7        csvlist = list(csvreader)                       #将其内容转换为列表
8
9    #Windows 系统需使用 newline=''参数,否则会产生多余空行
10   with open(file1, 'w', newline="") as fw:            #写入方式打开 CSV 文件
11       csv_writer = csv.writer(fw)
12       for row in csvlist[: 3]:
13           csv_writer.writerow(row)                    #将列表写入 CSV 文件中
```

程序运行结束后,打开 write_csv.csv 文件,其内容如下。

```
data,items,lefts
05/05/2025 13: 34,Apples,73
05/05/2025 3: 41,Cherries,85
```

在 Windows 系统中,以写入方式打开 CSV 文件,需要加上 newline=''参数,否则会产生多余的空行,这是因为 csv 库的 Writer 对象在写入文件行内容时,本身会在行之后再加上换行符。

另外,writerow()方法可接收一个列表参数,列表元素内容为生成的单元格内容,并自动在元素间插入逗号分隔符。

对于一些简单的 CSV 文件数据处理,csv 库的文件处理函数完全可以满足,也很方便。

### 8.2.3　Excel 文件的操作

Excel 文件是一种二进制文件,通常以 xls 或 xlsx 作为文件扩展名,其在数据分析、数据可视化中使用非常频繁。

**1. Excel 文件读写模块的安装**

常用的 Excel 文件操作第三方库有 xlrd(用于读取 Excel 文件)、xlwt(用于向 Excel 文件写入内容)、openpyxl、xlwings 等。

由于 Python 标准开发包中没有自带读写 Excel 文件的库,因此需要安装第三方库来实现对 Excel 文件的操作。本书主要讲述 xlrd 库和 xlwt 库的使用,其安装指令分别为 pip install xlrd 和 pip install xlwt。

**2. Excel 文件读取操作**

安装完 xlrd 模块后,就可以使用该模块进行 Excel 文件的读取操作。使用 xlrd 模块读取 Excel 文件的步骤如下:

(1) 导入模块 xlrd;

(2) 打开 Excel 工作簿对象;

(3) 指定工作簿中的表单对象;

(4) 根据行列序号读取内容。

其涉及的常用方法和属性如表 8.4 所示。

**表 8.4　xlrd 模块读取 Excel 文件的常用方法和属性**

| 方法或属性 | 说　　明 |
| --- | --- |
| xlrd.open_workbook(文件名) | 打开 Excel 文件,返回工作簿对象 |
| sheet_by_index(索引) | 根据索引,获取工作簿对象的表单 |
| sheet_by_name(名称) | 根据名称,获取工作簿对象的表单 |
| nrows | 返回表单对象的行数 |
| ncols | 返回表单对象的列数 |
| cell_value(行序,列序) | 获取表单对象的单元格内容 |
| row_values(行序) | 获取表单对象的某一行内容 |

**注意**:表单索引是从 0 开始,即 0 是第一个表单,1 表示第二个表单。

为了对 Excel 文件操作进行展示,本节构建了如图 8.4 所示的 Excel 文件 schools.xls,其每行内容代表一所学校的信息。

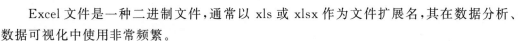

| 招生单位代码 | 招生单位名称 | 所在省份 | 是否985 | 是否211 | 是否自主划线 | 学校类型 |
| --- | --- | --- | --- | --- | --- | --- |
| 10034 | 中央财经大学 | 北京市 | 否 | 是 | 否 | 财经类 |
| 10036 | 对外经济贸易大学 | 北京市 | 否 | 是 | 否 | 财经类 |
| 10037 | 北京物资学院 | 北京市 | 否 | 否 | 否 | |
| 10038 | 首都经济贸易大学 | 北京市 | 否 | 否 | 否 | 财经类 |
| 10040 | 外交学院 | 北京市 | 否 | 否 | 否 | |
| 10041 | 中国人民公安大学 | 北京市 | 否 | 否 | 否 | 政法类 |

**图 8.4　schools.xls 文件内容展示(部分)**

为了方便程序读写操作,需要把该 Excel 文件放在当前目录下。

**【示例 8.18】 Excel 文件读取。**

```
1    import xlrd
2
3    wb = xlrd.open_workbook("schools.xls")     #打开 Excel 文件,返回工作簿对象
4    # sheet = wb.sheet_by_name("Sheet1")        #该代码将以名称方式返回表单对象
5    sheet = wb.sheet_by_index(0)                #按索引方式返回表单对象
6    schools = []
7    for row in range(sheet.nrows) :            #以行为单位读取表单内容
8        school = []
9        for col in range(0, sheet.ncols):      #读取行中每列的内容
10           content = sheet.cell_value(row,col)
11           school.append(content)
12       schools.append(school)                 #将读取到的行、列内容放到列表中
13
14   for school in schools:
15       print(school)
```

程序运行结果:

```
['招生单位代码', '招生单位名称', '所在省份', '是否 985', '是否 211', '是否自主划线',
 '学校类型']
['10001', '北京大学', '北京市', '是', '是', '是', '综合类']
['10002', '中国人民大学', '北京市', '是', '是', '是', '综合类']
['10003', '清华大学', '北京市', '是', '是', '是', '理工类']
......
['90202', '武警工程大学', '陕西省', '否', '否', '否', '军事类']
['90203', '武警后勤学院', '天津市', '否', '否', '否', '']
```

表单对象的行、列索引都是从 0 开始,因此,程序示例 8.18 运行结果第 1 行输出的是标题。如果想从第 2 行开始打印,可以将第 7 行代码改为:for row in range(1,sheet.nrows)。同样地,如果想从第 2 列开始打印,可以将第 9 行代码改为:for col in range(1,sheet.ncols)。

**3. Excel 文件写入操作**

安装完 xlwt 模块后,就可以使用该模块进行 Excel 文件的写操作。使用 xlwt 模块对 Excel 文件执行写操作的步骤如下:

(1) 导入模块 xlwt;

(2) 构造 Excel 工作簿 Workbook;

(3) 为工作簿添加表单 Worksheet;

(4) 根据行列序号写入内容;

(5) 保存为 Excel 文件。

其涉及的常用方法和属性如表 8.5 所示。

视频讲解

表 8.5　xlwt 模块写入 Excel 文件的常用方法和属性

| 方　　法 | 说　　明 |
| --- | --- |
| xlwt.Workbook() | 创建 Excel 文件工作簿对象 |
| add_sheet() | 添加表单(Sheet 类)对象 |
| xlwt.XFStyle() | 定义样式 |
| xlwt.Font() | 定义字体 |
| xlwt.Alignment() | 定义对齐方式 |
| write(行序,列序,内容,样式) | 使用表单对象向单元格添加内容 |
| write_merge(行序 1,行序 2,列序 1,列序 2,内容,样式) | 合并指定范围单元格,并写入内容 |

【示例 8.19】　将示例 8.18 读取的文件内容写入另一个 Excel 文件中,并只写入江西省的高校信息。

```
1     import xlrd
2     import xlwt
3
4     def read_excel(file_name):                          #读取文件内容
5         wb = xlrd.open_workbook(file_name)
6         sheet = wb.sheet_by_index(0)
7         for row in range(sheet.nrows):
8             schools = []
9             for col in range(sheet.ncols):
10                content = sheet.cell_value(row,col)
11                school.append(content)
12            schools.append(school)
13        return schools                                  #提供返回值
14
15    def write_excel(schools):                           #写入文件内容
16        wb = xlwt.Workbook(encoding = "utf-8")          #创建 Excel 工作簿
17        s = wb.add_sheet("江西省高校信息表")              #添加表单
18        style = xlwt.XFStyle()                          #设置样式
19        font = xlwt.Font()                              #设置字体
20        font.bold = True
21        font.height = 300
22        font.colour_index = 4                           #4 蓝色,2 红色,3 绿色
23        alignment = xlwt.Alignment()                    #设置对齐方式
24        alignment.horz = xlwt.Alignment.HORZ_CENTER
25        alignment.vert = xlwt.Alignment.VERT_CENTER
26        style.font = font
27        style.alignment = alignment
28        s.write_merge(0, 0, 0, 6, "江西省高校信息表", style)      #合并写入表头
29        for col in range(7):
```

```
30            s.write(1,col,schools[0][col])
31        row_num = 2
32        for school in schools:
33            if school[2] == "江西省":
34                for col in range(7):
35                    s.write(row_num, col, school[col])
36                    row_num = row_num + 1
37        wb.save("江西省高校信息表.xls")         #保存为 Excel 文件
38
39    school_list = read_excel("schools.xls")
40    write_excel(school_list)
```

执行程序,然后打开新生成的"江西省高校信息表.xls"文件,内容如下。

| 招生单位代码 | 招生单位名称 | 所在省份 | 是否985 | 是否211 | 是否自主划线 | 学校类型 |
|---|---|---|---|---|---|---|
| 10403 | 南昌大学 | 江西省 | 否 | 是 | 否 | |
| 10404 | 华东交通大学 | 江西省 | 否 | 否 | 否 | 理工类 |
| 10405 | 东华理工大学 | 江西省 | 否 | 否 | 否 | 理工类 |
| 10406 | 南昌航空大学 | 江西省 | 否 | 否 | 否 | 理工类 |
| 10407 | 江西理工大学 | 江西省 | 否 | 否 | 否 | 理工类 |
| 10408 | 景德镇陶瓷大学 | 江西省 | 否 | 否 | 否 | 理工类 |
| 10410 | 江西农业大学 | 江西省 | 否 | 否 | 否 | 农林类 |
| 10412 | 江西中医药大学 | 江西省 | 否 | 否 | 否 | 医药类 |
| 10413 | 赣南医学院 | 江西省 | 否 | 否 | 否 | |
| 10414 | 江西师范大学 | 江西省 | 否 | 否 | 否 | |
| 10417 | 宜春学院 | 江西省 | 否 | 否 | 否 | |
| 10418 | 赣南师范大学 | 江西省 | 否 | 否 | 否 | 师范类 |
| 10419 | 井冈山大学 | 江西省 | 否 | 否 | 否 | |
| 10421 | 江西财经学院 | 江西省 | 否 | 否 | 否 | 财经类 |
| 11318 | 南昌工程学院 | 江西省 | 否 | 否 | 否 | |
| 82938 | 中国航空研究院 | 江西省 | 否 | 否 | 否 | |

江西省高校信息表

下面再对示例 8.19 进行扩展,使其可以为多个省份的高校建立相应的表单信息。

【示例 8.20】 对示例 8.19 进行扩展,实现动态添加多个省份的高校信息表。

```
  ⋮    #前面的代码与示例 8.19 一致              ⋮
15    def write_excel(schools,provinces):        #写入文件内容
16        wb = xlwt.Workbook(encoding = "utf-8")
17        for province in provinces:              #循环写入表单
18            s = wb.add_sheet(province + "高校信息表")
19            style = xlwt.XFStyle()
20            font = xlwt.Font()
21            font.bold = True
22            font.height = 300
23            font.colour_index = 4
24            alignment = xlwt.Alignment()
25            alignment.horz = xlwt.Alignment.HORZ_CENTER
26            alignment.vert = xlwt.Alignment.VERT_CENTER
27            style.font = font
28            style.alignment = alignment
29            s.write_merge(0, 0, 0, 6, province + "高校信息表", style)
```

```
30              for col in range(7):      #写入表头
31                  s.write(1,col,schools[0][col])
32              count = 2
33              for school in schools:
34                  if school[2] == province:
35                      for col in range(7):
36                          s.write(count, col, school[col])
37                      count = count + 1
38          wb.save("高校信息表.xls")
39
40      school_list = read_excel("schools.xls")
41      school_names = ["江西省", "湖南省", "北京市"]
42      write_excel(school_list, school_names)
```

执行程序,然后打开新生成的"高校信息表.xls"文件,可以发现里面有三张表单,以"湖南省高校信息表"表单为例进行展示,其内容如下。

| 招生单 | 招生单位名 | 所在省份 | 是否9 | 是否2 | 是否 | 学校类型 |
|---|---|---|---|---|---|---|
| | | | **湖南省高校信息表** | | | |
| 10530 | 湘潭大学 | 湖南省 | 否 | 否 | 否 | 综合类 |
| 10531 | 吉首大学 | 湖南省 | 否 | 否 | 否 | 综合类 |
| 10532 | 湖南大学 | 湖南省 | 是 | 是 | 是 | 综合类 |
| 10533 | 中南大学 | 湖南省 | 是 | 是 | 是 | 综合类 |
| 10534 | 湖南科技大 | 湖南省 | 否 | 否 | 否 | 综合类 |
| 10536 | 长沙理工大 | 湖南省 | 否 | 否 | 否 | 理工类 |
| 10537 | 湖南农业大 | 湖南省 | 否 | 否 | 否 | 农林类 |
| 10538 | 中南林业科 | 湖南省 | 否 | 否 | 否 | 农林类 |
| 10541 | 湖南中医药 | 湖南省 | 否 | 否 | 否 | 医药类 |
| 10542 | 湖南师范大 | 湖南省 | 否 | 否 | 否 | 师范类 |
| 10543 | 湖南理工学 | 湖南省 | 否 | 否 | 否 | |
| 10547 | 邵阳学院 | 湖南省 | 否 | 否 | 否 | |
| 10553 | 湖南人文科 | 湖南省 | 否 | 否 | 否 | |
| 10554 | 湖南商学院 | 湖南省 | 否 | 否 | 否 | |
| 10555 | 南华大学 | 湖南省 | 否 | 否 | 否 | 综合类 |
| 11342 | 湖南工程学 | 湖南省 | 否 | 否 | 否 | 理工类 |
| 11535 | 湖南工业大 | 湖南省 | 否 | 否 | 否 | 理工类 |
| 82603 | 长沙矿冶研 | 湖南省 | 否 | 否 | 否 | |
| 82925 | 中国航发湖 | 湖南省 | 否 | 否 | 否 | |
| 86404 | 长沙矿山研 | 湖南省 | 否 | 否 | 否 | |
| 89643 | 中共湖南省 | 湖南省 | 否 | 否 | 否 | |
| 90002 | 国防科技大 | 湖南省 | 是 | 是 | 否 | |

江西省高校信息表　　湖南省高校信息表　　北京市高校信息表

**思考与练习**

8.7　执行代码:import json;la=[1,2,3,4,5];lb=json.dumps(la);lc=json.loads(lb)。那么 lb 为什么类型?lc 呢?

8.8　判断题:JSON 文件和 CSV 文件都是文本文件,因此,都可以使用记事本程序打开它们。

8.9　查阅资料,了解 Excel 文件读写操作常用的第三方库。请分别说明它们的主要作用。

8.10　请阐述使用 xlrd 库、xlwt 库对 Excel 文件进行读写的操作步骤。

8.11　使用 xlwt.Workbook()方法向 Excel 文件写入中文内容时,需要加上什么参数?

8.12　编写程序,将程序示例 8.13 的 authors.json 中的内容存储到 authors.xls 中,文件内容如图 8.5 所示。

| | A | B | C | D | E | F |
|---|---|---|---|---|---|---|
| 1 | 姓氏 | 朱 | 名字 | 文强 | 单位 | 江西财经大学 |
| 2 | 姓氏 | 钟 | 名字 | 元生 | 单位 | 江西财经大学 |
| 3 | | | | | | |
| 4 | | | | | | |

authors ⊕

图 8.5　authors.xls 文件内容展示

视频讲解

# 8.3　文件与文件夹的操作 *

除了对文件的读写操作之外,用户还经常涉及文件路径、文件外部信息的操作。Python 提供对文件和文件路径的常用操作方法,大部分都在 os 库以及 os.path 这两个库中,这两个库是 Python 自带的标准模块,不需要额外安装。

其中,os 库提供访问文件系统的服务,能够进行文件的重命名、更换当前路径等操作。其常用方法如表 8.6 所示。

表 8.6　os 库的常用操作方法

| 方　　法 | 作　　用 |
|---|---|
| os.environ() | 查看系统环境变量,如 os.environ['path'],查看 path 环境变量 |
| os.system() | 运行指令,如 os.system("dir"),执行 dir 指令 |
| os.sep | 查看操作系统所使用的路径分隔符,windows 系统为: '\' |
| os.pathsep | 查看不同路径同时存在时的分隔符,windows 系统为: ';' |
| os.linesep | 查看文本文件中的行分隔符,windows 系统为: '\r\n' |
| os.urandom(size) | 查看系统自带的随机源 |
| os.chmod() | 改变文件的访问权限 |
| os.remove(path) | 删除指定的路径或文件 |
| os.removedirs(path) | 删除多级目录,删除文件夹必须都是空目录,如果不是空文件夹将会报错 |
| os.rename(src,dest) | 重命名文件或文件夹 |
| os.stat(path) | 返回文件的所有属性 |
| os.listdir(path) | 返回指定路径下的文件名称列表 |
| os.startfile(filepath[, operation]) | 使用关联的应用程序打开指定文件 |
| os.getcwd() | 获取当前工作目录,即当前程序文件所在的目录 |
| os.chdir(path) | 改变当前工作目录,需传递新的路径 |
| os.mkdir(path) | 在某个路径下创建文件夹,找不到相应的路径时报错 |
| os.makedirs(path) | 递归创建文件夹,找不到路径时自动创建 |
| os.get_exec_path() | 返回可执行文件的搜索路径 |
| os.walk(path,topdown=True,onerror=None) | 对被传入的文件夹路径进行遍历 |

视频讲解

os.path 库提供了对文件路径的判断、切分、连接等操作方法。其常用方法如表 8.7 所示。

表 8.7　os.path 库的常用操作方法

| 方　　法 | 作　　用 |
| --- | --- |
| os.path.abspath(path) | 返回 path 的绝对路径,如: os.path.abspath('.') |
| os.path.dirname(path) | 返回 path 的文件夹路径 |
| os.path.exists(path) | 判断文件或文件夹是否存在 |
| os.path.getatime(filename) | 返回文件的最后访问时间 |
| os.path.getctime(filename) | 返回文件的创建时间 |
| os.path.getmtime(filename) | 返回文件的最后修改时间 |
| os.path.getsize(filename) | 返回文件大小,以字节为单位 |
| os.path.isabs(path) | 判断 path 是否为绝对路径 |
| os.path.isdir(path) | 判断 path 是否为目录 |
| os.path.isfile(path) | 判断 path 是否为文件 |
| os.path.join([path1,path2,…]) | 将多个路径组合后返回。例如将文件夹和里面的文件组合得到绝对路径 |
| os.path.split(path) | 将文件路径 path 分割成文件夹和文件名,并将其作为二元组返回 |
| os.path.splitext(path) | 从路径中分割文件的扩展名 |
| os.path.splitdrive(path) | 从路径中分割驱动器名称 |
| os.path.basename(path) | 返回 path 的文件名 |
| os.path.dirname(path) | 返回 path 的目录名 |

下面通过一些程序示例对上述方法进行演示。

【示例 8.21】　os 及 os.path 库常用方法演示(运行该程序前,需将示例 8.18 的 schools.xls 文件复制至 D:\Python 目录下)。

```
1    import os
2
3    print(f"当前目录: {os.getcwd()}")              #获得当前目录
4    os.chdir(r"D:\Python")                          #更换当前目录
5    print(f"现在目录: {os.getcwd()}")
6    os.makedirs(r"osfile\filetest")                 #在当前文件夹下创建整个路径
7    print(f"'.'的绝对路径: {os.path.abspath('.')}")
8    print(f"'.'是否为绝对路径: {os.path.isabs('.')}") #判断当前目录是否为绝对路径
9    path = r"D:\Python\schools.xls"
10   #判断是否存在 path
11   print(f"D:\Python\schools.xls 是否存在: {os.path.exists(path)}")
12   #判断 path 是否为文件
13   print(f"D:\Python\schools.xls 是否为文件: {os.path.isfile(path)}")
14   #判断 path 是否为目录
15   print(f"D:\Python\schools.xls 是否为目录: {os.path.isdir(path)}")
```

视频讲解

视频讲解

```
16    #返回 path 的文件名
17    print(f"D:\Python\schools.xls 的文件名: {os.path.basename(path)}")
18    #返回除文件名外的目录
19    print(f"D:\Python\schools.xls 的目录: {os.path.dirname(path)}")
20    #返回路径和文件名
21    print(f"D:\Python\schools.xls 拆分成文件及路径: {os.path.split(path)}")
22    print(f"D:\Python\schools.xls 包含的整个路径: {path.split(os.path.sep)}")
23    #返回文件的大小
24    print(f"D:\Python\schools.xls 文件大小: {os.path.getsize(path)}字节")
25    dirname = os.path.dirname(path)
26    files = ['a.dat', 'b.dat', 'c.dat']
27    for f in files:
28        newfile = os.path.join(dirname, f)
29        with open(newfile, 'w') as fw: #在当前目录下创建 3 个.dat 文件,并写入内容
30            fw.write("写入 dat")
31    datfiles = [f for f in os.listdir() if f.endswith(".dat")]
32    print(f"当前目录下的 dat 文件有: {datfiles}") #列出当前目录下的所有.dat 文件
```

程序运行结果:

```
当前目录: D:\Python\Basic_Python\chap08
现在目录: D:\Python
'.'的绝对路径: D:\Python
'.'是否为绝对路径: False
D:\Python\schools.xls 是否存在: True
D:\Python\schools.xls 是否为文件: True
D:\Python\schools.xls 是否为目录: False
D:\Python\schools.xls 的文件名: schools.xls
D:\Python\schools.xls 的目录: D:\Python
D:\Python\schools.xls 拆分成文件及路径: ('D:\\Python', 'schools.xls')
D:\Python\schools.xls 包含的整个路径: ['D: ', 'Python', 'schools.xls']
D:\Python\schools.xls 文件大小: 153088 字节
当前目录下的 dat 文件有: ['a.dat', 'b.dat', 'c.dat']
```

**说明**: 在 Windows 系统中,'.'符号用来表示当前程序所在的目录。另外,方法 os. mkdir(path)和 os.makedirs(path)都用于创建 path 路径,它们的区别是,如果使用 mkdir(),当路径不存在的时候会报错,而用 makedirs()时,当路径不存在,它会自动创建整个路径。

**【示例 8.22】** 将当前目录下的**.dat** 文件改为**.db** 文件。

```
1    import os
2
3    dat_files = [fn for fn in os.listdir()  #返回当前目录下所有的.dat 文件
4                 if fn.endswith(".dat")]
5    print(f"当前目录下的.dat 文件: {dat_files}")
6
7    for fn in dat_files:                     #将所有的.dat 文件重命名为.db 文件
8        ft = fn[: -3]
```

```
9          new_name = ft + "db"
10         os.rename(fn, new_name)
11
12     db_files = [fn for fn in os.listdir()          #返回当前目录下所有的.db 文件
13               if fn.endswith(".db")]
14     print(f"当前目录下的.db 文件: {db_files}")
```

程序运行结果：

```
当前目录下的.dat 文件: ['a.dat', 'b.dat', 'c.dat']
当前目录下的.db 文件: ['a.db', 'b.db', 'c.db']
```

**【示例 8.23】** 遍历当前文件夹，并返回遍历访问结果。

视频讲解

```
1      import os
2
3      path = r"D:\Python\Basic_Python "
4      for folders, subfolders, files in os.walk(path):          #遍历指定文件夹
5          print(f"当前目录: {folders}")
6          for subf in subfolders:
7              print(f"子文件夹: {subf}")
8          for fn in files:
9              print(f"子文件: {fn}")
```

程序运行结果：

```
当前目录: D:\Python\Basic_Python
子文件夹: chap01
...
当前目录: D:\Python\Basic_Python\chap08
子文件: a.dat
...
子文件: 高校信息表.xls
```

**说明**：示例程序中的 os.walk()方法会对被传入的文件夹进行遍历，该方法返回一个元组生成器，用于生成 3 个值，包括：①当前文件夹的字符串名称；②当前文件夹中子文件夹的字符串名称列表；③当前文件夹中文件的字符串名称列表。遍历结束后，该方法将重新回到最初的文件夹路径下。

**思考与练习**

8.13　查阅文献，说明什么是绝对路径和相对路径，并讨论它们的区别。

8.14　简述 os.mkdir()和 os.makedirs()两个方法的区别。

8.15　如果需要得到当前目录下所有的文件和文件夹列表，应该使用 os 库的哪个方法？

8.16　简述 os.path.getsize()方法的作用。

8.17　简单描述 os 模块的作用。

## 8.4 本章小结

本章介绍了三部分内容,首先是文件的操作及其存取方法;然后是常见文件的操作,包括 JSON 文件、CSV 文件和 Excel 文件,这些都是在数据分析和处理时,经常会用到的文件类型;最后讲述了如何通过 os 库和 os.path 库来调用文件系统,对文件和文件夹进行一些外部操作处理。

对于文件操作,主要介绍了 open()函数。要重点把握 open()函数的三个关键参数:file、mode 和 encoding。其中,file 参数用来指定文件的名称;mode 参数用于指定操作模式,可设置为只读、只写、既可读也可写,以及追加操作等,不同的操作模式有不同的效果;encoding 参数用于指定文件的编码格式,在读写文件时,会涉及字符编码的问题,如果使用中文或其他非西文字符,通常建议使用 UTF-8 编码。

在获取到文件对象后,就可以对文件进行读取和写入。文件读取主要涉及几个函数。首先是 read()函数,可以指定具体读取的字符长度,如果不指定,read()会读取文件的所有内容。readline()函数就是读取一行,而 readlines()是读取所有行,把所有行读到一个列表里面,然后返回该列表。文件写入主要涉及 write()和 writelines()方法。write()用于向文件写入字符或字节内容,writelines()传入的是一个列表,它会将列表的每个元素都写入文件中,但要注意,这两个方法都不会自动加上换行符"\n",需要手动添加。

在使用 Python 进行机器学习、数据分析等应用开发时,常常会用到 JSON 文件、CSV 文件和 Excel 文件。其中 JSON 文件和 CSV 文件都是文本文件,可分别使用标准开发包的 json 库和 csv 库来对这两种文件进行操作。对于 Excel 文件的操作,就需要借助于第三方库。本章介绍了常用的两个库 xlrd 和 xlwt,其中 xlrd 库用于 Excel 文件的读取,而 xlwt 库用于 Excel 文件的写入,它们的 Excel 文件操作步骤有所不同,要注意区别。

对于文件和文件夹的操作,通常是使用标准开发包中的 os 或者 os.path 库来进行。常用的方法包括:获取当前的目录,列出某一个文件夹下面的所有文件,路径的分割,路径的合并,判断是否为文件夹或者文件,获取文件大小等。

## 课后习题

### 一、单选题

1. 以下几个文件中,(　　)是文本文件。

A. test.doc　　　　B. test.mp4　　　　C. test.txt　　　　D. test.xls

2. 以下几个文件中,(　　)是二进制文件。

A. test.json　　　　B. test.csv　　　　C. test.txt　　　　D. test.xls

3. 代码 f=open("alice.txt"),当文件 alice.txt 不存在时,解释器将在运行时抛出(　　)异常。

A. ValueError　　　　　　　　　　B. FileNotFoundError

C. ImportError　　　　　　　　　　D. RuntimeError

4. 执行代码 import json；da={"a":97,"b":102}；s=json.dumps(da)，则 s 数据类型为(　　)。

    A. str　　　　　　　　B. File　　　　　　　　C. dict　　　　　　　　D. 以上都不对

5. 执行代码(接单选题 4)db=json.loads(s)，则 s 数据类型为(　　)。

    A. str　　　　　　　　B. dict　　　　　　　　C. set　　　　　　　　D. File

6. 执行代码 import os；print(os.sep)，将打印出(　　)。

    A. \　　　　　　　　B. \\　　　　　　　　C. \r\n　　　　　　　　D. ;

**二、填空题**

1. 根据编码不同，一般可将文件分为两类：文本文件和_____文件。

2. 使用代码 open(file,mode="a+")打开文件,这里的"a+"表示其为_____模式。

3. 在使用文件对象的 seek()、tell()方法进行文件指针操作时,是以_____为单位,而不是以字符为单位。

4. 在使用 xlrd 模块读取 Excel 文件时,其表单索引是从_____开始的。

5. CSV 文件以纯文本形式存储表格数据,记录间以某种换行符分隔；每条记录由字段组成,字段间的分隔符默认使用_____分隔。

6. Python 标准开发包自带了处理 JSON 文件的库,加载方式为_____。

**三、编程题**

1. 读取 excel8_1.xlsx 文件(见课程资源),然后将其内容转换为一个字典列表[{'var1': 1.0,'var2': 'a'},{'var1': 2.0,'var2': 'b'},{'var1': 3.0,'var2': 'c'},{'var1': 4.0,'var2': 'd'}...]。

2. 文本文件 test8_2.txt 包含以下内容(含花括号)。

```
{ "1":["小明",130,120,110], "2":["小王",140,120,100], "3":["小张",100,150,140] }
```

编写程序将上述内容写入 excel8_2.xls 文件中,其内容如图 8.6 所示。

|   | A | B | C | D | E |
|---|---|---|---|---|---|
| 1 |   | 小明 | 130 | 120 | 110 |
| 2 |   | 小王 | 140 | 120 | 100 |
| 3 |   | 小张 | 100 | 150 | 140 |

图 8.6　excel8_2.xls 的数据内容

3. 编写程序,将图 8.7 所示的内容写入 excel8_3.txt 文件中,然后读取 excel8_3.txt 的文件数据,将其写入 excel8_3.xls 中,并去除相关方括号和逗号,结果如图 8.8 所示。

```
1    [
2      [1,2,3],
3      [4,5,6],
4      [7,8,9],
5      [7,8,9]
6    ]
```

图 8.7　excel8_3.txt 的数据内容

| ◢ | A | B | C |
|---|---|---|---|
| 1 | 1 | 2 | 3 |
| 2 | 4 | 5 | 6 |
| 3 | 7 | 8 | 9 |
| 4 | 7 | 8 | 9 |

图 8.8　写入后的 excel8_3.xls 文件内容

4. 重新读取 excel8_3.txt 文件,先将其中的数据化成列表,再将其写入 excel8_4.xls 中,实现与上题同样的结果。

5. 编写程序实现九九乘法表,并将其保存到文件 multi99.txt 中。

6. 编写程序,递归搜索某个文件夹下所有的.jpg 和.png 图片文件,并将这些图片文件复制到 D:\images 文件夹中。

7. 编写程序,读取程序示例 8.18 中 schools.xls 的内容,然后将所有的 211 高校信息放入一个表单,将所有的 985 高校信息放入另一个表单,最后将其保存为一个 Excel 文件。

8. 编写程序,读取课程资源中 hamlet.txt 的文件内容,统计该文件中各单词出现的次数,并将统计结果按照单词出现的次数从高到低写入文件 results.xls 中(hamlet.txt 是课程资源中提供的一个文本文件。要求单词不区分大小写,忽略逗号、句号等标点符号。results.xls 文件标题为词频统计结果,包含两列名称,分别为单词和频数)。

# 数据库操作

数据库主要用来存储和处理大批量的结构化数据,可简单理解为数据的仓库,它将数据按照一定的方式组织并存储起来,从而方便用户进行管理和维护。

本章首先介绍数据库的基础知识,包括什么是数据库、什么是数据库管理系统以及当前常见的数据库类型。本章还简单介绍了关系型数据库的结构化查询语言 SQL,包含关系表的创建、删除表的内容、条件查询等,还包括数据库更新操作等内容;然后介绍了Python 操作数据库的一些核心 API,包括如何建立数据库的连接、对数据库的内容进行增删查改等;最后通过几个综合示例,演示了如何使用 Python 进行数据库的操作。

## 9.1 数据库基础知识

视频讲解

### 9.1.1 数据库及 DBMS

数据库可简单理解为数据的仓库,它具有以下主要特点:

(1)以一定的方式组织、存储数据;

(2)数据能为多个用户共享;

(3)与应用程序彼此独立。

比如学生信息数据库,教务系统可以调用这个数据库,选课系统也可以调用这个数据库,学生管理系统还可以调用这个数据库,数据库在多个系统之间共享,但与应用程序之间彼此独立。

而数据库管理系统(DBMS),则是操作和管理数据库的管理软件,它可以对数据库进行统一的管理和控制,从而保证数据库的安全性和数据的完整性。

数据库管理系统的主要功能有数据的定义(数据库的创建、表的创建等)、数据的操纵(数据的增删查改等)、数据库的控制(并发控制、权限控制)、数据库的维护(数据的转存、恢复等)等。

### 9.1.2 数据库分类

目前常见的数据库可以分类为关系型数据库、键值存储数据库、面向文档的数据库以及图数据库。

(1)关系型数据库:当前应用最为广泛的数据库类型,也是本章重点讲解的内容。关系型数据库把复杂的数据结构归结为简单二元关系,类似于 Excel 的表格。常见的关系型数据库有 MySQL、SQL Server、Oracle、SQLite 等。

（2）键值存储数据库：使用简单的键值存储方式来存储数据，键是唯一标记，它是非关系型数据库。常见的键值存储数据库有 Redis、Amazon DynamoDB 等。

（3）面向文档的数据库：用来存放获取结构性文档的数据库，主要为 XML、JSON 这样一些具备自我描述特性又能呈现层次结构的文档。常见的面向文档的数据库有 MongoDB 等。

（4）图数据库：它是用来存储图关系的数据库，应用图理论来存储实体与实体之间的各种关系信息。常见的图数据库有 Neo4j、FlockDB 等。

视频讲解

### 9.1.3　关系型数据库

关系型数据库是采用关系模型组织数据的数据库，它以行和列的形式存储数据，多行多列就形成了表，多个表组成了数据库。数据库可以有多个表，表的一行相当于一个实体或者实体与实体之间的联系。

关系型数据库操作的对象和返回的结果都是二维表，以下是关系型数据库的一些术语解释。

（1）关系：可以理解为一张二维表，每个关系有一个关系名，也就是表名。

（2）属性：可以理解为二维表的一列，在数据库中称为字段，属性名就是表中的列名。

（3）域：指属性的取值范围。

（4）元组：二维表中的一行，在数据库中称为记录。

（5）分量：元组中一个具体的属性值。

（6）关键字：用来唯一标识元组的属性或者属性组，在数据库中称为主键。

**思考与练习**

9.1　请解释什么是数据库，什么是数据库管理系统。

9.2　数据库系统与文件系统的主要区别是(　　)。

　　A. 数据库系统复杂，而文件系统简单

　　B. 文件系统管理的数据量较少，而数据库系统可以管理庞大的数据量

　　C. 文件系统只能管理程序文件，而数据库系统能够管理各种类型的文件

　　D. 文件系统不能解决数据冗余和数据独立性问题，而数据库系统可以解决

9.3　当前流行的数据库类型有哪些？应用最广泛的是哪种数据库类型？

9.4　请解释什么是关系型数据库。

9.5　查阅资料，简述关系型数据库的优点。

## 9.2　数据库操作

结构化查询语言(Structured Query Language，SQL)是一种特殊的编程语言，用于存取、查询、更新和管理关系型数据库。不同的关系型数据库底层存储方式不同，但都支持使用相同的 SQL 语句进行数据库操作。在学习数据库操作之前，读者最好要具有一定的 SQL 语言基础。

视频讲解

## 9.2.1　Python DB-API 核心类和方法

Python 提供了一个标准数据库操作 API，称为 DB-API，用于处理基于 SQL 的数据库的访问和操作，实现 Python 官方制定的 API 规范下的一些数据库操作，如图 9.1 所示。

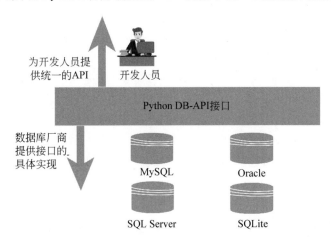

为开发人员提供统一的API

开发人员

Python DB-API接口

数据库厂商提供接口的具体实现

MySQL　　　Oracle

SQL Server　　　SQLite

图 9.1　Python API 规范操作

DB-API 在代码与驱动程序之间提供了一个抽象层，定义了一系列必需的数据库存取方式，使得不同的数据库拥有统一的访问接口，从而可以很方便地在不同的数据库之间进行移植程序，而无须修改现有的代码。

Python 官网提供了一些 DB-API 的说明，介绍了 DB-API 的接口和一些核心对象的方法和属性，简单总结如下。

数据库模块常用方法及属性：

（1）connect()，获取数据库的连接；

（2）paramstyle，参数样式。

Connection 类常用方法及属性：

（1）close()，关闭连接；

（2）commit()，提交当前所有事务；

（3）rollback()，回滚当前事务；

（4）cursor()，返回一个使用该连接的游标对象；

（5）row_factory，指定行的类型，默认为空。

Cursor 类常用方法及属性：

（1）close()，关闭游标；

（2）execute(sql)，执行 SQL 语句；

（3）executemany(sql,datas)，执行多条 SQL 语句；

（4）fetchall()，获取结果集中所有行；

（5）fetchone()，获取结果集中一行；

（6）fetchmany(size)，获取结果集中多行；

（7）description，游标的描述信息；

(8) rowcount,获取统计的行数;

(9) arraysize,指定一次获取多少行。

Row 类常用方法及属性:

keys(),获取行的所有键。

## 9.2.2　SQLite 数据库

SQLite 是一个轻量级关系型数据库,它没有包含大型客户/服务器数据库的一些重要特性,如事务处理、事务回滚等,但它包含本地数据库的常用功能,简单易用、效率高。

SQLite 数据库本质上就是一个文件,内部只支持 NULL、INTEGER、REAL(浮点数)、TEXT(字符串文本)和 BLOB(二进制对象)这 5 种数据类型。其最大的特点是可以把各种类型的数据保存到任何字段中,而不用关心字段声明的数据类型是什么。因此 SQLite 在解析建表语句时会忽略建表语句中跟在字段名后面的数据类型信息。

Python 标准库中内置了 sqlite3 模块,用于支持 SQLite 数据库的操作,不需要额外的下载安装。

Python 操作 SQLite 数据库的基本流程如下。

(1) 导入模块:sqlite3。

(2) 提交数据内容:连接数据库得到 Connection 对象:sqlite3.connect(文件名)。

(3) 获取 Cursor 对象:Connection 对象.cursor()。

(4) 执行数据库的增删查改操作:Cursor 对象.execute(sql 语句)等。

(5) 提交数据库操作:Connection 对象.commit()。

(6) 关闭 Cursor:Cursor 对象.close()。

(7) 关闭 Connection:Connection 对象.close()。

**注意**:提交数据内容一定要调用 commit()方法,否则不会更新数据库的数据。

## 9.2.3　SQLite 数据库的操作

视频讲解

接下来结合 SQLite 数据库,完成一些简单的 SQL 数据库操作程序。

【示例 9.1】 SQLite 数据库表的创建及查询。

```
1    import sqlite3                              #加载 sqlite3 模块
2
3    conn = sqlite3.connect('database.db')       #创建数据库连接
4    cur = conn.cursor()                         #返回游标对象
5    sql_tab = "create table stocks(date text, " + \
6            "trans text, act text, qty real, price real)"
7    cur.execute(sql_tab)                        #创建数据库表
8    sql_ins = "insert into stocks values" + \
9        "('2025-03-20', 'Buy', 'Xiaomi', 100, 36.80)"
10   cur.execute(sql_ins)                        #插入数据库表的内容
11   conn.commit()                               #提交插入数据
12   sql_slt = "select * from stocks order by price"
13   for row in cur.execute(sql_slt):            #查询数据库,并返回结果
```

```
14        print(row)
15    conn.close()                              #关闭数据库连接
```

程序运行结果:

```
('2025-03-20', 'Buy', 'Xiaomi', 100.0, 36.8)
```

要使用 SQLite 数据库,首先要导入模块 sqlite3。然后,就可使用 sqlite3.connect()
方法创建数据库文件的连接对象 Connection。为此,需要为 connect()方法提供一个数据
库文件名,如果指定的数据库文件不存在,将自动创建它。

视频讲解

创建 Connection 对象后,需再使用其 cursor()方法创建 1 个 Cursor 对象,通过
Cursor 对象的 execute()方法来执行 SQL 语句。

执行完 SQL 语句后,如果修改了数据,应使用 Connection 对象的 commit()方法提
交所做的修改,这样才会将修改后的数据保存到数据库文件中。

最后,在执行完所有的操作后,需要调用 Connection 对象的 close()方法关闭数据库
连接,释放连接所占用的资源。

除了创建实际的数据库文件之外,sqlite3 还可以在内存中创建 memory 数据库,
memory 数据库是一个临时性的数据库,在其使用结束关闭连接后,Python 将自动清除
其所占用的资源。

【示例 9.2】　memory 内存数据库的使用。

```
1     import sqlite3                                      #加载 sqlite3 库
2
3     conn = sqlite3.connect(': memory: ')                #创建内存数据库
4     cur = conn.cursor()                                 #返回 Cursor 对象
5     sql_tab = "create table students(id, name, age, major)"
6     cur.execute(sql_tab)                                #创建数据库表
7     sql_ins = "insert into students values('001', 'Dong', 21, 'CS')"
8     cur.execute(sql_ins)                                #插入数据
9     sql_ins = "insert into students values('002', 'Chen', 20, 'EIS')"
10    cur.execute(sql_ins)
11    cur.execute("select * from students where id='001'")  #查询数据
12    print(cur.fetchone())
13    conn.close()                                        #关闭数据库连接
```

程序运行结果:

```
('001', 'Dong', 21, 'CS')
```

在示例 9.2 中可以看到,内存数据库 memory 并不需要执行提交即可查询,所以使用
起来非常方便。

视频讲解

【示例 9.3】　数据库的批量插入与删除。

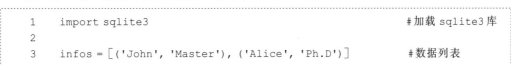

```
1     import sqlite3                                      #加载 sqlite3 库
2
3     infos = [('John', 'Master'), ('Alice', 'Ph.D')]    #数据列表
```

```
4    conn = sqlite3.connect(": memory: ")                      #创建内存数据库
5    conn.execute("create table persons(name, degrees)")       #创建数据库表
6    sql_ins = "insert into persons(first, xuewei) values(?, ?)"
7    conn.executemany(sql_ins, infos)                          #批量插入数据
8    for row in conn.execute("select * from persons"):
9        print(row)
10   print("I just deleted",
11       conn.execute("delete from persons").rowcount, "rows.")  #删除数据
```

程序运行结果:

```
('John', 'Master')
('Alice', 'Ph.D')
I just deleted 2 rows.
```

程序示例 9.3 中,使用了 Connection 对象的 executemany()方法来批处理执行数据
插入操作。

通常来讲,数据库查询结果都是以元组形式返回记录数据,但 sqlite3 模块还提供了
Row 对象,用以存储数据库查询中返回的记录数据,Row 对象采用字典的形式保存数据。

**【示例 9.4】** 使用 **Row** 对象获取查询结果。

```
1    import sqlite3                                      #加载 sqlite3 模块
2
3    conn = sqlite3.connect('database.db')   #创建数据库连接
4    cur = conn.cursor()                                #返回游标对象
5    sql_tab = "create table stocks(date text, " + \
6            "trans text, act text, qty real, price real)"
7    cur.execute(sql_tab)                               #创建数据库表
8    sql_ins = "insert into stocks values" + \
9        "('2025-03-20', 'Buy', 'Xiaomi', 100, 36.80)"
10   cur.execute(sql_ins)                               #插入数据库表的内容
11   conn.commit()                                      #提交插入数据
12
13   conn.row_factory = sqlite3.Row                     #将查询返回值设置为 Row 对象
14   cur = conn.cursor()
15   cur.execute("select * from stocks")
16   r = cur.fetchone()
17   print(f"返回类型为: {type(r)}")                     #sqlite3.Row
18   print(f"转换成元组后: {tuple(r)}")
19   print(f"字典键: {r.keys()}")                        #获取 Row 对象的键
20   for item in r:                                     #for 循环返回的是 Row 对象的值
21       print(item, end="  ")
```

程序运行结果:

```
返回类型为: <class 'sqlite3.Row'>
转换成元组后: ('2025-03-20', 'Buy', 'Xiaomi', 100.0, 36.8)
Row 对象的键: ['date', 'trans', 'act', 'qty', 'price']
2025-03-20  Buy  Xiaomi  100.0  36.8
```

**注意**：如果使用 Row 对象返回数据库查询结果，这时使用 for 循环对其迭代读取返回的是 Row 对象的值，而不是键，如示例 9.4 的 20～21 行代码所示。

由于数据库查询结果都是以元组形式返回记录数据，所以也可以使用 for 循环进行数据读取。

**【示例 9.5】** 使用 **for** 循环读取数据库查询结果。

```
1     import sqlite3
2
3     conn = sqlite3.connect('persons.db')
4     cur = conn.cursor()
5     sql_tab = "create table infos(name, sex, phone, addr)"
6     cur.execute(sql_tab)
7     sql_ins = "insert into infos(name, sex, phone, addr)" + \
8         "values('Alice', 'male', '139****0011', 'Bj')"
9     cur.execute(sql_ins)
10    sql_ins = "insert into infos(name, sex, phone,addr)" + \
11        "values('Bob', 'male', '139****0022', 'HZ')"
12    cur.execute(sql_ins)
13    conn.commit()
14
15    cur.execute("select * from infos")
16    li = cur.fetchall()           #将查询结果返回
17    for line in li:               #使用 for 循环读取查询结果
18        for item in line:
19            print(item, end='\t')
20        print()
21    conn.close()
```

程序运行结果：

```
Alice    male     139****0011    Bj
Bob      male     139****0022    HZ
```

## 思考与练习

9.6　查阅资料，说明在使用"insert into 表名(字段 1,字段 2,字段 3,…) values(值 1,值 2,值 3,…)"语句插入字段内容时，需要注意什么问题。

9.7　查阅资料，简述数据库删除语句 delete 和 drop 的区别。

9.8　简单说明 API 的概念和作用。

9.9　简述 Python 的 DB-API 的作用。

9.10　简述使用 DB-API 操作 SQLite 数据库的流程。

9.11　使用 Python 连接和操作 SQLite 数据库，需要 7 个步骤。请根据你的理解，说明哪一步最为重要。为什么？

9.12　数据库查询结果通常是返回一个游标。请查阅资料，说明什么是游标。

## 9.3　数据库操作应用案例

前面两个小节介绍了 Python 操作数据库的基础知识,为了更好地理解掌握这些知识点,本节将对两个操作数据库的综合案例进行演示和讲解。其用到的相关文件为第 8 章的高校招生信息表 schools.xls,还有一个文件是 schools.db,它是高校招生信息表对应的SQLite 数据库文件。

视频讲解

### 9.3.1　数据库操作应用案例一

【示例 9.6】　将 **schools.xls** 文件中的内容保存到数据库 **schools.db** 中。

该示例由以下 3 个步骤组成。

(1) 首先是 schools.xls 文件的读取,这在前面的章节已经讲解过,代码参见程序示例 8.19。

(2) 创建数据库 schools.db,在数据库中新建 schools 表。

```
1    import sqlite3
2
3    def init_db():
4        conn = sqlite3.connect("schools.db")
5        cursor = conn.cursor()
6        create_table_sql ="""
7            create table if not exists schools(      #数据库表 schools 的定义
8                school_code,
9                school_name,
10               province,
11               is_985,
12               is_211,
13               is_self_marking,
14               school_type
15           )
16       """
17       cursor.execute(create_table_sql)             #创建数据库表 schools
18       conn.commit()
19       cursor.close()
20       conn.close()
21
22   init_db()
```

调用方法 init_db()直接运行,会看到当前文件夹下已生成了 schools.db 数据库文件,这时数据库中的数据表 schools 也已经建立好。

(3) 插入数据。

```
1    def insert_data(schools):
2        conn = sqlite3.connect("schools.db")
3        cursor = conn.cursor()
4        insert_sql = """
```

```
5              insert into schools(school_code, school_name,
6                  province, is_985, is_211, is_self_marking,
7                  school_type) values (?, ?, ?, ?, ?, ?, ?)
8          """
9      for school in schools:                     #循环插入数据
10         cursor.execute(insert_sql,school)
11     #cursor.executemany(insert_sql, schools)    #效果与 for 循环一致
12     conn.commit()
13     cursor.close()
14     conn.close()
15
16 school_datas = read_excel("schools.xls")
17 insert_data(school_datas)
```

执行代码后，所有的高校数据就已成功插入了。

还有一种方法可以一次性插入所有数据内容，即去掉原语句中 for school in schools 的循环语句，将它改为第 11 行代码所示的 cursor.executemany(insert_sql，schools)。读者可尝试运行该代码，其效果与 for 循环插入完全一致。

## 9.3.2 数据库操作应用案例二

【示例 9.7】 对数据库 schools.db 进行如下操作。

（1）查询所有既是 211 又是 985 的学校，并打印输出。

```
1  def query():
2      conn = sqlite3.connect("schools.db")
3      cursor = conn.cursor()
4      sql = "select * from schools where"+\     #设置查询条件
5          " is_985 = '是' and is_211 = '是'"
6      cursor.execute(sql)
7      schools= cursor.fetchall()                #取得查询结果
8      cursor.close()
9      conn.close()
10     return schools
11
12 results = query()
13 for item in results:
14     print(item)
15
16 print(f"985高校总数：{len(results)}")
```

程序运行结果（部分）：

```
('10001', '北京大学', '北京市', '是', '是', '是', '综合类')
('10002', '中国人民大学', '北京市', '是', '是', '是', '综合类')
...
('10730', '兰州大学', '甘肃省', '是', '是', '是', '')
('90002', '国防科学技术大学', '湖南省', '是', '是', '否', '')
985高校总数：39
```

(2) 将高校信息表中的"西藏自治区"改为"西藏"。

视频讲解

```
def update():
    conn = sqlite3.connect("schools.db")
    cursor = conn.cursor()
    sql = "update schools set province = '西藏'"+\      #更新记录的 SQL 语句
          "where province = '西藏自治区'"
    count = cursor.execute(sql).rowcount               #返回更新的记录数量
    print(f"更新了{count}条记录.")
    conn.commit()
    cursor.close()
    conn.close()

update()
```

视频讲解

程序运行结果:

```
更新了 3 条记录.
```

(3) 将所有不是以"大学"或"学院"结尾的记录删除。

```
def delete():
    conn = sqlite3.connect("schools.db")
    cursor = conn.cursor()
    sql = "delete from schools where"+\      #删除相关记录的 SQL 语句
        "school_name not like'%大学' and "+\
        "school_name not like'%学院' "
    count = cursor.execute(sql).rowcount  #返回删除记录的数量
    print(f"删除了{count}条记录.")
    conn.commit()
    cursor.close()
    conn.close()

delete()
```

程序运行结果:

```
删除了 228 条记录.
```

程序执行后,一共会删除 228 条相关的记录。这时再在数据库中执行查询代码"select * from schools where school_name not like '%大学%'and school_name not like '%学院%'",就没有相关的高校信息了。

以上两个案例演示了常见的数据库操作流程和方法,要在实践中多加练习才能熟练掌握这些知识和技巧。

## 9.4 本章小结

本章首先介绍了数据库的一些基础知识,包括数据库、数据库管理系统的基本概念。常见的数据库可分为关系型数据库、键值存储数据库、面向文档的数据库以及图数据库。

这四种数据库中,关系型数据库是目前使用最广泛的数据库类型,这也是本章主要讲述的数据库类型。

关系型数据库的操作,需要用到结构化查询语言 SQL。SQL 语言既可以独立使用,也可以嵌入其他高级语言中去使用。在学习本章内容之前,读者最好要具有一定的 SQL 语言基础。

Python 对数据库操作提供了统一的 API 接口,对于核心 API,本章主要讲解了 Connection 类和 Cursor 类。

Python 标准开发包提供了一个 sqlite3 模块,用于实现轻量级 SQLite 数据库的操作。SQLite 数据库一般以.db 文件形式呈现,其本质就是一个简单的文件。SQLite 数据库最大的特点是可以把各种类型的数据保存到任何字段中,而不用关心字段声明的数据类型是什么。因此 SQLite 在解析建表语句时,会忽略建表语句中跟在字段名后面的数据类型信息。

最后,本章通过两个案例详细地介绍了常见的数据库操作流程和方法。数据库的操作较为复杂,需要在实践中多加练习才能熟练掌握这些知识。

# 课后习题

**一、单选题**

1. 以下关于数据库特点的表述,不正确的是(　　)。
  A. 以一定的方式组织、存储数据
  B. 数据库能为多个用户共享
  C. 数据库的数据,只能为创建者独享
  D. 与应用程序彼此独立

2. 一般来讲,数据库可以分为 4 个类型,但不包括(　　)。
  A. XML 数据库　　B. 键值存储数据库　　C. 关系型数据库　　D. 图数据库

3. 在关系型数据库中,关系可以对应为(　　)。
  A. 链接　　　　　B. 表　　　　　C. 记录　　　　　D. 属性

4. Connection 类是操作数据库的重要的类,其 commit()方法作用为(　　)。
  A. 回滚当前事务　　　　　　　　B. 提交当前所有事务
  C. 返回提交的事务　　　　　　　D. 以上都不对

5. SQLite 是一个轻量级关系型数据库,它不具备(　　)功能。
  A. 存储数据　　B. 读取数据　　C. 提交事务　　D. 回滚事务

**二、填空题**

1. 数据库管理系统的主要功能有数据的定义、_____、数据库的控制、数据库的维护等。

2. 常见的数据库可以分类为 4 类,其中应用最广泛的为_____。

3. _____是一种特殊的编程语言,用于存取、查询、更新和管理关系型数据库。

4. Python 提供了一个标准数据库操作 API,称为_____,用于处理基于 SQL 的数据库的访问和操作。

5. Python 标准库中内置了 sqlite3 模块,加载代码为_____,用于支持 SQLite 数据库的操作,不需要额外的下载安装。

6. 执行完 SQL 语句后,如果修改了数据,应使用 Connection 对象的_____方法提交所作的修改,这样才会将修改后的数据保存到数据库文件中。

三、编程题

已知某个班级的某次考试成绩保存在一张名为"学生成绩表.xls"文件中(该 Excel 文件在教材资源文件中),部分信息如图 9.2 所示。请按要求编写代码,完成以下任务。

| 学号 | 语文 | 数学 | 英语 | 总分 |
|------|------|------|------|------|
| A001 | 72 | 70 | 69 | 211 |
| A002 | 58 | 86 | 73 | 217 |
| A003 | 91 | 67 | 57 | 215 |
| A004 | 54 | 98 | 65 | 217 |
| A005 | 63 | 64 | 96 | 223 |
| A006 | 84 | 98 | 68 | 250 |
| A007 | 80 | 81 | 58 | 219 |
| A008 | 62 | 100 | 60 | 222 |
| A009 | 82 | 89 | 57 | 228 |

图 9.2　学生成绩部分信息展示

1. 创建数据库 scores.db,将该学生成绩表中所有学生成绩信息添加到该数据库表中。

2. 查询数据库,返回三科都及格(单科≥60)的学生信息。

3. 查询数据库,将学生成绩按总分或语文、数学、英语单科从高到低排序输出。

4. 请建立一个格式化打印函数,以规范的方式打印第 2 题和第 3 题的结果。

5. 查询数据库,打印输出所有存在不及格科目(单科<60 分)的学生记录。

6. 查询数据库,返回指定科目的最高分、最低分以及平均分。

7. 更新数据库,将所有学生的数学成绩都加 5 分。

8. 将所有语文不及格的学生信息删除,并打印删除了多少条记录。

数据库相关的异常　　　再谈 Python 编程思想

# 第10章

# 常用标准库

本章主要介绍 Python 常用标准库。所谓的标准库是 Python 标准开发包安装完成后，Python 环境就自带的库，这些库可通过 import 语句直接加载，无须进行额外的 pip 安装。

这些标准库中常常包含了一些功能强大的函数或类，用户可以根据实际需求调用和使用，从而可大大地降低开发工作量。Python 安装包的标准库有很多，本章主要介绍 6 个常见的标准库，分别为：math 库、random 库、time 库、datetime 库、collections 库和 sys 库。

## 10.1  math 库

视频讲解

math 库定义了一些常用的数学常量，例如圆周率 π、自然对数 e 等，还定义了一些常用的数学计算函数，例如正余弦函数、对数函数、平方根函数等。一些常用的 math 库方法和属性如表 10.1 所示。

表 10.1  math 库的常用方法和属性

| 方　　法 | 作　　用 |
| --- | --- |
| sin(弧度)、cos(弧度) | 求某一弧度的正弦、余弦值，此外还有正切、余切函数 |
| radians(角度) | 角度转换为弧度 |
| degrees(弧度) | 弧度转换为角度 |
| dist(点 p,点 q) | 获取两点之间的欧式距离 |
| fabs(浮点数) | 返回一个数的绝对值 |
| factorial(整数) | 返回一个整数的阶乘，只能传递正整数，使用负数、小数会报错 |
| ceil(浮点数) | 对浮点数进行向上取整，结果为大于或等于参数值的最小整数 |
| floor(浮点数) | 对浮点数进行向下取整，结果为小于或等于参数值的最大整数 |
| trunc(浮点数) | 对浮点数取整，舍去小数部分 |
| pow(底数,指数) | 求幂，结果为底数的指数次方 |
| log(x,底数) | 返回 x 在指定底数下的对数，底数默认为自然数 e |
| log2(x)、log10(x) | 返回 x 分别在底数为 2 和 10 时的对数 |
| sqrt(浮点数) | 获取浮点数的平方根 |
| gcd(整数 x,整数 y) | 获取两个整数的最大公约数 |

| 方　法 | 作　用 |
|---|---|
| fsum(可迭代对象) | 对可迭代对象中的所有元素求和 |
| prod(可迭代对象) | 将可迭代对象中的所有元素相乘 |
| copysign(x,y) | 将 y 的符号复制给 x,同号不变,异号取反 |
| pi | 圆周率 π 的值 |
| e | 自然对数 e 的值 |

注意：在涉及三角函数的方法中,传入的角度是弧度制。

【示例 10.1】　math 库的常用方法演示。

```
1    from math import *                        #加载 math 库所有方法和属性
2
3    print(f"pi = {pi: .5}, e = {e: .5}")       #精度为小数点后 5 位
4    print(f"sin(pi/6) = {sin(pi/6)}")
5    print(f"sin(radians(30)) = {sin(radians(30))}")
6    print(f"radians(180) = {radians(180)}")
7    print(f"degrees(pi * 5) = {degrees(pi * 5)}")
8    print(f"dist([1,3],[1,8])) = {dist([1,3],[1,8])}")
9    print(f"dist([1,3,5,6],[1,8,2,4]) = {dist([1,3,5,6],[1,8,2,4])}")
10   print(f"fabs(-12.5) = {fabs(-12.5)}")
11   print(f"factorial(4) = {factorial(4)}")
12   print(f"ceil(4.6) = {ceil(4.6)}")
13   print(f"floor(4.6) = {floor(4.6)}")
14   print(f"trunc(-4.6) = {trunc(-4.6)}")
15   print(f"pow(2,3) = {pow(2,3)}")
16   print(f"log(8,2) = {log(8,2)}")
17   print(f"log2(8) = {log2(8)}")
18   print(f"log10(100) = {log10(100)}")
19   print(f"gcd(12,18) = {gcd(12,18)}")
20   print(f"fsum(range(10)) = {fsum(range(10))}")
21   print(f"prod([2,4,6]) = {prod([2,4,6])}")
22   print(f"copysign(3,-5) = {copysign(3,-5)}")
```

程序运行结果：

```
pi = 3.1416, e = 2.7183
sin(pi / 6) = 0.49999999999999994
sin(radians(30)) = 0.49999999999999994
radians(180) = 3.141592653589793
degrees(pi * 5) = 900.0
dist([1,3],[1,8])) = 5.0
dist([1,3,5,6],[1,8,2,4]) = 6.164414002968976
fabs(-12.5) = 12.5
factorial(4) = 24
ceil(4.6) = 5
floor(4.6) = 4
```

```
trunc(-4.6) = -4
pow(2,3) = 8.0
log(8,2) = 3.0
log2(8) = 3.0
log10(100) = 2.0
gcd(12,18) = 6
fsum(range(10)) = 45.0
prod([2,4,6]) = 48
copysign(3,-5) = -3.0
```

在程序示例 10.1 中使用了代码 from math import *,用以加载 math 库中的所有方法和属性,这是为了方便后面程序代码书写时显得简洁。一般不建议使用这种方式导入模块中的内容,以免发生函数、类及属性名称冲突的情况。

**注意**:在使用 math 库方法时,传递参数一定要遵守方法的参数要求。例如对于 fsum() 和 prod() 方法,括号内的参数必须是可迭代数值对象。math 库非常全面,包含了许多常见的数学计算,读者可自行查阅相关文档,了解本节未涵盖的其他方法及其使用技巧。

**思考与练习**

10.1　math 库中主要包含常用数学常量和_____两个方面的内容。

10.2　结合前面章节所学的知识,分析 math 库中 gcd() 函数的内部运行逻辑。请自行编写 gcd() 和 fabs() 函数,分别实现 math 库中 gcd()、fabs() 函数同样的功能。

10.3　请查阅资料,了解 math 库支持的数据类型。它们分别是(　　)。

　　A. 复数和浮点数　　　　　　　　B. 整数和浮点数
　　C. 复数和整数　　　　　　　　　D. 复数、浮点数和整数

10.4　math 库中有些函数功能很简单,完全可以用 1~2 行代码实现。比如用函数 pow(2,3) 求 2 的 3 次方,完全可以用 2**3 来算。而用函数 fmod(20,3) 来求 20 除以 3 的余数,也可以直接用 20%3 来计算。那么在实际运用中你觉得哪种方式更好?为什么?

## 10.2　random 库

视频讲解

random 库用来实现常见的随机数处理和操作,其采用梅森旋转算法(Mersenne Twister)生成伪随机数序列,该库的所有函数都基于 random.random() 函数扩展实现。random 库的常用方法如表 10.2 所示。

表 10.2　random 库的常用方法

| 方　　　法 | 作　　　用 |
| --- | --- |
| seed() | 设置随机种子,默认为当前时间戳。随机种子相同生成的随机序列相同 |
| random() | 随机生成一个[0,1)之间的浮点数 |
| randint(a,b) | 随机生成一个[a,b]之间的整数 |

续表

| 方　　法 | 作　　用 |
|---|---|
| randrange([start],stop, [step]) | 从 range(start,stop)中,以 step 为步长,随机(均匀分布)选择一个数 |
| choice(seq) | 随机返回序列 seq 中的一个元素(均匀分布) |
| choices(seq,k) | 随机返回序列 seq 中 k 个元素组成的列表(可重复,放回抽取,可设置每个元素被抽取的概率) |
| sample(seq,n) | 从给定序列中随机(均匀)选择指定数量的元素,并确保元素不相同(不放回抽取) |
| shuffle(seq) | 随机打乱一个可变序列 seq 的元素顺序(原地操作) |
| uniform(a,b) | 返回一个 a～b 的随机实数(均匀分布) |
| getrandbits(k) | 生成一个 k 比特长度的随机整数 |
| normalvariate(mean,stdvalue) | 随机生成一个满足指定均值 mean 和标准差 stdvalue 的正态分布的数 |

**【示例 10.2】 random 库的常用方法演示。**

```
1   #导入 random 模块并将其命名为 r
2   import random as r
3
4   print(f"r.randrange(10,21,2) = {r.randrange(10,21,2)}")
5   u5 = [r.uniform(20,50) for i in range(5)]
6   print(f"均匀抽取(20,50)间的 5 个实数:{u5}")
7   s5 = r.sample(range(20,50), k=5)
8   print(f"不放回抽取(20,50)间的 5 个数:{s5}")
9   a = [3, 9, 6, 20, 50, 46, 27, 64, 72, 15]
10  print(f"随机返回列表 a 中的 1 个数:{r.choice(a)}")
11  c5 = r.choices(range(20,50),k=5)
12  print(f"放回抽取(20,50)间的 5 个数:{c5}")
13  b = list(range(10))
14  r.shuffle(b)
15  print(f"随机打乱 list(range(10))的元素:{b}")
16  r.seed(125)              #指定随机种子
17  print(f"r.randint(1, 20), r.randint(1, 100) = {r.randint(1, 20)}, {r.randint(1, 100)}")
18  #在随机种子用完后,会再使用系统默认的随机种子
19  print(f"r.randint(1, 20), r.randint(1, 100) = {r.randint(1, 20)}, {r.randint(1, 100)}")
20  r.seed(125)              #再次指定随机种子
21  print(f"r.randint(1, 20), r.randint(1, 100) = {r.randint(1, 20)}, {r.randint(1, 100)}")
```

程序运行结果:

```
r.randrange(10,21,2) = 20
均匀抽取(20, 50)间的 5 个实数:[24.313505301892548, 48.645728404897994,
45.621049499180955, 40.08322205081559, 25.069817118217276]
```

```
不放回抽取 (20, 50) 间的 5 个数: [42, 37, 23, 22, 25]
随机返回列表 a 中的 1 个数: 46
放回抽取 (20, 50) 间的 5 个数: [46, 44, 30, 42, 38]
随机打乱 list(range(10)) 的元素: [0, 6, 7, 8, 4, 2, 5, 1, 9, 3]
r.randint(1, 20), r.randint(1, 100) = 8, 29
r.randint(1, 20), r.randint(1, 100) = 20, 39
r.randint(1, 20), r.randint(1, 100) = 8, 29
```

对于同一功能,通常会有多种方法可以达到相同的作用,例如"随机生成 5 个[20,30]之间的整数,允许重复",除了示例中提供的方法外,也可以使用列表推导式来实现。random 库的方法较为繁杂,读者需要不断地练习才能熟练掌握。

**思考与练习**

10.5　random 库的方法很多,其大部分方法都具有(　　)特征。

　　A. 随机性　　　　B. 丰富性　　　　C. 全面性　　　　D. 多样性

10.6　随机方法在日常生活中其实应用很多,例如打扑克时的随机洗牌,随机生成抽奖号码等。请再举出 1~2 个可以通过随机方法解决的生活问题。

10.7　choices() 和 sample() 都是随机抽取元素,请说出它们最主要的区别。

10.8　请查阅资料,了解下伪随机数的概念,并分析 random 库方法产生的随机数是否为真正的随机数。

# 10.3　time 库和 datetime 库 *

视频讲解

Python 的时间表达形式有三种,即结构化时间、时间戳和字符串时间。下面对这三种形式做简单介绍。

(1) 结构化时间:用一个元组表示,包含年份、月份、日期、小时、分钟、秒、星期、一年中的天数和是否夏令时 9 部分内容,每一部分都有相应的取值范围,例如月份是 1~12,小时是 0~23,分钟是 0~59。需要特别说明的是,星期的取值范围是 0~6,星期一为 0,星期日为 6,以此类推。另外还有夏令时,夏令时如果取值为 0,表示标准时间,不采用夏令时;如果为 1,则表示采用夏令时。

(2) 时间戳:表示从 1970 年 1 月 1 日开始到现在的时间(单位为秒),它是一个浮点数。

(3) 字符串时间:按照用户自定义的形式进行时间显示,例如年月日或者是日月年,完全由用户来进行设置。

以上三种时间表现形式,结构化时间和时间戳对于一般用户来说,时间的显示不太直观,而字符串时间比较常见。通常在手机或者计算机上看到的时间形式都是字符串时间。这三种时间表现形式可以通过相应函数进行相互转换。转换关系如图 10.1 所示。

**1. time 库**

time 模块提供了各种与时间戳、时间相关的类和处理函数。其常用方法如表 10.3 所示。

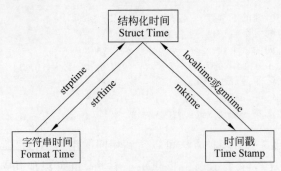

图 10.1　time 库时间形式转换图

表 10.3　time 库的常用方法

| 方　　法 | 作　　用 |
| --- | --- |
| time() | 返回从 1970 年 1 月 1 日到现在的时间(单位为秒),返回值为浮点数 |
| time_ns() | 返回从 1970 年 1 月 1 日到现在的时间(单位为纳秒),返回值为整型 |
| localtime([seconds]) | 将时间戳转化成时间元组(本地时间),时间戳默认为当前时间 |
| gmtime([seconds]) | 将时间戳转化成时间元组(世界标准时间),时间戳默认为当前时间 |
| mktime(tuple) | 将时间元组(本地时间)转化成对应的时间戳 |
| asctime([tuple]) | 将时间元组转化成默认的字符串格式,默认元组为当前时间 |
| ctime(seconds) | 将时间戳转化成默认的字符串格式,时间戳默认为当前时间 |
| strftime(format[,tuple]) | 将指定的时间元组转化成相应的字符串格式,时间元组默认为当前时间 |
| strptime(string,format) | 根据格式将时间字符串解析成时间元组格式 |
| sleep(seconds) | 程序休眠一定时间再执行后面语句,单位为秒,支持浮点数 |

【示例 10.3】　time 库中的常用方法演示。

```
1    import time as t                                    #为 time 库定义别名 t
2
3    print (f"t.time(): {t.time()}")                     #当前时间戳
4    print(f"t.localtime(): {t.localtime()}")            #本地时间元组
5    print(f"t.gmtime(): {t.gmtime()}")                  #世界时间元组
6    print(f"t.asctime(): {t.asctime()}")                #默认的字符串时间
7    print(f"t.ctime(1716850617): {t.ctime(1716850617)}") #时间戳->默认字符时间
8    print(f"t.mktime(t.localtime()): {t.mktime(t.localtime())}")
     #本地时间元组->时间戳
9    str1 = f"t.strftime('%Y-%m-%d %H: %M: %S %A'): "+\  #自定义字符串时间格式
10       "{t.strftime('%Y-%m-%d %H: %M: %S %A')}"
11   print(str1)
12   #将时间格式字符串解析成时间元组格式
13   mt = t.strptime("2025/03/03 10: 36","%Y/%m/%d %H: %M")
14   print(f"mt: {mt}")
15   print(f"t.asctime(mt): {t.asctime(mt)}")            #默认的字符串时间显示
16   print(f"t.mktime(mt): {t.mktime(mt)}")              #时间元组对应的时间戳
17   date = t.localtime()
```

```
18    year, month, day = date[: 3]
19    print(f"year, month, day = {year}, {month}, {day}")    #获得元组的前 3 项内容
20    for i in range(5):
21        print(i, end="  ")
22        t.sleep(1)                                          #程序休眠 1 秒
```

程序运行结果：

```
t.time(): 1716651330.9158475
t.localtime(): time.struct_time(tm_year=2024, tm_mon=5, tm_mday=25, tm_hour
=23, tm_min=35, tm_sec=30, tm_wday=5, tm_yday=146, tm_isdst=0)
t.gmtime(): time.struct_time(tm_year=2024, tm_mon=5, tm_mday=25, tm_hour=15,
tm_min=35, tm_sec=30, tm_wday=5, tm_yday=146, tm_isdst=0)
t.asctime(): Sat May 25 23: 35: 30 2024
t.ctime(1746651270): Thu May  8 04: 54: 30 2025
t.mktime(t.localtime()): 1716651330.0
t.strftime('%Y-%m-%d %H: %M: %S %A'): 2024-05-25 23: 38: 28 Saturday
mt: time.struct_time(tm_year=2025, tm_mon=3, tm_mday=3, tm_hour=10, tm_min=
36, tm_sec=0, tm_wday=0, tm_yday=62, tm_isdst=-1)
t.asctime(mt): Mon Mar  3 10: 36: 00 2025
t.mktime(mt): 1740969360.0
year, month, day = 2024, 5, 25
0  1  2  3  4
```

可以发现，localtime()和 gmtime()方法打印出来的时间除了小时不同之外，其他的都是一样的，小时之间相差 8，这是因为北京时间是在东八区，与标准时间相差 8 个时区。

在自定义字符串时间格式中，每个时间格式化字符都有自己的作用和含义。常用的时间格式化字符如表 10.4 所示。

视频讲解

表 10.4　常用的时间格式化字符

| 字符 | 含　义 | 字符 | 含　义 |
|---|---|---|---|
| %Y | 带世纪的年份,如 2025 | %z | 时区 |
| %y | 不带世纪的年份,如 25 | %H | 24 小时制[00,23] |
| %m | 数字月份[01,12] | %I | 12 小时制[01,12] |
| %B | 月份全称,如 April | %M | 分钟[00,59] |
| %b | 月份缩写,如 Apr | %S | 秒[00,59] |
| %d | 月份中的第几天[01,31] | %p | AM 或 PM |
| %j | 一年中的第几天[001-366] | %X | 本地时间表示,19:09:31 |
| %w | 一周中的第几天[0-6],周日为 0 | %x | 本地日期表示,如 03/05/2025 |
| %A | 完整的周几名称,如 Monday | %c | 本地默认的时间日期表示 |
| %a | 简写的周几名称,如 Mon | %F | %Y-%m-%d 的缩写(如 2025-5-18) |
| %Z | 当前时区的名称 | %D | %m/%d/%y 的缩写(如 05/18/25) |

**注意**：时间格式化符的大小写含义并不相同。字符串时间转换为元组时间时,除了需解析的地方用%特定符号表示外,其他地方都需要原样输入,例如空格、逗号、冒号等,否则无法匹配。

视频讲解

### 2. datetime 库

time 模块主要用于处理时间戳和一些基本的时间操作,而 datetime 模块提供了更丰富的日期和时间处理功能,包括日期时间对象的创建、比较、运算和格式化等,能够以更直观的方式处理日期和时间对象。

datetime 库以格林尼治时间为基础,提供多种日期和时间的表达方式。其常用子库如下。

(1) datetime.date(年,月,日)：可以表示年月日等,常用属性包括 year、month、day 等。

(2) datetime.time(小时,分钟,秒,毫秒)：可以表示小时、分钟、秒、毫秒等。

(3) datetime.datetime(年,月,日,小时,分钟,秒,毫秒)：可同时表示日期和时间,常用属性包括 year、month、day、hour、minute、second、microsecond 等。

datetime 常用方法及子库方法如表 10.5 所示。

表 10.5　datetime 库常用方法及子库方法

| 方　　法 | 作　　用 |
| --- | --- |
| date.today() | 返回当前日期时间对象 |
| date() | 返回一个日期对象 |
| datetime() | 返回一个日期时间对象 |
| datetime.timetuple() | 返回日期时间对象的元组形式 |
| datetime.now() | 获得当前日期和时间的 datetime 对象 |
| datetime.utcnow() | 获得当前日期和时间对应 UTC 时间的 datetime 对象 |
| timedelta() | 返回 timedelta 对象,它表示一段时间 |
| datetime.replace() | 替换 datetime 时间序列中的一些值 |
| datetime.isoformat() | 采用 ISO 8601 标准显示时间 |
| datetime.strftime(format) | 根据格式化字符 format 进行格式化时间显示(与 time 库一致) |
| datetime.strptime(format) | 将日期字符串转换为 datetime 对象(与 time 库一致),作用和 strftime() 方法相反,但格式字符串用法相同 |

**【示例 10.4】　datetime.date 子库方法和属性演示。**

视频讲解

```
1    import datetime                          #加载 datetime 库
2
3    today = datetime.date.today()            #获得当前日期时间对象
4    print(f"当前日期：{today}")
5    print(f"今年年份：{today.year}")
6    print(f"距离新年第 1 天：{today-datetime.date(today.year, 1, 1)}")
7    print(f"今年已过去：{today-datetime.date(today.year,1,1)+datetime.
     timedelta(days=1)}")
```

```
8      print(f"一个月已过去：{today.day}")
9      print(f"一年已过去：{today.timetuple().tm_yday}")
10     print(f"2018 年的今天：{today.replace(year=2018)}")
```

程序运行结果：

```
当前日期：2024-05-26
今年年份：2024
距离今年第 1 天：146 days, 0：00：00
今年已过去：147 days, 0：00：00
一个月已过去：26
一年已过去：147
2018 年的今天：2018-05-26
```

**【示例 10.5】** datetime 常用方法和属性演示。

视频讲解

```
1      import time, datetime              #加载 time, datetime 库
2
3      #获得当前日期和时间的 datetime 对象;
4      print(f"当前日期和时间：{datetime.datetime.now()}")
5      #获得当前日期和时间对应的 UTC 时间的 datetime 对象;
6      print(f"当前 UTC 日期和时间：{datetime.datetime.utcnow()}")
7      #返回 timedelta 对象,它表示一段时间;
8      delta = datetime.timedelta(days=11, hours=10, minutes=9, seconds=8)
9      #返回以字符串表达的 timedelta 对象
10     print(f"str(delta)：{str(delta)}")
11     print(f"delta 的 days, socondes：{delta.days}, {delta.seconds}")
12     print(f"delta 的 microseconds, total_seconds：{delta.microseconds},
       {delta.total_seconds()}")
13     now = datetime.datetime.now()
14     print(f"now.date()：{now.date()}")
15     print(f"now.time()：{now.time()}")
16     print(f"now.year, now.month：{now.year}, {now.month}")
17     print(f"now.hour, now.minute：{now.hour}, {now.minute}")
18     tendays = datetime.timedelta(days=10)
19     #将 datatime 对象与 timedelta 对象相加,将得到一个 datetime 对象
20     #但两个 datetime.datetime 对象相减, 会产生一个 timedelta 对象
21     print(f"now+tendays：{now+tendays}")
22     year25 = datetime.datetime(2025, 3, 12, 10, 28, 3, 983974)
23     print(f"year25+tendayS* 2：{year25+tendayS* 2}")
24     #替换 datetime 时间序列中的一些值
25     print(f"now.replace(month=5)：{now.replace(month=5)}")
26     #iso 结构化时间
27     isotime = now.isoformat()
28     print(f"now.isoformat()：{now.isoformat()}")
29     #时间的格式化字符展示
30     print(f"now.strftime('%Y-%M-%D %H：%M')：{now.strftime('%Y-%M-%D %H：%M')}")
31     print(f"now.strftime('%I：%M %p')：{now.strftime('%I：%M %p')}")
32     print(f"now.strftime('%B of %y')：{now.strftime('%B of %y')}")
```

```
33    #格式字符串转换为 datetime 对象,注意字符串必须和日期字符串精确匹配,否则报错
34    print("strptime('October 21, 2025', '%B %d, %Y')->")
35    print(f"{datetime.datetime.strptime('October 21, 2025', '%B %d, %Y')}")
36    print("strptime('May 21, 2025 16: 29', '%B %d, %Y %H: %M')->")
37    print(f"{datetime.datetime.strptime('May 21, 2025 16: 29', '%B %d, %Y %H: %M')}")
38    curtime = time.time()
39    #将时间戳转换为 datetime 对象
40    now = datetime.datetime.fromtimestamp(time.time())
41    print(f"时间戳转换为 datetime 对象: {now}")
42    new2025 = datetime.datetime(2025, 10, 31, 0, 0, 0)
43    new2026 = datetime.datetime(2026, 10, 31, 0, 0, 0)
44    #时间靠后的 datetime 对象更大
45    print(f"new2025 < new2026: {new2025 < new2026}")
```

程序运行结果:

```
当前日期和时间: 2024-05-26 23: 29: 24.432267
当前 UTC 日期和时间: 2024-05-26 15: 29: 24.432267
str(delta): 11 days, 10: 09: 08
delta 的 days, socondes: 11, 36548
delta 的 microseconds, total_seconds: 0, 986948.0
now.date(): 2024-05-26
now.time(): 23: 29: 24.432267
now.year, now.month: 2024, 5
now.hour, now.minute: 23, 29
now+tendays: 2024-06-05 23: 29: 24.432267
year25+tendayS* 2: 2025-04-01 10: 28: 03.983974
now.replace(month=5): 2024-05-26 23: 29: 24.432267
now.isoformat(): 2024-05-26T23: 29: 24.432267
now.strftime('%Y-%M-%D %H: %M'): 2024-29-05/26/24 23: 29
now.strftime('%I: %M %p'): 11: 29 PM
now.strftime('%B of %y'): May of 24
strptime('October 21, 2025', '%B %d, %Y')->2025-10-21 00: 00: 00
strptime('May 21, 2025 16: 29', '%B %d, %Y %H: %M')->2025-05-21 16: 29: 00
时间戳转换为 datetime 对象: 2024-05-26 23: 35: 11.365182
new2025 < new2026: True
```

另外,time 库的 time()方法还常用于程序代码的执行时间统计,用以分析程序的性能。而标准库 timeit 的模块也提供了对小段代码运行时间进行统计的功能。

【示例 10.6】 程序执行时间分析。

视频讲解

```
1    import time, timeit                              #加载库
2
3    start = time.time()
4    total = 0
5    for i in range(10000, 100001):                   #for 循环求平方和
6        total += i ** 2
7    end = time.time()
```

```
8    print(f"10000-100001 的平方和执行时间(for 循环): {end-start}s.")    #计算执行时间
9    start = time.time()
10   total = sum([i**2 for i in range(10000, 100001)])                 #列表推导式
11   end = time.time()
12   print(f"10000-100001 的平方和执行时间(列表推导式): {end-start}s.")
                                                                       #计算执行时间
13   ts10 = "sum([i**2 for i in range(10000, 100001)])"
14   print(f"执行 10 次(列表推导式): {timeit.timeit(ts10, number=10)}")
                                                                       #计算执行时间
15   print(f"执行多条语句(100 万次): {timeit.timeit('a=6; b=9; c=a**b')}")
                                                                       #执行多条语句
```

程序运行结果：

```
10000-100001 的平方和执行时间(for 循环): 0.012964725494384766s.
10000-100001 的平方和执行时间(列表推导式): 0.0080175399780027344s.
执行 10 次(列表推导式): 0.07400099999995291
执行多条语句(100 万次): 0.07753240000010919
```

在 timeit.timeit()方法中，参数 number 默认值为 1000000，即统计代码执行一百万次的时间总和。

**思考与练习**

10.9　Python 中用于表达时间的三种形式是_____、_____和_____，常使用的时间表达形式为_____。

10.10　通过 localtime(时间戳)和 gmtime(时间戳)方法打印出来的时间有什么区别？为什么？

10.11　时间格式化字符会有大小写的区别，请问功能上有区别吗？请举一个例子说明时间格式化字符大小写的不同含义。

10.12　编写函数 power(a,n)，实现 a**n 计算，并分析该函数与 math 库中 pow(a,n)函数的执行效率的区别。

10.13　编写递归函数 fac(n)用于计算 n 的阶乘，并分析该函数与 math 库中 factorial(n)函数的执行效率的区别。

# 10.4　collections 库*

视频讲解

第 4 章讲解了字典、列表、集合、元组等序列数据类型，在这些数据类型的基础上，collections 模块提供了一些具有特定功能的类和函数。如 Counter 类可以统计可迭代对象中每个元素出现的次数，defaultdict 可以给字典赋默认的值，OrderedDict 可以记录字典中键值对插入的顺序等。

其中，defaultdict 支持所有的字典操作，当访问字典中不存在的键时，返回默认值，而不会直接报错，这也是和字典不同的地方。

**【示例 10.7】** 统计字符串中每个字符出现的次数。

```
1    from collections import defaultdict        #defaultdict 可以避免空键值对报错
2
3    txt = "this is a good python book"
4    c = defaultdict(int)                        #int 参数表示默认值为 0
5    for char in txt:
6        c[char] += 1
7    print(c)
8    for key, value in c.items():                #调用 c 的 items()方法,for 循环读取
9        print(f"{key}: {value}", end="  ")
```

程序运行结果:

```
defaultdict(<class 'int'>, {'t': 2, 'h': 2, 'i': 2, 's': 2, ' ': 5, 'a': 1, 'g':
1, 'o': 5, 'd': 1, 'p': 1, 'y': 1, 'n': 1, 'b': 1, 'k': 1})
t: 2  h: 2  i: 2  s: 2   : 5  a: 1  g: 1  o: 5  d: 1  p: 1  y: 1  n: 1  b: 1  k: 1
```

视频讲解

Counter 类可方便地实现可迭代对象中的元素计数。它是一个键值对的集合,键为元素,值为该对象出现的次数,实际上可把它看成一个计数器工具。

创建 Counter 对象的主要方式如下:

(1) 初始化一个空 Counter 对象;

(2) 初始化一个 Counter 对象,传递可迭代对象,其元素为不可变类型;

(3) 初始化一个 Counter 对象,传递一个字典,要求值必须为整型;

(4) 初始化一个 Counter 对象,传递关键字参数,要求参数值为整数。

**【示例 10.8】** 使用 4 种方式创建 Counter 对象。

```
1    from collections import Counter
2
3    c1 = Counter()                                      #创建一个空对象
4    print(c1)
5    c2 = Counter([1, 2, 1, 3, 1, 2, 3, 4])              #对可迭代对象进行计数
6    print(c2)
7    c3 = Counter({"red": 4,"blue": 3})                  #通过字典创建
8    print(c3)
9    c4 = Counter(red=104, green=152, blue=201)          #通过关键字参数创建
10   for key, value in c4.items():
11       print(f"key: value->{key}: {value}")
12   txt = "this is a good python book"                  #对字符串中的字符进行计数
13   print(Counter(txt))
```

程序运行结果:

```
Counter()
Counter({1: 3, 2: 2, 3: 2, 4: 1})
Counter({'red': 4, 'blue': 3})
key: value->red: 104
key: value->green: 152
key: value->blue: 201
Counter({' ': 5, 'o': 5, 't': 2, 'h': 2, 'i': 2, 's': 2, 'a': 1, 'g': 1, 'd': 1, 'p':
1, 'y': 1, 'n': 1, 'b': 1, 'k': 1})
```

由于 Counter 类可以方便地统计可迭代对象中元素的数量,因此示例 10.8 分别使用 Counter 类统计列表和字符串中元素出现的次数,并且还可以根据需要对这些元素频次进行排序。

Counter 类的常用方法如表 10.6 所示。

视频讲解

表 10.6　Counter 类的常用方法

| 方　　法 | 作　　用 |
| --- | --- |
| most_common(n) | 以降序形式返回出现次数最多的前 n 个元素。如果 n 省略,则返回所有元素,按照出现的次数降序排列,返回结果为一个列表,列表中每个元素为元组,由统计对象的元素和对应的频次构成 |
| elements() | 返回一个迭代器,每个元素将按首次出现的顺序返回,如果一个元素的计数小于 1,则会忽略 |
| subtract(iterable) | 从已有对象中减去相应数量的元素,最终结果中有些元素出现的次数可能为负数 |
| update(iterable) | 在已有对象的基础上加上相应数量元素的出现次数 |

此外,Counter 对象还支持加(+)、减(−)、并(|)、交(&)等操作。

【示例 10.9】　Counter 类常用方法演示。

```
1    from collections import Counter
2
3    c1 = Counter("aaabbbccc")
4    c2 = Counter("dddaacc")
5    print(f"c1: {c1}")
6    print(f"c2: {c2}")
7    print(f"c1==c2: {c1==c2}")        #判断 c1, c2 组成元素是否一致
8    c1.subtract(c2)                   # Counter({'b': 3, 'a': 1, 'c': 1, 'd': -3})
9    print(f"c1.subtract(c2): {c1}")
10   c1 = Counter("aaabbbccc")
11   c2 = Counter("dddaacc")
12   c1.update(c2)                     #也可用 c1 += c2, c1 |= c2 等价操作
13   print(f"c1.update(c2): {c1}")
14   print(f"list(c1.elements()): {list(c1.elements())}")
```

程序运行结果:

```
c1: Counter({'a': 3, 'b': 3, 'c': 3})
c2: Counter({'d': 3, 'a': 2, 'c': 2})
c1==c2: False
c1.subtract(c2): Counter({'b': 3, 'a': 1, 'c': 1, 'd': -3})
c1.update(c2): Counter({'a': 5, 'c': 5, 'b': 3, 'd': 3})
list(c1.elements()): ['a', 'a', 'a', 'a', 'a', 'b', 'b', 'b', 'c', 'c', 'c', 'c',
'c', 'd', 'd', 'd']
```

【示例 10.10】　Counter 类的 most_common()方法。

```
1    from random import choices
2    from collections import Counter
3
```

```
4    strs = ''.join(choices("abcdefg", k=20))
5    print(f"strs: {strs}")
6    fre = Counter(strs)
7    print(f"fre.items: {fre.items()}")          #输出 Counter 对象的所有元素
8    print(f"fre.most_common(3): {fre.most_common(3)}")
9    #按频次降序输出 fre 前 3 个元素
10   print(f"fre.most_common(): {fre.most_common()}")
11   #按频次降序输出 fre 所有元素
```

视频讲解

程序运行结果：

```
strs: ccaeeeaabfdbdeaefede
fre.items: dict_items([('c', 2), ('a', 4), ('e', 7), ('b', 2), ('f', 2), ('d', 3)])
fre.most_common(3): [('e', 7), ('a', 4), ('d', 3)]
fre.most_common(): [('e', 7), ('a', 4), ('d', 3), ('c', 2), ('b', 2), ('f', 2)]
```

可以看到,Counter 类中的方法可以实现许多实用的统计功能,读者可以多加实践,以更加熟练地掌握它。

**思考与练习**

10.14   collections 模块中_____类可以统计可迭代对象中每个元素出现的频次。

10.15   collections 模块中 defaultdict 较为常用,请简述它的优点。

10.16   判断题：初始化一个 Counter 对象时,既可以传递可迭代对象给它,也可以传递字典对象给它。

10.17   程序示例 10.10 用到了 most_common()方法,实现了 Counter 对象元素按频次降序输出。请修改该示例代码,实现元素按频次升序输出结果。

视频讲解

# 10.5   其他常用标准库

视频讲解

除了前面介绍的 math 库、random 库、time 库、datetime 库和 collections 库外,还有些标准库也较为常用,如表 10.7 所示。

表 10.7   其他常用标准库

| 方　法 | 作　　用 |
|---|---|
| sys | 让用户能够访问与 Python 解释器相关的变量和函数 |
| enum | 用于对枚举类型进行操作 |
| hashlib | 计算字符串的签名,主要应用于加密和安全领域 |
| logging | 用于管理程序日志 |
| statistics | 用于数据统计分析 |
| timeit | 用于测量代码段的执行时间 |
| profile | 用于对程序代码进行效率分析 |
| trace | 用于对程序代码的覆盖率进行分析 |
| re | 用于正则表达式的编写、匹配、检索等操作,功能强大。下一章将集中介绍 re 库 |

限于篇幅，表 10.7 的常用标准库就不一一详细介绍，感兴趣的读者可以自己查阅相关文献，了解这些库的使用方式。这里只对 sys 库调用进行简单展示。

**【示例 10.11】 sys 库的调用。**

```
1    import sys
2
3    print(f"sys.path: {sys.path}")              #打印系统 path 环境变量内容
4    print(f"sys.stdin: {sys.stdin}")            #打印标准输入流
5    print(f"sys.stdout: {sys.stdout}")          #打印标准输出流
6    print(f"sys.stderr: {sys.stderr}")          #打印标准错误流
7    print(f"sys.platform: {sys.platform}")      #打印运行解释器的平台信息
8    sys.exit()                                  #退出当前程序
```

程序运行结果：

```
sys.path: ['C:\\ProgramData\\anaconda3\\python311.zip', ...]
sys.stdin: <_io.TextIOWrapper name='<stdin>' mode='r' encoding='gbk'>
sys. stdout: < spyder _ kernels. console. outstream. TTYOutStream  object  at
0x0000026E468AB220>
sys. stderr: < spyder _ kernels. console. outstream. TTYOutStream  object  at
0x0000026E468AB250>
sys.platform: win32
```

另外，sys 库还有一个属性 sys.argv，可用于向解释器传递参数，且可以包含脚本程序名称。

**思考与练习**

10.18  Python 常用标准库中，_____库可用于管理程序日志。

10.19  请使用 timeit 库进行列表推导式和生成器推导式的执行效率对比。

10.20  编写程序，使用 sys 库获取用户向解释器传递的参数，并打印出这些参数。

# 10.6  本章小结

常用标准库是 Python 标准开发包安装好后，Python 环境就自带的库。这些常用标准库中包含了一些功能强大的函数或类，通过使用它们可大大提升开发效率。

首先，本章介绍了 math 库。math 库定义了一些数学常量，例如圆周率 π 和自然常数 e 等，还定义了很多常用的数学函数，例如求平方根、求幂、求三角函数和求对数的函数等。

random 库用来实现常见的随机处理和操作。通过调用 random 库的方法，可以实现从一个序列中随机抽取一个或几个数据，生成指定范围内的随机数，或者把数据顺序打乱等诸多功能。

在 Python 语言中，时间有三种表现形式，分别为结构化时间、时间戳和字符串时间。结构化时间通过元组来表示，里面包含 9 部分时间信息。时间戳是一个浮点数据类型，是从 1970 年 1 月 1 日开始到当前的时间表达，以秒为单位。字符串时间形式可以按照用户自定义的形式进行设置,更符合用户时间表达习惯。time 模块提供了各种与时间戳、时间相关的类和处理函数,并可以实现三种时间形式的相互转化。而 datetime 模块提供了更丰富的日期和时间处理功能,包括日期时间对象的创建、比较、运算和格式化等,能够以更直观的方式处理日期和时间对象,对用户更加友好。在使用 time 库和 datetime 库时,比较特殊的是字符串时间形式,里面涉及很多格式化的时间表示形式,要注意区分它们的作用和用法。

collection 库是对 Python 字典、列表、集合以及元组等容器类型的功能扩展。其中,defaultdict 可以给字典中的键生成一个默认值,从而不会出现因访问不到键对应的值而导致程序报错的问题。Counter 类可用于统计可迭代对象中的元素数量,它类似于一个计数器工具,可自动得到统计结果。OrderedDict 可以记录字典中键值对的插入顺序,并保持这种顺序不变。

除了上述这 5 个库外,还有些标准库也较为常用,限于篇幅,本章就不详细介绍,感兴趣的读者可以自己查阅相关文献,了解这些库的使用方式。

# 课后习题

**一、单选题**

1. math 库常用于进行数学计算,其中 fabs() 函数的作用是( )。
    A. 返回一个数的整数部分         B. 返回一个数的绝对值
    C. 将一个数转换成字符串         D. 取一个数的小数部分

2. random 库常用于随机数的产生和处理,其中 randint(a,b) 函数的作用是( )。
    A. 返回[a,b]之间的一个浮点数     B. 返回[a,b]之间的一个整数
    C. 返回(a,b)之间的一个浮点数     D. 返回(a,b)之间的一个整数

3. 关于 random 库的两个方法,choices(seq,k) 和 sample(seq,n),以下阐述正确的是( )。
    A. choices(seq,k) 是有放回抽取,即元素会重复,sample(seq,n) 取到的元素不会重复
    B. choices(seq,k) 是无放回抽取,即元素不会重复,sample(seq,n) 取到的元素会重复
    C. choices(seq,k) 和 sample(seq,n) 都是无放回抽取,即元素不会重复
    D. choices(seq,k) 和 sample(seq,n) 都是有放回抽取,即元素会重复

4. 关于 time 库的 time() 方法,以下阐述正确的是( )。
    A. 返回从 1970 年 1 月 1 日到现在的时间(单位为秒),返回值为整数
    B. 返回从 2000 年 1 月 1 日到现在的时间(单位为秒),返回值为浮点数
    C. 返回从 2000 年 1 月 1 日到现在的时间(单位为秒),返回值为整数
    D. 返回从 1970 年 1 月 1 日到现在的时间(单位为秒),返回值为浮点数

5. collections 模块提供了一些具有特定功能的类和函数,其中( )可以统计可迭代对象中每个元素出现的次数。
    A. defaultdict     B. OrderedDict     C. Counter     D. 以上都不是

**二、填空题**

1. math 库定义了一些常用的数学常量，例如，圆周率表示为________、自然对数表示为________等。

2. random 库用来实现常见的随机数处理和操作，其生成的随机数并不是真正意义上的随机数，被称为________。

3. Python 的时间表达形式有三种，即结构化时间、________和字符串时间。

4. localtime()和 gmtime()方法打印出来的时间元组，除了________不同之外，其余都相同。

5. 当用户初始化一个 Counter 对象，并传递可迭代对象参数时，要求该可迭代对象元素为________。

6. 在常用标准库中，________库可用于正则表达式的编写、匹配、检索等，功能强大。

**三、编程题**

1. 某武术爱好者进行能力训练，设第 1 天的能力值为 1.0。以此为基数，当完成 1 天训练时，能力值相比前 1 天提高 0.001，当没有训练时能力值相比前 1 天下降 0.001。假设武术爱好者 A 每天都进行训练，而武术爱好者 B 只训练了第 1 天，后面都不再训练，那么一年下来他们的能力值相差多少？

2. 请使用 random 库的方法，编写一个生成随机 4 位数字验证码的程序。

3. 对上面的程序加以改进，使得生成的随机验证码不仅有数字，而且还可以包含字母。

4. time 库可用来计算程序代码的执行时间。请编写程序计算第 1 题实现代码的运行时间。

5. 生成一个字典，将集合 ls={11,22,33,44,55,66,77,88,99,90}中所有大于 66 的值保存至字典的第 1 个键对应的值中，将小于或等于 66 的值保存至第 2 个键对应的值中。

6. 编写一个程序，模拟打印下载进度效果，每隔 0.2 秒打印一次下载进度，要求下载进度只在同一行打印，每次打印的进度不同，下载完成后打印“下载完成！”(同一行打印不换行)。程序执行效果分别如图 10.2 所示。

```
当前下载进度为：11%    当前下载进度为：51%    下载完成！
```

图 10.2　程序执行效果图

7. 编写一个程序，随机生成 1000 个字母，包含大小写字母，然后统计各个字母出现的次数。统计时忽略字母的大小写，最后将统计结果按照字母出现的次数从高到低排序输出。

8. 已知某班级学生的年龄分布如图 10.3 所示。

```
ages = [("a", 19), ("b", 20), ("c", 20), ("d", 19), ("e", 21),
        ("f", 19), ("g", 18), ("h", 19), ("i", 21), ("j", 21),
        ("k", 18), ("l", 19), ("m", 18), ("n", 21), ("o", 18),
        ("p", 19), ("q", 18), ("r", 19), ("s", 20), ("t", 19),
        ("u", 19), ("v", 20), ("w", 19), ("x", 20), ("y", 20),
        ("z", 19)]
```

图 10.3　某班级学生的年龄分布

编写程序将学生按照年龄分类，并按照年龄从大到小打印出各年龄下的学生姓名列表。

# 第11章

# 正则表达式 *

正则表达式(regular expression)是文本模式的表述方法,它使用预定义的特定模式去匹配一类具有共同特征的字符串。正则表达式主要用于字符串处理,可快速、准确地完成复杂的查找、替换等处理要求,在数据分析、网络爬虫等领域应用广泛。

Python 语言的常用标准库 re 是专门用来处理正则表达式的标准库,包含了许多正则表达式的处理函数、类及属性。有关 Python 正则表达式处理库 re 的使用规范,可以查看官网地址 https://docs.python.org/3/library/re.html。

## 11.1 正则表达式的构建及常用方法

视频讲解

### 11.1.1 正则表达式的应用步骤

正则表达式的常规应用步骤如下。

(1) 导入正则表达式模块 re。

(2) 使用 re.compile()方法构建一个模式(pattern)对象,通常建议使用原始字符串方式表示。

(3) 向模式对象的 search()或 findall()等方法传入想查找的字符串。如果字符串中找到了该正则表达式对象匹配的字符串,将返回一个匹配(Match)对象或列表,否则返回 None。

(4) 如果第 3 步返回的结果为 match 对象,则可调用 Match 对象的 group()或 groups()方法来获取匹配到的字符串内容。如果第 3 步返回结果为已匹配好的字符串,则可以忽略第 4 步。例如,第 3 步使用的是 findall()方法返回匹配到的字符串列表,则可以直接使用列表里的内容。

【示例 11.1】 正则表达式的应用步骤。

```
1    import re                                              #加载 re 库
2
3    txt = "院办: 0792-83842888, 软件工程系: 0792-83842999"
4    #也可为: r'\d{4}-\d{8}' or '\\d\\d\\d\\d-\\d\\d\\d\\d\\d\\d\\d\\d'
5    phn = re.compile(r'\d\d\d\d-\d\d\d\d\d\d\d\d')           #构建正则表达式
6    results= phn.search(txt)                                #传入要查找的字符
7    print(f"院办电话: {results.group(0)}")                  #获取返回结果
8    results= phn.search(txt, 10)                            #设定搜索范围
9    print(f"软件工程系: {results.group()}")                #等价于 mo.group(0)
```

程序运行结果：

院办电话：0790-83842888
软件工程系：0790-83842999

在程序示例 11.1 中，第 5 行代码 phn＝re.compile(r'\d\d\d\d-\d\d\d\d\d\d\d')，用于构建一个正则表达式模式对象，其中"\d"为正则表达式的元字符，其代表 1 个整数字符。

第 6 行代码 results＝phn.search(txt)则用于对 txt 文本的搜索，并返回搜索到的匹配正则表达式 phn 的第 1 个字符串内容。

## 11.1.2　re 库的常用方法

视频讲解

在程序示例 11.1 中用到了 re 库的 compile()和 search()方法，分别实现了构建正则表达式和使用正则表达式搜索字符串的功能。接下来对 re 库的常用方法进行介绍。

表 11.1　re 库的常用方法

| 方　　法 | 作　　用 |
| --- | --- |
| compile(pattern,flags＝0) | 传入表示正则表达式的字符串，并编译生成所创建的模式对象，以提高字符串处理速度 |
| match(pattern,string,flags＝0) | 在字符串开始处，查找与模式匹配的子串 |
| search(pattern,string,flags＝0) | 在字符串指定位置查找并返回第一个和模式对象匹配的子串，否则返回 None |
| findall(pattern,string,flags＝0) | 返回一个列表，其中包含字符串中所有与模式匹配的子串 |
| split(pattern, string, maxsplit＝0,flags＝0) | 根据指定模式来分割字符串，其中，maxsplit 指定最多分割次数，并返回列表 |
| sub(pattern,repl,string,count＝0,flags＝0) | 将字符串 string 中与模式 pattern 匹配的子串从左到右都替换为 repl，count 为替换次数 |
| escape(string) | 获得字符串在正则表达式中的形式。如果字符串很长，其中包含了大量的特殊字符，而用户不想输入大量的反斜杠，则可以使用这个函数 |

【示例 11.2】　**match()和 search()方法的对比应用。**

```
1    import re                                  #加载 re 库
2
3    txt = "院办：0790-83842888, 软件工程系：0790-83842999"
4    phn = re.compile(r"\d{4}-\d{8}")            #构建正则表达式
5    results= phn.match(txt, pos=3)              #从索引 3 开始匹配模式
6    print(f"院办电话：{results.group(0)}")
7    results= phn.search(txt)                    #从前往后匹配模式
8    print(f"院办电话：{results.group()}")          #打印搜索到的结果
```

程序运行结果：

院办电话：0790-83842888
院办电话：0790-83842888

re 库的 search()方法会从前往后查找字符串,并返回第一个匹配模式的字符串。而 match()方法则默认从字符串开始就进行匹配,除非指定开始匹配的索引位置参数 pos。因此,如果将程序示例 11.2 的第 5 行代码改为 results=phn.match(txt),则无法获得正确的匹配字符串结果,程序将报错。

**【示例 11.3】 findall()方法的应用。**

```
1    import re                              #加载 re 库
2
3    txt = "院办: 0790-83842888, 软件工程系: 0790-83842999"
4    phn = re.compile(r"\d{4}-\d{8}")
5    results = phn.findall(txt)             #返回两个电话号码
6    print(f"学院两个号码: {results}")
7
8    txt1 = """"I said"this is a good book." """
9    pat = re.compile(r"[a-zA-Z]+")         #构建英文单词正则表达式
10   words = pat.findall(txt1)
11   print(f"All words: {words}")
```

程序运行结果:

```
学院两个号码: ['0790-83842888', '0790-83842999']
All words: ['I', 'said', 'this', 'is', 'a', 'good', 'book']
```

在程序示例 11.3 中,findall()方法用于搜索所有匹配模式的字符串内容,并以列表形式返回。第 9 行代码的 r"[a-zA-Z]+"),是正则表达式表达英文单词的常用方式。

**【示例 11.4】 split()方法的应用。**

视频讲解

```
1    import re                              #加载 re 库
2
3    txt = "diamends, hearts,,,, clubs'5, spades3-4!"
4    chars = re.compile(r"[,\d, '\-!]+")    #构建分隔符正则表达式
5    results = re.split(chars, txt)         #使用分隔符分割字符串
6    print(f"分割后结果为: {results}")        #打印分割结果
7    results = re.split(chars, txt, maxsplit=2)
8    print(f"分割 2 次结果为: {results}")      #打印分割 2 次的结果
```

程序运行结果:

```
分割后结果为: ['diamends', 'hearts', 'clubs', 'spades', '']
分割 2 次结果为: ['diamends', 'hearts', "clubs'5, spades3-4!"]
```

在程序示例 11.4 中,第 4 行代码构建了完整的分隔符正则表达式,其方括号中的内容指定了分割字符串的分隔符,用于对 txt 文本进行分割。

**【示例 11.5】 sub()方法的应用。**

```
1    import re                              #加载 re 库
2
3    msg = "保密员张三告诉保密员李四这是个保密文件."
4    pat = re.compile(r"保密员\w{2}")
```

```
5    print(pat.sub(r"保密员***", msg))
6    print(re.sub(pat, r"保密员***", msg, count=1))
7
8    msg1 = "中奖号码为：17212345678, 18087654321."
9    pat1 = re.compile(r"(\d{3})(\d{4})(\d{4})")
10   print(pat1.sub(r"\1****\3", msg1))
11   print(re.sub(pat1, r"\1****\3", msg1, count=2))
```

程序运行结果：

```
保密员***告诉保密员***这是个保密文件.
保密员***告诉保密员李四这是个保密文件.
中奖号码为：172****5678, 180****4321.
中奖号码为：172****5678, 180****4321.
```

在示例 11.5 中，第 4 行代码使用了元字符‘\w’，它用于表示任意单词字符，花括号‘{2}’表示连续 2 个任意单词字符。第 9 行代码用到了编组，是进行模式分组的方法，会在后续内容中进行深入讲解。

**【示例 11.6】** escape()方法的应用。

```
1    import re                        #加载 re 库
2
3    print(re.escape("It's python.org."))
4    print(re.escape("It is between[0-10]."))
5    #获得字符串的转义表达
6    print(re.escape("The chinese brackets are '[]', '{}' and '()'."))
```

程序运行结果：

```
It's\ python\.org\.
It\ is\ between\[0\-10\]\.
The\ chinese\ brackets\ are\ '\[\]',\ '\{\}'\ and\ '\(\)'\.
```

**思考与练习**

11.1　正则表达式主要用于(　　　)处理，可快速、准确地完成复杂的查找、替换等处理要求。

　　　　A. 字符串　　　　　　　　　　B. 字符串和数值数据

　　　　C. 字符串和布尔数据　　　　　D. 任意数据类型

11.2　应用正则表达式通常可分为哪几步？请详细说明。

11.3　请解释正则表达式中 compile()方法的作用。

11.4　编写正则表达式，对 msg＝"办公室电话：027-87654321；传真：021-12345678"中的电话号码(不要区号)进行提取。

11.5　编写正则表达式，提取上题中 msg 的区号信息。

11.6　编写代码，获得字符串 msg＝"取值范围：[11-20)"的转义形式。

## 11.2 元字符、编组及模式匹配

### 11.2.1 元字符

正则表达式由两种基本字符类型组成:普通文本字符串和元字符。所谓元字符是那些在正则表达式中具有特殊意义的专用字符,可以用来表达普通文本字符在目标对象中的出现模式。通过元字符的巧妙组合,可以灵活构建能匹配各种复杂文本字符串的模式对象,从而完成复杂的字符处理任务。

Python 正则表达式常用的元字符如表 11.2 所示。

**表 11.2 元字符及其作用说明**

| 元字符 | 作 用 |
|---|---|
| . | 匹配除换行符之外的所有字符,1 个句点只匹配 1 个字符。如".ython"与"python"、"+ython"等都匹配 |
| \d | 表示 0-9 的任何一个数字字符,如"\d\d\d -\d\d\d\d"、"\d{3}-\d{4}",与'022-4243'匹配 |
| \D | 匹配任何一个非数字字符,等价于 [^0-9] |
| \w | 匹配包括下画线的任何单词字符 |
| \W | 匹配任何一个非单词字符 |
| \s | 匹配任何空白字符,包括空格、制表符、换行符等。等价于'[\f\n\r\t\v]' |
| \S | 匹配任何非空白字符 |
| ^ | 匹配字符串的开头,表示字符串必须以该模式开始 |
| $ | 匹配字符串的末尾,表示字符串必须以该模式结束 |
| [...] | 匹配一组字符中的任意一个。如[amk] 匹配 'a' 'm' 'k',在方括号内,字符都会被当作普通字符处理。特殊字符除外,如'—' '*'等 |
| [^...] | 匹配不在[]中的字符,如[^abc] 匹配除 'a' 'b' 'c'之外的任意字符 |

**【示例 11.7】 元字符应用示例。**

```
1    import re                                        #加载 re 库
2
3    txt1 = "words: at, as, an."
4    pat1 = re.compile(r"a.")                         #匹配以 a 开头的两个字符组合
5    results1 = pat1.findall(txt1)
6    print(f"'a.'匹配结果: {results1}")
7
8    txt2 = "演出人员: 12 个号手, 7 个鼓手, 9 个贝斯手."
9    pat2 = re.compile(r"\d{1,2}\w+")                 #匹配连续 1~2 个数字加字符串
10   results2 = pat2.findall(txt2)
11   print(f"'\d{1,2}\w+'匹配结果: {results2}")
12
13   txt3 = "this is a python book"
14   pat3 = re.compile(r"[^aeiou ]")                  #匹配非元音字符及非空格符
```

```
15    results3 = pat3.findall(txt3)
16    print(f"字符串中的辅音字母有: {set(results3)}")
17
18    txt4 = "Hello, world"
19    pat4 = re.compile(r"^Hello")                       #匹配字符串以"Hello"开头
20    results4 = pat4.search(txt4).group()
21    print(f"'Hello, world'以: {results4}开头")
```

程序运行结果:

```
'a.'匹配结果: ['at', 'as', 'an']
'\d{1, 2}\w+'匹配结果: ['12 个号手', '7 个鼓手', '9 个贝斯手']
字符串中的辅音字母有: {'n', 'h', 'k', 'y', 's', 'b', 't', 'p'}
'Hello, world'以: Hello 开头.
```

示例 11.7 的第 9 行代码中,"\d{1,2}"表示 1 个数字字符或连续 2 个数字字符,"\w+"表示 1 个或任意多个连续字符。

## 11.2.2　正则表达式的编组

视频讲解

前面的示例程序 11.5,在 compile()方法中使用了圆括号对字符串模式进行划分,这是正则表达式的编组使用方式。

编组就是放在圆括号内的模式,它们是根据表达式左边的括号数进行顺序编号,其中编组 0 指的是整个模式。

例如对于模式字符串"The (phone) No:((0790)-(83842777))",其包含的编组有:

0 编组: The phone No:0790-3842777;

1 编组: phone;

2 编组: 0790-83842777;

3 编组: 0790;

4 编组: 83842777。

正则表达式的编组相关方法如表 11.3 所示。

表 11.3　正则表达式的编组相关方法

| 方　　法 | 说　　明 |
| --- | --- |
| group([groupNo,...]) | 返回与模式中给定编组号匹配的子串,如果没有指定编号,则默认为 0 |
| groups() | 返回整个编组匹配字符串的元组形式(从 1 开始),元素为各个子编组匹配的子串 |
| start([groupNo]) | 返回与给定编组(默认为 0,即整个编组)匹配的子串的起始索引 |
| end([groupNo]) | 返回与给定编组(默认为 0,即整个编组)匹配的子串终止索引 |
| span([groupNo]) | 返回一个元组,其中包含与给定编组(默认为 0) 匹配的子串的起始索引和终止索引 |

【示例 11.8】　正则表达式的编组应用示例。

```
1    import re                                          #加载 re 库
2
3    txt = "院办: 0790-83842888, 软件系: 0790-83842999"   #字符串内容
```

```
4    phn = re.compile(r"((\d{4})-(\d{8}))")          #左括号3个,因此有4个编组
5    rs = phn.search(txt)
6    print(f"原始字符串内容:{txt}")
7    print(f"search()返回的结果:{rs}")
8    print(f"第 0 编组:{rs.group()},跨度:{rs.span(0)}")        #第 0 个编组内容
9    print(f"第 1 编组:{rs.group(1)},跨度:{rs.span(1)}")       #第 1 个编组内容
10   print(f"第 2 编组:{rs.group(2)},跨度:{rs.span(2)}")       #第 2 个编组内容
11   print(f"第 3 编组:{rs.group(3)}-->", end="")              #第 3 个编组内容
12   print(f"起始:{rs.start(3)},终止:{rs.start(3)}")
13   print(f"第 2, 3 编组:{rs.group(2, 3)}")                   #返回 2, 3 编组内容
14   print(f"所有编组:{rs.groups()}", end="\n\n") #groups()只返回从 1 开始的编组
15
16   rs1 = phn.findall(txt)                            #findall()也返回从 1 开始的编组
17   print(f"findall()返回的结果:{rs1}")
```

程序运行结果:

```
原始字符串内容:院办: 0790-83842888, 软件系: 0790-83842999
search()返回的结果:<re.Match object; span=(3, 16), match='0790-83842888'>
第 0 编组:0790-83842888,跨度: (3, 16)
第 1 编组:0790-83842888,跨度: (3, 16)
第 2 编组:0790,跨度: (3, 7)
第 3 编组:83842888-->起始:8,终止:16
第 2, 3 编组: ('0790', '83842888')
所有编组: ('0790-83842888', '0790', '83842888')

findall()返回的结果:[('0790-83842888', '0790', '83842888'), ('0790-83842999',
'0790', '83842999')]
```

说明:(1)圆括号的嵌套使用不会影响 search()的 group()方法的返回结果,它始终返回 group(0)的结果,即整个表达式匹配的内容,但圆括号会影响 groups(),group(No)方法的结果。

(2)findall()方法返回的是编组的列表,不包括 search()方法的 group(0)内容。

(3)search()方法的 groups()返回的是编组的列表,与 findall()方法对应。

视频讲解

### 11.2.3  模式匹配

在对字符串使用正则表达式处理时,还会涉及模式匹配问题,如对同一字符串模式多次匹配,或进行 0 至 n 次匹配等。常见的模式匹配符号及说明如表 11.4 所示。

表 11.4  常见的模式匹配符号及说明

| 方　法 | 说　明 |
|---|---|
| | | 用于匹配多个子模式中的任意一个 |
| ? | 将子模式指定为可选模式,即可出现 0 次或 1 次。也可用于表达非贪心模式 |
| *,＋,{m,n} | 分别表示子模式可连续重复 0 或多次,1 次或多次,以及 m~n 次 |

**【示例 11.9】** 正则表达式模式匹配应用示例。

```
1    import re                                          #加载 re 库
2
3    txt1 = "The Iron Man and Spider Man is coming."
4    pat1 = re.compile(r"Iron Man|Spider Man")
5    res_sch = pat1.search(txt1)
6    res_fdl = pat1.findall(txt1)
7    print(f"search 返回结果：{res_sch.group()}")
8    print(f"findall 返回结果：{res_fdl}")
9
10   txt2 = "The superwoman and superman are super heros."
11   pat2 = re.compile(r"(super(wo)?man)")
12   res_sch = pat2.search(txt2)
13   res_fdl = pat2.findall(txt2)
14   print(f"search 返回结果：{res_sch.groups()}")   #返回 search() 的匹配结果
15   print(f"findall 返回结果：{res_fdl}")            #返回 findall() 的匹配结果
16
17   txt3 = "张二听了后，笑了起来：哈哈哈哈哈!"
18   pat3 = re.compile(r"笑了起来：(哈) * ")          #匹配 0~n 个，贪心模式
19   pat4 = re.compile(r"笑了起来：(哈)+")            #匹配 1~n 个，贪心模式
20   pat5 = re.compile(r"笑了起来：(哈){1,5}")        #匹配 1~5 个，贪心模式
21   print(f"search' * '返回结果：{pat3.search(txt3).group()}")
22   print(f"search'+'返回结果：{pat4.search(txt3).group()}")
23   print(f"search{1,5}返回结果：{pat5.search(txt3).group()}")
24
25   txt4 = "教官正在喊口令：121, 121, 121, 立定!"
26   pat6 = re.compile(r"(121,) * ?")                #匹配 0~n 个，非贪心模式
27   pat7 = re.compile(r"(121,)+?")                  #匹配 1~n 个，非贪心模式
28   pat8 = re.compile(r"(121,){1,3}?")             #匹配 1~5 个，非贪心模式
29   print(f"search' * ?'返回结果：{pat6.search(txt4).group()}")
30   print(f"search'+?'返回结果：{pat7.search(txt4).group()}")
31   print(f"search'{1,3}?'返回结果：{pat8.search(txt4).group()}")
```

程序运行结果：

```
search 返回结果：Iron Man
findall 返回结果：['Iron Man', 'Spider Man']
search 返回结果：('superwoman', 'wo')
findall 返回结果：[('superwoman', 'wo'), ('superman', '')]
search' * '返回结果：笑了起来：哈哈哈哈哈
search'+'返回结果：笑了起来：哈哈哈哈哈
search(1, 5) 返回结果：笑了起来：哈哈哈哈哈
search' * ?'返回结果：
search'+?'返回结果：121,
search'(1, 3)?'返回结果：121,
```

说明：(1) Python 的正则表达式默认是贪心模式，即在有二义的情况下，它们会尽可能匹配最长的字符串。如果要使用非贪心模式，则需要在相应模式后加一个问号'?'来表达使用非贪心模式。

(2) 模式匹配的{m,n}表达中,逗号后面不能含有空格,否则无法正常进行模式匹配。

(3) 如果模式的内容只包含纯粹的编组,'*'则会自动转换为非贪心模式,只匹配模式的纯粹文本情况除外。

**【示例11.10】** 正则表达式贪心模式应用示例。

视频讲解

```
1    import re                                    #加载 re 库
2
3    txt1 = "The text is: <To serve man> for dinner.>"
4    pat1 = re.compile(r'<.*>')                   #贪心模式
5    res1 = pat1.search(txt1)
6    print(f"贪心模式结果: {res1.group()}")
7    pat2 = re.compile(r'<.*?>')                  #非贪心模式
8    res2 = pat2.search(txt1)
9    print(f"非贪心模式结果: {res2.group()}")
10
11   txt3 = 'Hello, *world*, Hello, *python*!'
12   pat3 = re.compile(r'\*(.+)\*')              #贪心模式
13   sub3 = re.sub(pat3, r'<em>\1</em>', txt3)
14   print(f"贪心模式替换: {sub3}")
15   pat4 = re.compile(r'\*(.+?)\*')            #非贪心模式
16   sub4 = re.sub(pat4, r'<em>\1</em>', txt3)
17   print(f"非贪心模式替换: {sub4}")
18
19   txt5 = 'Hello, *world*, Hello, *python*!'
20   pat5 = re.compile(r'\*([^\*]+)\*')         #精确替换模式
21   sub5 = pat5.sub(r'<em>\1</em>', txt5)
22   print(f"精确替换: {sub5}")
23
24   txt6 = "张三听了后,笑了起来:哈哈哈哈哈!"
25   pat6 = re.compile(r"(哈)*")                 #纯粹编组模式,自动为非贪心模式
26   print(f"纯粹编组: {pat6.search(txt6).group()}")
27   pat7 = re.compile(r": (哈)*")               #编组前有':',则继续为贪心模式
28   print(f"非纯粹编组: {pat7.search(txt6).group()}")
29   txt8 = "哈哈哈哈哈!"                          #纯粹文本情况,仍为贪心模式
30   pat8 = re.compile(r"(哈)*")
31   print(f"纯粹文本: {pat8.search(txt8).group()}")
```

程序运行结果:

```
贪心模式结果: <To serve man> for dinner.>
非贪心模式结果: <To serve man>
贪心模式替换: Hello, <em>world*, Hello, *python</em>!
非贪心模式替换: Hello, <em>world</em>, Hello, <em>python</em>!
精确替换: Hello, <em>world</em>, Hello, <em>python</em>!
纯粹编组:
非纯粹编组: 哈哈哈哈哈
纯粹文本: 哈哈哈哈哈
```

## 11.2.4　re 库常用参数

正则表达式的构建和应用相对复杂,为了便于用户理解和熟练掌握,re 库还提供了一些常用参数用于正则表达式的注释、忽略大小写等特定功能。这些常用参数的功能如表 11.5 所示。

表 11.5　re 库的常用参数及说明

| 参　　　数 | 说　　　明 |
| --- | --- |
| DOTALL | 在 compile()传入的字符串模式中,使句点匹配所有字符,包括换行符 |
| IGNORECASE | 在 compile()传入的字符串模式中,使其忽略大小写 |
| VERBOSE | 在 compile()传入的字符串模式中,使其可使用空格和注释 |

【示例 11.11】　re 库的常用参数应用示例。

```
1    import re                                    #加载 re 库
2
3    txt1 = "第 1 行 \n 第 2 行 \n 最后 1 行."
4    pat1 = re.compile('.* ')                     #.符号的常规作用
5    print(f".的常规结果: {pat1.search(txt1).group()}")
6    pat2 = re.compile('.* ', re.DOTALL)          #.符号也包括换行符
7    print(f".的 DOTALL 结果: {pat2.search(txt1).group()}")
8
9    txt2 = "The robot can be write as ROBOT and Robot."
10   pat3 = re.compile(r"robot", re.I)            #忽略大小写
11   print(f"忽略大小写所有结果: {pat3.findall(txt2)}")
12
13   txt3 = "院办: 0790-83842888, 软件系: 0790-83842999"
14   pat4 = re.compile(r"""
15                     (\d{4})                    #区号
16                     -                          #连接符
17                     (\d{8})                    #电话号码
18                     """, re.VERBOSE|re.I|re.DOTALL)  #使用注释,且忽略大小写
19   print(f"院办电话: {pat4.search(txt3).group()}")
20   print(f"所有电话: {pat4.findall(txt3)}")
```

程序运行结果:

```
.的常规结果: 第 1 行
.的 DOTALL 结果: 第 1 行
第 2 行
最后 1 行.
忽略大小写所有结果: ['robot', 'ROBOT', 'Robot']
院办电话: 0790-83842888
所有电话: [('0790', '83842888'), ('0790', '83842999')]
```

在正则表达式中,如果要使用多个 re 参数修饰,则需要使用管道符号'|'将这些参数分隔开,如程序示例 11.11 的第 18 行代码所示。

**思考与练习**

11.7　请解释什么是正则表达式的元字符。

11.8　以下(　　)不属于正则表达式的元字符。

A.'\d'　　　　　B.'\w'　　　　　C.'\n'　　　　　D.'\W'

11.9　对于编组模式字符串"The No:((0790)-(83842777)) ",分别写出该模式字符串的所有编组。

11.10　编写程序,将 txt="招聘岗位:程序开发员,软件测试人员"其中的招聘岗位信息"程序开发员""软件测试人员"提取并打印输出。

11.11　对于代码 re.compile(r"Super Woman|Spider Man"),以下解释正确的是(　　)。

A. 可以匹配 Woman 和 Spider 中的任意一个

B. 可以匹配 Super Woman,但不能匹配 Spider Man

C. 可以匹配 Super Woman 和 Spider Man 中的任意一个

D. 以上都不对

11.12　re 库的参数中,可用于对正则表达式进行注释的参数为(　　)。

A. IGNORECASE　　　　B. I　　　C. DOTALL　　　　D. VERBOSE

视频讲解

# 11.3　应用案例

成语是中国传统文化的一大特色,有固定的结构形式和固定的说法,表示一定的意义。成语的形式以四字居多,通常来自古代文献或俗语中,其语体风格庄重、典雅,能极大提高表达沟通效果,彰显人们的文化素养。

**【示例 11.12】** 提取结构为 AABC 和 ABCC 的成语。

```
1   import re                                        #加载 re 库
2
3   txt = """狐假虎威, 井底之蛙, 文质彬彬, 落落大方,
4           风度翩翩, 古色古香, 平平安安, 千军万马,
5           叶公好龙, 一心一意, 威风凛凛, 车水马龙,
6           七上八下, 弱肉强食, 三心二意, 神采奕奕,
7           滔滔不绝, 万人空巷, 欣欣向荣, 相貌堂堂,
8           堂堂正正, 百发百中, 莺歌燕舞, 闻鸡起舞,
9           勤勤恳恳, 井井有条, 容光焕发, 飞禽走兽"""
10  pat = re.compile(r"(((\w)\3\w{2})|(\w{2}(\w)\5))")#生成 AABC 和 ABCC 模式
11  results = pat.findall(txt)
12  print(f"results: {results}")
13  print("所有符合要求的成语如下: ")
14  for res in results:                              #提取符合要求的成语
15      print(res[0], end="  ")
```

程序运行结果：

results:[('文质彬彬', '', '', '文质彬彬', '彬'), ('落落大方', '落落大方', '落', '', ''), ('风度翩翩', '', '', '风度翩翩', '翩'), ('平平安安', '平平安安', '平', '', ''), ('威风凛凛', '', '', '威风凛凛', '凛'), ('神采奕奕', '', '', '神采奕奕', '奕'), ('滔滔不绝', '滔滔不绝', '滔', '', ''), ('欣欣向荣', '欣欣向荣', '欣', '', ''), ('相貌堂堂', '', '', '相貌堂堂', '堂'), ('堂堂正正', '堂堂正正', '堂', '', ''), ('勤勤恳恳', '勤勤恳恳', '勤', '', ''), ('井井有条', '井井有条', '井', '', '')]
所有符合要求的成语如下：文质彬彬、落落大方、风度翩翩、平平安安、威风凛凛、神采奕奕、滔滔不绝、欣欣向荣、相貌堂堂、堂堂正正、勤勤恳恳、井井有条

程序示例 11.12 的第 10 行代码 re.compile(r"((\w)\3\w{2})|(\w{2}(\w)\5))") 用于生成 AABC 和 ABCC 成语模式。其中，"\w"符号表达的是 1 个字母，第 1 对圆括号用于返回第 1 个编组内容，"\3"表示该部分内容与第 3 个编组一致。第 2 对圆括号表达的是 AABC 模式，第 4 对圆括号表达的是 ABCC 模式。

正则表达式常用于数据分析和网络爬虫程序中，假定通过网络爬虫程序爬取了图 11.1 所示的联系方式内容（该文本内容存放在资源文件 address.txt 中），现通过正则表达式将其中所有的电话号码及分机号提取出来。

图 11.1　联系方式文本汇总

**【示例 11.13】** 提取电话及分机号程序。

```
1    import re                              #加载 re 库
2
3    file = "address.txt"
4    with open(file, encoding="utf-8") as fr:
5        content = fr.read()
6    pat = re.compile(r"""(                 #编写符合电话号码形式的正则表达式
7                        (\d{4})            #区号
8                        (\s|-)             #分隔符
```

```
9                        (\d{8})                    #8位电话号码
10                       (\(|-|[^\d\n]|:\))+         #分隔符
11                       (\d{2,4})?                  #分机号
12                       (\))?                       #右括号
13                       )""", re.VERBOSE)          #使用正则表达式的注释功能
14
15    results = pat.findall(content)                 #提取所有的编组内容
16    print(f"所有电话如下: ")
17    for phn in results:
18        print(phn[0].split())
```

程序运行结果:

```
所有电话如下:
['0790-87666666']
['0790', '87654321']
['0790-12345678转分机号03']
['0790', '12345678(0321)']
['0790-12345678: 011']
```

程序示例 11.13 中,由于文本文件 address.txt 包含了大量的中文字符,因此需要将 open()函数的 encoding 参数设置为"utf-8"。在对正则表达式进行编组时,多次使用了 "?",用来表示该编组为可选模式。读者要对照着电话号码的文本形式来分析该正则表达式的代码作用,方能深入理解其中的细节。

## 11.4 本章小结

正则表达式是文本模式的表述方式,它使用预定义的模式去匹配一类具有共同特征的字符串,可快速、准确地完成字符串的查找、替换等处理要求,在数据分析、网络爬虫等领域应用非常广泛。

Python 的常用标准库 re,包含了正则表达式的处理函数、类及属性。

应用正则表达式的常规步骤有:①导入正则表达式模块 re;②使用 re.compile()方法构建一个模式(pattern)对象;③向模式对象的 search()或 findall()等方法,传入想查找的字符串;④调用返回结果 Match 对象的 group()或 groups()方法来获取匹配到的字符串内容;如果第 3 步返回结果为已匹配好的字符串列表,则可以忽略第 4 步。

re 库的常用方法有 compile()、search()、sub()、split()、findall()和 escape()方法。其中,compile()方法用于编译生成正则表达式模式对象,search()和 findall()方法使用正则表达式来查找待处理的字符串,split()使用正则表达式模式来分割字符串,sub()方法则是用正则表达式实现字符串的查找和替换。

元字符是正则表达式中具有特殊意义的专用字符,通过元字符的巧妙组合,可以灵活构建能匹配各种复杂文本字符串的模式对象,从而完成复杂的字符处理任务。

编组是编写正则表达式时放在圆括号内的字符串模式,它们是根据表达式左边的括号数进行顺序编号的,其中编组 0 指的是整个模式。

对字符串使用正则表达式处理时,还会涉及模式匹配问题。常用的模式匹配表达符号有"|""?""*""+""{m,n}",分别用来表达多种模式中的任意一种,匹配模式 0～1 次,匹配模式 0～n 次,匹配模式 1～n 次,以及匹配模式 m～n 次。通常情况下,正则表达式的匹配都使用贪心模式,即尽可能匹配多的结果。

正则表达式的构建和应用相对复杂,为了便于用户理解和熟练掌握,re 库还提供了一些常用参数,如 re.VERBOSE、re.IGNORECASE 分别用于正则表达式的注释、忽略大小写等特定功能。

## 课后习题

**一、单选题**

1. re 库用于构建正则表达式模式对象的方法为(　　　)。

　　A. sub( )　　　　　　B. compile( )　　　　　C. split( )　　　　　D. search( )

2. re.findall( )方法如果能够获取到正则表达式匹配的结果,则会返回一个(　　　)。

　　A. 列表　　　　　　B. 元组　　　　　　C. 字典　　　　　　D. 以上都不对

3. 正则表达式中,元字符中"."表示(　　　)。

　　A. 一个任意字符　　　　　　　　　　B. 一个数字字符

　　C. 一个编组　　　　　　　　　　　　D. 一个除换行符外的任意字符

4. 正则表达式中,元字符中"\D"表示(　　　)。

　　A. 一个数字字符　　　　　　　　　　B. 一个英文字符

　　C. 一个非数字字符　　　　　　　　　D. 一个日期

5. re 库的参数中,用于表达忽略大小写的参数为(　　　)。

　　A. IGNORECASE　　B. DEBUG　　　　　C. VERBOSE　　　　D. MULTILINE

**二、填空题**

1. re 库的 split( )方法会根据指定模式来分割字符串,其中,_____参数用来指定最多分割次数,并返回列表。

2. re 库的 search( )方法会在字符串指定位置查找并返回第_____个和模式对象匹配的子串,否则返回 None。

3. re 库的 sub( )方法,用于实现字符串 string 的模式匹配替换功能。其中,_____参数用来指定替换次数。

4. 正则表达式编组就是放在圆括号内的模式,它们是根据表达式_____括号数进行顺序编号的。

5. Python 的正则表达式默认是_____,即在有二义的情况下,它们会尽可能匹配最长的字符串。

6. 模式匹配的{m,n}表达中,逗号后面不能含有_____,否则无法正常进行模式匹配。

### 三、编程题

1. 对程序示例 11.12 进行修改,提取 txt 文本中所有 AABB 和 ABAC 结构的成语。

2. 对程序示例 11.12 进行修改,提取 txt 文本中所有不包含重复字的四字成语(即成语中的 4 个字,不能重复)。

3. 对程序示例 11.13 进行修改,提取 address.txt 文本中所有的电子邮件信息。

4. 编写代码,读取课程资源文件中"水浒传.txt"的文本内容,提取其中所有的七言诗句,并打印输出。

# 代码测试与分析 *

通常来讲,项目的开发都会遵循"使其管用、使其更好、使其更快"的古老开发原则。首先,在项目开发初始阶段,要"使其管用",其过程常伴随着代码的单元测试和综合测试。"使其更好",一般需要进行源代码分析,这可以通过相关的代码分析工具来完成。"使其更快",则需通过性能分析工具来实现。本章将分别讲述 Python 的代码测试、代码分析和性能分析的相关工具和库的使用。

## 12.1 代码测试

### 12.1.1 代码测试概述

视频讲解

在进行项目开发时,Python 解释器一般不会对程序进行编译,因此项目开发只有编辑代码、运行代码、维护代码阶段,而测试就是属于运行程序阶段。

在极限编程的理念中,提倡测试驱动开发,即先编写测试代码,然后进行代码开发,这也称为测试驱动的编程。这种编程方法虽然看上去效率低下,但它大大减少了程序的修改和维护工作量。这里测试驱动开发的"测试",主要是功能需求测试。

一般来讲,测试驱动开发需要经历以下 3 个阶段:

(1)确定需要实现的新功能,为之编写一个测试;

(2)编写让测试刚好能通过的代码(也即先使代码管用,减少编程工作量);

(3)改进或重构代码,以完善所需的功能,同时确保测试依然能够成功。

最后提交代码时,应确保所有的测试都是通过的。

对于功能测试,一般可分为单元测试和全覆盖测试。

单元测试用来确定项目代码的某个功能是否存在问题。测试用例是一组单元测试,这些单元测试一起验证程序代码在各种情形下的行为都符合要求。良好的测试用例会考虑程序可能遇到的各种输入,并包含针对这些情形的测试。

全覆盖测试用例包含一整套单元测试,涵盖了整个程序项目的各种可能使用方式。对于大型项目,要实现全覆盖测试比较困难。通常来讲,最初只要针对程序代码的重要行为编写测试即可。在项目发布后,通过对用户的使用情况进行分析,再边维护项目边进行全覆盖测试。

一般来讲,编写大量的测试来确保程序每个细节都没有问题,会使项目开发工作很烦琐。因此,可通过一些工具来完成测试工作,Python 提供了两个标准测试工具来帮开发人员完成自动测试过程。

(1) doctest：一个简单的测试模块，适用于小型项目开发。

(2) unittest：一个通用的、功能丰富的测试框架。

视频讲解

### 12.1.2　doctest

doctest 模块是标准开发包自带的标准库，它基于程序的说明文档来实现简单的功能测试。doctest 模块的 testmod()函数会读取模块中的所有函数说明文档字符串，查找以交互式形式表达的运行示例，再检查这些示例是否和实际运行情况一致，然后给出相关的测试分析结果。

**【示例 12.1】**　待测试应用程序(**ch12_01.py**)。

```
1    def mult(a, b):
2        """
3        返回 a, b 相乘的结果
4        >>> mult(4, 5)                          #注意'>>>'后要保留 1 个空格符
5        20
6        >>> mult(6, 6)                          #交互式示例
7        36                                      #交互式示例,运行结果
8        """
9        return a * b
10
11   def power(a, n):
12       """
13       返回 a 的 n 次幂
14       >>> power(2, 10)                        #交互式示例
15       1024                                    #交互式示例,运行结果
16       >>> power(3, 3)
17       27
18       """
19       total = 1
20       for i in range(n):
21           total += a * i                      #正确代码应为: total *= a
22       return total
```

注意：在待测试程序 ch12_01.py 中，"**>>>**"后要保留至少 1 个空格符，其表示的是函数实际调用，及应当得到的结果(后续第 2 行)。

**【示例 12.2】**　测试程序(**ch12_02.py**)。

```
1    import doctest
2    import ch12_01                              #加载 ch12_1 模块
3
4    doctest.testmod(ch12_01)                    #测试 ch12_1 模块
```

程序运行结果：

```
**************************************************************************
File "D:\Python\Basic_Python \chap12\ch12_01.py", line 21, in ch12_01.power
Failed example:
    power(2, 10)
Expected:
```

```
    1024
Got:
    91
****************************************************************
File "D:\Python\Basic_Python\chap12\ch12_01.py", line 21, in ch12_01.power
Failed example:
    power(3, 3)
Expected:
    27
Got:
    10
****************************************************************
1 items had failures:
   2 of   2 in ch12_01.power
***Test Failed*** 2 failures.
```

程序运行结果显示，power()函数的 2 个测试例子失败了，分别为 power(2,10)和 power(3,3)，期望值分别为 1024 和 27，而得到的实际结果为 91 和 10。

将程序示例 12.1 的第 21 行代码改为正确代码后，再次运行测试示例程序 12.2，这时程序将不会给出任何提示信息，表示程序测试全部通过。

如果想获得更详细的信息输出，可在命令提示符中运行程序时指定开关参数-v，如：python ch12_02.py -v。其中，v 是 verbose 的简写，表示输出详细测试信息。

### 12.1.3　unittest

虽然 doctest 库使用很方便，但其只能基于程序的说明文档字符串对代码进行测试，功能相对较为单一。

视频讲解

因此，Python 标准开发包还提供另一个功能更加丰富的测试框架 unittest，该框架基于流行的 Java 测试框架 junit，使用更加灵活、功能更加强大，可以让用户以结构化方式编写庞大而详尽的测试集。

要使用 unittest 为程序编写测试用例，需先导入模块 unittest 以及要测试的程序模块，再创建一个继承 unittest.TestCase 类的子类，并编写一系列方法对程序行为的不同方面进行测试。

【示例 12.3】　unittest 测试程序应用示例。

```
1    import unittest                          #加载 unittest 库
2    from ch12_01 import mult, power          #对 ch12_01 的两个函数测试
3
4    class Test_1201(unittest.TestCase):
5        def test_m1(self):
6            m1 = mult(3, 9)
7            self.assertEqual(m1, 27)          #断言 m1 结果等于 27
8
```

```
9        def test_m2(self):
10           m2 = mult(5, 6)
11           self.assertLess(m2, 36, "5 * 6 结果小于 36")        #断言 m2 结果小于 36
12
13        def test_p1(self):
14           p1 = power(2, 9)
15           self.assertEqual(p1, 512)                          #断言 p1 结果等于 512
16
17        def test_p2(self):
18           p2 = power(3, 4)
19           self.assertGreater(p2, 27, "3 的 4 次方大于 27")  #断言 p2 结果大于 27
20
21   unittest.main()
```

程序运行结果：

```
..FF
================================================================
FAIL: test_p1 (__main__.Test_1201.test_p1)
----------------------------------------------------------------
Traceback (most recent call last):
  File "D:\Python\Basic_Python\chap12\ch12_03.py", line 23, in test_p1
    self.assertEqual(p1, 512)
AssertionError: 73 != 512
================================================================
FAIL: test_p2 (__main__.Test_1201.test_p2)
----------------------------------------------------------------
Traceback (most recent call last):
  File "D:\Python\Basic_Python\chap12\ch12_03.py", line 27, in test_p2
    self.assertGreater(p2, 27, "3 的 4 次方大于 27")
AssertionError: 19 not greater than 27 : 3 的 4 次方大于 27
----------------------------------------------------------------
Ran 4 tests in 0.001s
FAILED (failures=2)
```

将程序示例 12.1 的第 21 行代码改为正确代码后，再次运行测试示例程序 12.3，则程序运行结果如下。

```
....
----------------------------------------------------------------
Ran 4 tests in 0.001s
OK
```

以下对测试程序示例 12.3 的运行结果作几点说明。

（1）unittest.TestCase 的子类实例在调用 main()方法时，以 test_开头的方法都会自动运行。

（2）第 1 行句点的数量表示测试单元通过的数量。

（3）第 1 行的字母 F，出现 1 次表示测试用例中有 1 个单元测试未通过；如果出现了字母 E,则 1 个 E 表示发生了 1 个错误。

（4）FAIL:之后,指出的是具体哪个单元测试未通过,接下来的 traceback 会指出哪个文件、哪一行代码发生了异常,以及相关的异常类型,在可能的情况下,还会提示解决的方案。

（5）倒数第 2 行表明运行了多少个测试,总共消耗了多少时间。

（6）如果测试未完全通过,则最后 1 行 Failed 总结单元测试未通过的数量。

（7）如果测试全部通过,则最后 1 行显示 OK,表明该测试用例中的所有单元测试都通过了。

除了测试程序示例 12.3 中使用的断言方法外,unittest.TestCase 类还提供了许多其他断言方法,可对程序进行各个方面的测试。TestCase 类的常用断言方法如表 12.1 所示。

视频讲解

表 12.1　TestCase 类的常用断言方法

| 方　法 | 说　明 |
| --- | --- |
| assertEqual(a,b,msg=None) | 断言 a == b |
| assertNotEqual(a,b,msg=None) | 断言 a != b |
| assertTrue(expr,msg=None) | 断言表达式 expr 结果为 True |
| assertFalse(expr,msg=None) | 断言表达式 expr 结果为 False |
| assertIn(a,b,msg=None) | 断言 a 在容器 b 中 |
| assertNotIn(a,b,msg=None) | 断言 a 不在容器 b 中 |
| assertIs(a,b,msg=None) | 断言 a 和 b 是同一对象 |
| assertIsNot(a,b,msg=None) | 断言 a 和 b 不是同一对象 |
| assertIsNone(obj,msg=None) | 断言 obj 对象为 None |
| assertIsNotNone(obj,msg=None) | 断言 obj 对象不为 None |
| assertIsInstance(obj,cls,msg=None) | 断言 obj 为 cls 类的实例 |
| assertIsNotInstance(obj,cls,msg=None) | 断言 obj 不为 cls 类的实例 |
| assertGreater(a,b,msg=None) | 断言 a 大于 b |
| assertLess(a,b,msg=None) | 断言 a 小于 b |

**【示例 12.4】　待测试应用程序(ch12_04.py)。**

```
1    class Survey:                            #ch12_04.py
2        """构建一个调查问卷类"""
3        def __init__(self, question):        #初始化问卷调查类
4            """生成 1 个问题,并构建答案列表"""
5            self.question = question
6            self.answers = []
7
8        def show_question(self):             #显示问卷调查的问题
9            """显示调查问题"""
10           print(self.question)
```

视频讲解

```
11
12     def store_answers(self, answers):        #存储问卷调查的答案
13         """存储问卷答案"""
14         self.answers.append(answers)
15
16     def show_answers(self):                   #显示问卷调查的答案
17         """显示问题的所有答案"""
18         print("调查问卷答案: ")
19         for answer in self.answers:
20             print(f"-->{answer}")
```

**【示例 12.5】** 测试应用程序(**ch12_05.py**)。

```
1     import unittest
2     from ch12_04 import Survey
3
4     class TestSurvey(unittest.TestCase):      #对调查问卷类进行测试
5         def test_single_answer(self):         #对单个答案的调查问卷测试
6             question = "您最擅长哪门编程语言?"
7             survey = Survey(question)
8             survey.store_answers("Python")
9             self.assertIn("Python", survey.answers)
10
11        def test_many_answer(self):            #对多个答案的调查问卷测试
12            question = "您擅长哪些编程语言?"
13            survey = Survey(question)
14            answers = ["Python", "Java", "JavaScript"]
15            for answer in answers:
16                survey.store_answers(answer)
17            for answer in answers:
18                self.assertIn(answer, survey.answers)
19
20   unittest.main()
```

程序运行结果:

```
..
-------------------------------------------------------------
Ran 2 tests in 0.001s
OK
```

在前面的测试程序示例 12.5 中,其每个测试函数都重复创建了一个 Survey 实例和相关答案。

实际上,unittest.TestCase 类包含了一个初始化函数 setUp(),Python 解释器将先运行它,再运行各个以 test_开头的方法。因此,可以在 setUp()函数中做一些初始化工作。例如,可以在程序示例 12.5 的 setUp()方法中创建 Survey 对象一次,然后在每个测试方法中使用它,从而不必反复创建,达到节约系统资源的目的。

另外,unittest.TestCase 类还包含一个 tearDown()方法,它会在测试结束之后运行,

视频讲解

可使用该方法来做相应的清理及收尾工作。

【示例 12.6】　测试应用程序（ch12_06.py）。

```
1    import unittest
2    from ch12_04 import Survey
3
4    class TestSurvey(unittest.TestCase):              #对调查问卷类进行测试
5        def setUp(self):                             #实现初始化工作
6            question = "您擅长哪些编程语言?"
7            self.test_suv = Survey(question)
8            self.answers = ["Python", "Java", "JavaScript"]
9
10       def test_single_answer(self):                #测试单个答案的调查问卷
11           self.test_suv.store_answers(self.answers[0])
12           self.assertIn(self.answers[0], self.test_suv.answers)
13
14       def test_many_answer(self):                  #测试多个答案的调查问卷
15           for answer in self.answers:
16               self.test_suv.store_answers(answer)
17           for answer in self.answers:
18               self.assertIn(answer, self.test_suv.answers)
19
20   unittest.main()
```

程序运行结果：

```
..
------------------------------------------------------------------
Ran 2 tests in 0.001s
OK
```

**思考与练习**

12.1　通常来讲，项目的开发都会遵循"使其管用、使其更好、使其更快"的古老开发原则，软件测试属于（　　）阶段。

　　　　A. 使其管用　　　　B. 使其更好　　　　C. 使其更快　　　　D. 前 2 个阶段

12.2　判断题：测试驱动开发的"测试"，主要指功能需求测试。

12.3　对于功能测试，一般可分为（　　）和全覆盖测试。

　　　　A. 黑盒测试　　　　B. 白盒测试　　　　C. 单元测试　　　　D. 模块测试

12.4　对于测试驱动开发，一般分哪几个阶段？请简要进行说明。

12.5　Python 提供了两个标准测试工具来帮开发人员自动完成测试过程，分别是 doctest 和 unittest。请简要说明 doctest 模块的功能及作用。

12.6　使用 unittest 模块进行项目测试，如果测试结果第 1 行出现了字母 F，其代表什么意思？

## 12.2  代码与性能分析

### 12.2.1  代码分析

前面讲过,项目开发一般都会遵循"使其管用、使其更好、使其更快"的古老开发原则。其中,"使其管用"可以通过单元测试来实现;而"使其更好",则一般通过源代码分析来实现。

代码分析的基本原理是通过对代码进行语法和语义分析,找出不合理、有潜在问题或违规的地方。有效的源代码分析有助于提高软件质量,提升开发效率,减少项目的风险,可以帮助开发人员发现代码中的潜在问题,从而提前解决这些问题,并避免在后期对整个系统进行大规模的重构和调整。

目前较为常用的 Python 源代码分析工具有 flake8、pylint 等。

其中,flake8 是由 Python 官方发布的一款辅助检测 Python 代码是否规范的工具,其检查规则灵活,支持集成额外插件,扩展性较好。

而 pylint 则功能更加强大和丰富,其默认使用 PEP 8 编码风格,如果编码不符合规范,pylint 会给出相应的提示和修改建议。pylint 具有以下几个特点。

(1) 丰富的规则集,涵盖了代码风格、命名规范、代码复杂度等各方面的规则。

(2) 支持自定义规则,可以根据项目需要定义自己的规则,以满足特定的代码质量要求。

(3) 详细的报告,包括问题的描述、位置和建议的修复方法,从而可快速定位和解决代码中的问题。

(4) 易于集成,可方便地与其他工具集成。

Python 的标准开发包并不自带 pylint 代码分析工具,因此需要另外安装,其安装指令为 pip install pylint。

安装成功后,可在命令提示符中运行指令 pylint -version 来检查是否安装成功。

使用 pylint 对文件代码分析时,需要将模块或包名(在模块的当前目录下)作为参数。如希望对程序示例 12.1 的代码文件 ch12_01.py 进行代码分析,那么可在其所在目录下的命令提示符中执行指令 pylint ch12_01.py。

代码分析结果如下:

```
************** Module ch12_01
ch12_01.py: 34: 0: C0305: Trailing newlines (trailing-newlines)
ch12_01.py: 8: 9: C0103: Argument name "a" doesn't conform to snake_case naming
style (invalid-name)
ch12_01.py: 8: 12: C0103: Argument name "b" doesn't conform to snake_case naming
style (invalid-name)
ch12_01.py: 18: 10: C0103: Argument name "a" doesn't conform to snake_case
naming style (invalid-name)
ch12_01.py: 18: 13: C0103: Argument name "n" doesn't conform to snake_case
naming style (invalid-name)
```

其中,第 1 行表示 pylint 所分析的程序模块名称。第 2 行表示在程序模块的第 34 行后,还存在新的空行。第 3~6 行表示分别表示第 8 行的参数 a、第 8 行的参数 b、第 18 行的参数 a 和第 18 行的参数 n 都未使用变量的蛇形命名法,这些都不是有效的命名方式。按照 PEP 8 的变量命名规范,变量命名应使用能表达出变量作用的单词组合,使用下画线连接,即使用蛇形命名法。

需要注意的是,代码分析工具不是万能的,更多的时候需要编程人员养成良好的编码风格和检查自己代码的习惯。

## 12.2.2　性能分析

视频讲解

性能分析属于前述程序开发古典原则中"使其更快"的阶段。

一般来讲,如果程序的速度已经足够快,代码清晰、简单易懂,那么不建议为了微小的速度提升而花费过多的精力。

但如果程序的速度达不到要求,必须优化,则必须首先进行性能分析。如果不知道是程序的哪个部分影响了运行速度,那么优化可能南辕北辙。

Python 标准库包含一个优秀的性能分析模块 profile,它有一个速度更快的 C 语言版本 cProfile。这个性能分析模块使用简单,只需要调用其 run()方法即可。并且,run()方法还可将分析结果将保存到文件中,以便后续对结果进行分析。

【示例 12.7】　性能分析示例程序。

```
1    import cProfile
2    from ch12_01 import power
3
4    cProfile.run('power(2, 10)')               #显示 power 函数的时间消耗
5    cProfile.run('power(2, 10)', 'pow.profile') #将结果保存起来
```

程序运行结果:

```
4 function calls in 0.000 seconds
Ordered by: standard name
ncalls   tottime   percall   cumtime   percall filename: lineno(function)
   1     0.000     0.000     0.000       0.000 <string>: 1(<module>)
   1     0.000     0.000     0.000       0.000 ch12_01.py: 18(power)
   1     0.000     0.000     0.000       0.000 {built-in method builtins.exec}
   1     0.000     0.000     0.000       0.000 {method 'disable' of '_lsprof.
                                                     Profiler' objects}
```

从这个程序运行结果可以看出,模块被调用 1 次,power 函数被调用 1 次,系统内置函数 exec()被调用 1 次,并且运行结果分别给出了这些调用的总体消耗时间。

另外,第 10 章介绍的 time 库和 timeit 库也可用于小片段程序代码的运行时间统计,能实现简单的项目性能分析,在实践中也经常被使用。

【示例 12.8】　使用 time 库进行程序性能分析。

```
1    import time, math                          #Python 列表与 numpy 数组
2    import numpy as np                         #执行效率对比
```

```
 3
 4    x1 = [i * 0.001 for i in range(1000000)]
 5    start = time.time()                          #记录起始时间
 6    for i, t in enumerate(x1):
 7        x1[i] = math.sin(t)
 8    print(f"Python 列表(sin): {time.time()-start}") #记录列表总耗费时间
 9    x2 = np.array([i * 0.001 for i in np.arange(1000000)])
10    start = time.time()                          #记录起始时间
11    np.sin(x2)
12    print(f"numpy 数组(sin): {time.time()-start}")  #记录 numpy 数组总耗费时间
```

程序运行结果:

```
Python 列表(sin): 0.19746708869934082
numpy 数组(sin): 0.006993293762207031
```

在示例 12.8 中,numpy 库是一个数值计算库,能进行高效的矩阵运算,常用于数据分析、科学计算和机器学习中。

从程序运行结果对比可以看出,使用 numpy 数组执行 sin()运算,时间消耗只相当于 Python 列表的 math.sin()运算的三十分之一。

**思考与练习**

12.7　通常来讲,项目的开发都会遵循"使其管用、使其更好、使其更快"的古老开发原则,代码分析属于(　　)阶段。

　　　　A. 使其管用　　　B. 使其更好　　　C. 使其更快　　　D. 前 2 个阶段

12.8　请简要阐述代码分析工具 pylint 的特点和优势。

12.9　根据 PEP 8 的编码规则,变量应使用(　　)命名。

　　　　A. 驼峰命名法　　B. 大写命名法　　C. 蛇形命名法　　D. 小写命名法

12.10　编写代码,分别使用列表推导式和 for 循环方式生成 1000000 个列表元素,列表元素为 range(1,1000001)中每个元素的平方,对比这两种方式的程序运行时间区别。

## 12.3　本章小结

通常来讲,项目的开发都会遵循"使其管用、使其更好、使其更快"的古老开发原则。首先,在项目开发初始阶段,通过代码的单元测试和综合测试"使其管用";然后进行源代码分析"使其更好";最后通过性能分析工具来实现"使其更快"。

对于程序开发人员讲,编写大量的测试来确保程序每个细节都没有问题会使项目开发工作很烦琐。因此,Python 提供了两个标准测试工具 doctest 和 unittest 来帮开发人员完成自动测试过程。其中,doctest 基于程序的说明文档,来实现简单的功能测试,适用于小型项目开发。而 unittest 框架基于流行的 Java 测试框架 junit,使用更加灵活、功能更加强大,可以让用户以结构化方式编写庞大而详尽的测试集。

常用的 Python 源代码分析工具有 flake8、pylint 等。其中,flake8 是由 Python 官方

发布的一款辅助检测 Python 代码是否规范的工具,其检查规则灵活,支持集成额外插件,扩展性较好。而 pylint 则功能更加强大和丰富,其默认使用 PEP 8 编码风格,如果程序代码不符合规范,pylint 会给出相应的提示和修改建议。

　　Python 标准库包含一个优秀的性能分析模块 cProfile,该模块使用简单,只需要调用其 run()方法即可。对于简单的项目性能分析,也可使用 time 库和 timeit 库进行小片段程序代码的运行时间统计。

　　需要注意的是,如果程序的速度已经足够快,代码清晰、简单易懂,那么不建议为了微小的速度提升而花费过多的精力。

## 课后习题

### 一、单选题

1. 在进行项目开发时,Python 解释器一般不会对程序进行编译,因此项目开发只有编辑代码、运行代码、维护代码阶段,而测试就是属于(　　)阶段。

　　A. 编辑代码阶段　　　　　　　　　　B. 运行代码阶段

　　C. 维护代码阶段　　　　　　　　　　D. 编辑及运行代码阶段

2. 在极限编程的理念中,提倡测试驱动开发,即先编写测试代码,然后进行代码开发。这里测试驱动开发的"测试"主要指(　　)。

　　A. 功能需求测试　　B. 单元测试　　　C. 全覆盖测试　　　D. 黑盒测试

3. doctest 模块是标准开发包自带的标准库,它基于程序的(　　)来实现简单的功能测试。

　　A. 说明文档　　　B. 运行结果　　　C. 断言声明　　　D. 条件判断

4. 在使用 unittest 库进行代码测试时,测试结果第 1 行的字母 F,表示测试用例中有 1 个单元测试(　　)。

　　A. 已终止　　　　B. 已通过　　　　C. 出现了错误　　D. 未通过

5. pylint 功能强大而丰富,其默认使用(　　),如果编码不符合规范,pylint 会给出相应的提示和修改建议。

　　A. Python 自定义编码风格　　　　　B. Python 标准编码风格

　　C. PEP 8 编码风格　　　　　　　　　D. 通用编码风格

6. 标准库 time 包含的 time()函数,其作用是(　　)。

　　A. 生成一个随机时间

　　B. 生成一个当前本地时间

　　C. 返回从 1970 年 1 月 1 日到现在的秒数

　　D. 以上都不对

### 二、填空题

1. 功能测试一般可分为_____和_____。

2. 通常来讲,项目的开发都会遵循"使其管用、使其更好、_____"的古老开发原则。

3. doctest 模块的_____函数会读取模块中的所有函数文档字符串,进行相关的函数代码测试。

4. 执行测试程序 python ch12_02.py 时,可加上参数_____,用来表示输出详细测试信息。

5. 使用 unittest 模块进行程序测试时,如果测试全部通过,则结果最后 1 行显示_____,表明该测试用例中的所有单元测试都通过了。

6. Python 的标准开发包并不自带 pylint 库,因此需要另外安装,其安装指令为_____。

7. 在进行代码的性能分析时,也可用 time 库和_____库进行小片段程序代码的运行时间统计,实现简单的性能分析。

### 三、编程题

1. 编写函数,从 26 个英文大小写字母及 10 个数字字符中提取并随机生成指定长度字符串。要求:返回的字符串不包含重复字符,且不能使用 random 库的 sample()方法。

2. 对上题程序进行修改,使用 doctest 库对函数进行测试,验证程序生成的字符串长度正确,且不包含重复字符。

3. 使用 unittest 库对编程题 1 的程序进行测试,验证程序生成的字符串长度正确,且不包含重复字符。

4. 传说大臣西塔发明了国际象棋而使国王十分高兴,他决定要重赏西塔。西塔说:"我不要您的重赏,陛下,只要你在我的棋盘上赏一些麦子就行了。在棋盘的第 1 个格放 1 粒,在第 2 个格子里放 2 粒,在第 3 个格子里放 4 粒,在第 4 个格子里放 8 粒,以此类推,直到放满第 64 个格子就行了"。请编写代码,使用 2 种或 2 种以上的方式来计算棋盘上麦子的总数,并对比这几种计算方式性能上的区别。

# 综合案例

Python 无疑是近些年最火热的编程语言,长期居于 TIOBE 编程语言排行榜榜首,在数据分析、办公自动化、网络爬虫、游戏开发、人工智能等诸多领域都有着广泛的应用。以下将通过一些有趣的综合案例来展示 Python 的具体应用,希望能抛砖引玉,引起读者们更广泛的兴趣进行更深入的学习和研究。

## 13.1　密码保管箱

现代社会,人们可能在不同的网站、App 上拥有许多账号,对应每个账号的密码设置一直是不太容易解决的问题。例如,对应不同的账号都设置为统一的密码,那么只要有一个密码泄露,就会导致所有的账号密码泄露。而如果不同账号都设置不同的密码,又存在密码很难记住的问题。

本密码保管箱程序拟解决这一问题,程序功能如下。

(1) 让用户通过程序保存自己每个账号对应的密码,且密码以加密方式保存至 json 文件中。

(2) 让用户通过程序提取自己的密码,且自动进行密码解密,并将解密后的明文复制到系统粘贴版上,便于用户直接使用。

程序中用到的库如下。

(1) json,标准库,用于 JSON 文件的存取操作。

(2) sys,标准库,用于退出程序。

(3) base64,标准库,用于将二进制数据转化为 JSON 文件能保存的 Base64 字符串,其中,Base64 是一种基于 64 个可打印字符来表示二进制数据的方法。由于 json 文件只能保存字符串,因此需要将加密后的二进制数据转换成 Base64 字符串更安全。

(4) Crypto,第三方库,用于加密和解密使用。安装指令: pip install pycryptodome。

(5) pyperclip,第三方库,用于系统粘贴板内容的复制和粘贴,即将密码复制到系统粘贴板中,或者取出。安装指令: pip install pyperclip。

程序案例包括 3 个模块:①加密解密程序 ch13_01.py;②密码存取程序 ch13_03.py;③模块调用程序 ch13_04.py。

**【综合案例 13.1.1】　加密解密程序(ch13_01.py)。**

```
1    from Crypto.Cipher import DES3              #导入 DES3 加密程序
2    from Crypto.Util.Padding import pad, unpad  #导入字符填充程序
3
```

```
4    key = b"abcdefghijklmnop"                        #要求 key 为 16 个字符长度,可设定
5    def encrypt(plaintext, key=key):                  #加密程序
6        cipher = DES3.new(key,DES3.MODE_ECB)          #生成加密器
7        plaintext = pad(plaintext, DES3.block_size)   #对明文进行填充
8        ciphertext = cipher.encrypt(plaintext)        #对明文加密
9        return ciphertext                             #返回加密后的密文
10
11   def decrypt(ciphertext, key=key):                 #解密程序
12       cipher = DES3.new(key, DES3.MODE_ECB)         #生成解密器
13       plaintext = cipher.decrypt(ciphertext)        #解密密文
14       plaintext = unpad(plaintext, DES3.block_size) #对解密后的明文去除填充
15       return plaintext                              #返回解密后的明文
```

【综合案例 13.1.2】 加密解密程序运行效果展示(ch13_02.py)。

```
1    from ch13_01 import encrypt, decrypt
2
3    plaintext = b"Hello, python!"                     #加密解密程序演示
4    ciphertext = encrypt(plaintext)                   #明文
5    decrypted_plaintext = decrypt(ciphertext)         #密文
6    print(f"明文: {plaintext}")                        #解密后的明文
7    print(f"密文: {ciphertext}")
8    print(f"解密后明文: {decrypted_plaintext}")
```

程序运行结果:

```
明文: b'Hello, python!'
密文: b'\x04\xcb\xadAc\x1c|\xa4\xf2\x05h\xf5\xb4\x0e\xb2]'
解密后明文: b'Hello, python!'
```

在加密解密程序 ch13_01.py 中,DES3 是 Crypto 特定的加密解密库,需要使用一个长度 16 的加密密钥才能进行正常的字符串加密。并且,要加密的字符串需要转换成 bytes 类型才可以,如 ch13_02.py 第 3 行代码所示。读者也可根据需要使用自己的个性化加密解密程序。

上述程序只是实现了密码的加密和解密,但还需要将对应的加密字符串保存到文件中才能方便以后的读取。

【综合案例 13.1.3】 密码存取程序(ch13_03.py,即将账号、密码保存到文件中,以及从文件中读取账号、密码)。

```
1    import json                                       #加载相关的库
2    import base64
3    import pyperclip
4    from ch13_01 import encrypt, decrypt
5
6    file = "psw.json"                                 #用于保存账号密码的 JSON 文件
7    psw_dict = {"init": "initpsw"}                    #初始化密码账号字典
8    try:                                              #进行文件的初始化
```

```
9            with open(file) as fr:
10               psw_dict = json.load(fr)
11      except:
12          with open(file, 'w') as fw:
13               json.dump(psw_dict, fw)
14
15      def get_psw(file=file):                      #进行密码账号的读取
16          key = input("请输入您要提取的账号: ")
17          with open(file) as fr:
18               psw_dict = json.load(fr)
19          ciphertext = psw_dict[key]               #获取账号对应的加密字符串
20          ciphertext = ciphertext.encode('utf-8')      #将字符串转换为 bytes 类型
21          decoded_data = base64.b64decode(ciphertext)
22                                                  #将 bytes 类型转化成 base64 字符串
23          psw = decrypt(decoded_data)              #解码
24          psw = psw.decode("utf-8")                #将解码的 bytes 类型转换成字符串
25          pyperclip.copy(psw)                      #将密码明文粘贴到系统粘贴板
26          print(f"密码已复制到系统粘贴板.")
27
28      def put_psw(file=file):                      #进行密码账号的写入
29          with open(file, 'w') as fw:
30               key = input("请输入要保存的账号: ")
31               plaintext = input("请输入对应的密码: ")    #密码明文
32               bytestext = plaintext.encode("utf-8")     #明文字符串转换为 bytes 类型
33               ciphertext = encrypt(bytestext)      #密码加密
34               encoded_data = base64.\
35                   b64encode(ciphertext).decode('utf-8')     #转换为 base64 字符串
36               psw_dict[key] = encoded_data
37               json.dump(psw_dict, fw)             #将账号密码写入文件
38               print(f"{key}的密码已写入.")
```

之所以将解密后的密码明文使用 pyperclip.copy()方法复制至系统的粘贴板, 主要是出于安全考虑, 以免其他用户直接看到密码的明文。

**【综合案例 13.1.4】　加密解密程序运行效果展示(ch13_04.py)。**

```
1       import sys
2       from ch13_03 import get_psw, put_psw
3
4       def get_or_put_psw():
5           prompt = "请选择操作:\t1.加密密码\t"+\
6               "2.提取密码\t 其他数字键.退出 \n"        #提示字符串
7           while True:                              #程序进入死循环
8               choice = int(input(prompt))          #根据用户选择执行相关操作
9               if choice == 1:
10                  put_psw()
11              elif choice == 2:
12                  get_psw()
13              else:
```

```
14              print("欢迎下次使用.")
15              sys.exit()          #退出系统
16
17    get_or_put_psw()
```

程序运行结果：

```
请选择操作：    1.加密密码    2.提取密码    其他数字键.退出
1
请输入要保存的账号：gmail
请输入对应的密码：gmail789
gmail 的密码已写入.
请选择操作：    1.加密密码    2.提取密码    其他数字键.退出
2
请输入您要提取的账号：gmail
密码已复制到系统粘贴板.
请选择操作：    1.加密密码    2.提取密码    其他数字键.退出
5
欢迎下次使用.
```

运行程序 ch13_04.py 程序，将看到以上运行结果。然后使用 Ctrl＋V，即可将对应 gmail 账号的密码明文复制出来。

在这个密码保管箱程序中，使用了 Crypto 的 DES3 程序进行密码的加密和解密，这是一种对称加密方式，即加密密钥和解密密钥使用的是同一密钥。通过使用该加密、解密方式，使得密码保存到 JSON 文件后，即使其他人获取文件，也无法得到正确的密码明文。

感兴趣的读者也可以使用其他加密、解密方式来对程序进行进一步的修改。

## 13.2　红色经典小说数据分析及可视化

红色经典小说以革命浪漫主义为主导，传导出一种非常独特的魅力。如《铁道游击队》里的英雄超越普通人的地方，不是靠其非凡的武功或智谋，而是靠建立在信仰基础上的超强意志力。经常阅读红色经典文献，有助于提高人们的爱国情怀，提高民族凝聚力。

本程序实现了红色经典小说《铁道游击队》的数据分析及其可视化展示，程序功能如下。

（1）对《铁道游击队》的人物出场频次统计，并进行数据可视化。

（2）对作者的写作手法分析，实现动词、名词、形容词等的词云图展示。

（3）对小说中的成语进行提取，并按拼音进行排序输出。

程序中用到的库如下。

（1）string，标准库，用在数据预处理过程中。

（2）sys，标准库，用于退出程序。

（3）re，标准库，用于编写正则表达式，提取小说成语。

（4）numpy，第三方库，常用于科学计算中，能进行高效的数组和矩阵运算，为程序的数据可视化提供数据来源。安装指令：pip install numpy。

(5) jieba,第三方库,对小说进行分词处理。安装指令:pip install jieba。

(6) pypinyin,第三方库,为成语按拼音排序提供拼音处理。安装指令:pip install pypinyin。

(7) wordcloud,第三方库,用于实现小说词语的词云展示。安装指令:pip install wordcloud。

(8) matplotlib,第三方库,用于实现小说人物的可视化展示。安装指令:pip install matplotlib。

程序案例包括 3 个模块和 1 个资源文件:①数据预处理和词语提取程序 ch13_05.py; ②人物、词语、成语展示程序 ch13_06.py;③模块调用程序 ch13_07.py;④资源文件"铁道游击队.txt"。为了方便读者运行,本书还提供了一个 ch13_2(程序示例 2).ipynb 综合程序,实现的是同样的功能,读者将其上传至 jupyter_notebook 运行即可。

【综合案例 13.2.1】 数据预处理和词语提取程序(ch13_05.py)。

```
1    import jieba
2    import jieba.posseg as pseg
3    from string import punctuation
4
5    zw_punctuation = '!""''? ()。,《》: '          #中文分隔符
6    file = "铁道游击队.txt"
7    search_dict = {                              #建立相关的词性关联
8        "人物": "nr",
9        "名词": "n",
10       "动词": "v",
11       "形容词": "a",
12       "成语": "i",
13       "综合词频": "total",
14       }
15
16   def data_clean(file=file):                    #数据预处理
17       with open(file) as fr:
18           contents = fr.read()
19       for char in punctuation:                  #清理小说中的英文标点符号
20           contents = contents.replace(char, " ")
21       for char in zw_punctuation:               #清理小说中的中文标点符号
22           contents = contents.replace(char, " ")
23       return contents
24
25   def get_words(chix, contents):                #获得所有相关词语
26       if chix == "综合词频":
27           allwords = jieba.lcut(contents)       #不区分词性提取所有词语
28       else:
29           allwords = []
30           contents = pseg.lcut(contents)        #根据词性来提取词语
31           for k, v in contents:
32               if v == search_dict[chix]:
33                   allwords.append(k)
34       return allwords
```

**【综合案例 13.2.2】** 人物、词语、成语展示程序(ch13_06.py)。

```python
1    import re
2    import wordcloud as wdc
3    import numpy as np
4    import matplotlib.pyplot as plt
5    from pypinyin import lazy_pinyin, pinyin
6    from ch13_05 import data_clean, get_words
7
8    plt.rcParams["font.sans-serif"] = "SimHei"          #设置黑体字
9    contents = data_clean()                             #先进行数据预处理
10
11   def show_man():                                     #显示小说中的人物出场频次
12       all_words = get_words("人物",contents=contents)
13       names = {}
14       for name in all_words:
15           names[name] = names.get(name, 0) + 1
16       names_rank = sorted(names.items(),
17           key=lambda item: item[1], reverse=True)
18       names, ranks = [], []
19       for i in range(8):                              #提取前 8 个人物数据
20           names.append(names_rank[i][0])
21           ranks.append(names_rank[i][1])
22       names = np.array(names)                         #将列表转换为 numpy 数组
23       ranks = np.array(ranks)
24       plt.bar(names, ranks, width=0.5, align='center',  #使用柱状图展示人物信息
25               label='人物出场频次')
26       for a, b in zip(names, ranks):
27           plt.text(a, b, b, ha='center', va='bottom',  #在柱状图上显示频次
28                   fontsize=10)
29       plt.title("铁道游击队人物统计", fontsize=16)        #柱状图标题
30       plt.legend()
31       plt.xlabel('人物', fontsize=12)                  #X 轴标题
32       plt.ylabel('出场频次', fontsize=12)               #Y 轴标题
33
34   def show_words(chix):                  #根据词性，显示相关词云图
35       all_words = get_words(chix, contents=contents)
36       fontpath = 'C: /Windows/Fonts/simhei.ttf'        #获得字体,以支持中文显示
37       word_cloud = wdc.WordCloud(font_path=fontpath)
38       text = ' '.join(all_words)
39       word_cloud.generate(text)                        #对文本进行词云处理
40       word_cloud.to_file('word_cloud.jpg')             #保存词云图
41       plt.imshow(word_cloud, interpolation='bilinear')     #让词云图更清晰
42       plt.axis("off")                                  #隐藏 X、Y 轴显示
43       plt.show()                                       #显示词云图
44
```

```
45    def show_idiom():                                    #显示小说中所有的四字成语
46        pat = re.compile(r"\w{4}")                       #编写四字成语正则表达式
47        all_words = get_words("成语", contents=contents)
48        all_words = " ".join(all_words)
49        all_idioms = pat.findall(all_words)              #提取所有四字成语
50        uni_idioms =  list(set(all_idioms))              #成语去重
51        sorted_idioms = sorted(uni_idioms,               #按拼音排序
52                    key=lambda x: lazy_pinyin(x))
53        print("小说使用的成语如下: ")
54        for idiom in sorted_idioms:                       #打印所有成语
55            print(idiom, end="    ")
```

**【综合案例 13.2.3】** 模块调用程序（ch13_07.py）。

```
1     import sys
2     from ch13_06 import show_man, show_words, show_idiom
3
4     def choices():
5         prompt = "\n请选择展示内容:\t1.人物\t"+\        #提示字符串
6             "2.名词\t3.动词\t4.形容词\t"+\
7             "5.成语\t6.综合词频\t 其他数字键.退出\n"
8         while True:                                       #程序进入死循环
9             choice = int(input(prompt))                   #根据选择执行相关操作
10            if choice == 1:
11                show_man()
12            elif choice == 2:
13                show_words("名词")
14            elif choice == 3:
15                show_words("动词")
16            elif choice == 4:
17                show_words("形容词")
18            elif choice == 5:
19                show_idiom()
20            elif choice == 6:
21                show_words("综合词频")
22            else:
23                print("欢迎下次使用.")
24                sys.exit()                                #退出系统
25
26    if __name__ == '__main__':                            #执行程序
27        choices()
```

程序运行结果（部分）：

```
请选择展示内容:  1.人物   2.名词    3.动词    4.形容词    5.成语    6.综合词频
其他数字键.退出
5
小说使用的成语如下:
```

挨冻受饿　　唉声叹气　　按兵不动　　安分守己　　安然无事　　百步穿杨
...
铸成大错　　转来转去　　转危为安　　壮烈牺牲　　自告奋勇　　自取灭亡
请选择展示内容：　　1.人物　　2.名词　　3.动词　　4.形容词　　5.成语　　6.综合词频
其他数字键.退出
2

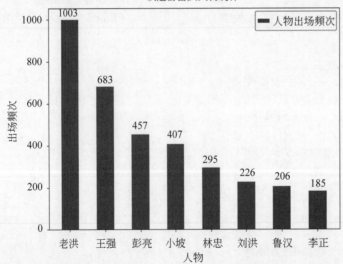

请选择展示内容：　　1.人物　　2.名词　　3.动词　　4.形容词　　5.成语　　6.综合词频
其他数字键.退出
1

铁道游击队人物统计

请选择展示内容：　　1.人物　　2.名词　　3.动词　　4.形容词　　5.成语　　6.综合词频
其他数字键.退出
7
欢迎下次使用.

综合案例 13.2 实现了对红色经典小说《铁道游击队》的数据分析和可视化展示,其中用到了一个重要的第三方库 jieba,该库可实现中文文本的名词、动词、副词、形容词、习惯用语,甚至人名等提取等功能。但需要注意的是,jieba 库存在一定的不精确性,如在提取人物姓名方面就会常有遗漏或判断不准确。感兴趣的读者可以自行查阅资料,编写代码实现更高的精确性以及提升代码的效率。

## 13.3　PDF 文件编辑处理

PDF 文档全称为 Portable Document Format,其使用.pdf 文件扩展名,是一种跨平台的文件格式。它可将文字、图形、色彩、版式等相关参数封装在一个文件中,在网络传输、打印和输出中保持页面元素不变,集成度和安全可靠性都较高,常用于办公、授课、学术交流各种场合中。

Python 常用于 PDF 文档处理的模块为 PyPDF2,其安装指令为：pip install PyPDF2。

本综合案例功能如下。

(1) 提取 PDF 文本内容。

(2) 旋转 PDF 页面。

(3) 为 PDF 文件添加水印。

(4) 加密 PDF 文件。

(5) 解密 PDF 文件。

(6) 合并 PDF 文件。

程序中用到的库如下。

PyPDF2,第三方库,用于 PDF 文件的编辑和处理。

程序案例包括 5 个模块和 3 个资源文件：①提取 PDF 文本内容程序 ch13_08.py；②旋转 PDF 页面程序 ch13_09.py；③为 PDF 页面添加水印程序 ch13_10.py；④加密及解密 PDF 文件程序 ch13_11.py；⑤合并 PDF 文件程序 ch13_12.py；⑥资源文件,ch11.pdf、ch12.pdf、watermark.pdf。

**【综合案例 13.3.1】　提取 PDF 文本内容(ch13_08.py)。**

```
1    import PyPDF2                                #加载 PyPDF2 库
2
3    with open("ch12.pdf", "rb") as pdfOb:
4        pdfReader = PyPDF2.PdfReader(pdfOb)       #返回 PDF 文件读取对象
5        total = len(pdfReader.pages)             #获得总页数
6        print(f"'ch12.pdf'一共有{total}页.")
7        page = pdfReader.pages[7]                 #获得第 8 页内容,索引从 0 开始
8        txt = page.extract_text()                 #抽取文本内容
9        print(f"第 8 页内容为: {txt}")
```

程序运行结果：

```
'ch12.pdf'一共有 30 页.
第 8 页内容为：江西财经大学 –朱文强
12.1.2 doctest
doctest 模块是基于程序的说明文档,来实现简单的功能测试。
该模块的 doctest .testmod ()函数,会读取模块中的所有文档字
符串,查找以交互式形式表达的运行示例,再检查这些示例
是否和实际运行情况一致,然后给出相关的测试分析结果。
```

实际的 ch12.pdf 文件第 8 页内容如图 13.1 所示。可以看出,文本提取的准确率还是很高的。

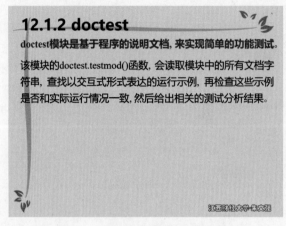

图 13.1  ch12.pdf 文件的第 8 页内容

【综合案例 13.3.2】 旋转 PDF 页面(ch13_09.py)。

```
1    import PyPDF2                                      #加载 PyPDF2 库
2
3    with open("ch12.pdf", "rb") as pdfRd:
4        pdfReader = PyPDF2.PdfReader(pdfRd)            #返回 PDF 文件读取对象
5        page = pdfReader.pages[7]                      #获得第 8 页内容,索引从 0 开始
6        page.rotate(180)
7
8        with open("rotatedPage.pdf", "wb") as pdfWt:   #返回 PDF 文件写入对象
9            pdfWriter = PyPDF2.PdfWriter()
10           pdfWriter.add_page(page)                   #添加页面
11           pdfWriter.write(pdfWt)                     #写入文件中
```

程序运行结束后,打开 rotatedPage.pdf 文件,其内容如图 13.2 所示。

图 13.2  rotatedPage.pdf 文件内容

**【综合案例 13.3.3】** 为 PDF 文件添加水印（ch13_10.py）。

```
1    import PyPDF2                                    #加载 PyPDF2 库
2
3    with open("ch12.pdf", "rb") as pdfRd:
4        pdfReader = PyPDF2.PdfReader(pdfRd)          #返回 PDF 文件读取对象
5        page0 = pdfReader.pages[0]                   #获得第 1 页内容
6
7        with open("watermark.pdf", "rb") as pdfWm:   #返回 PDF 文件读取对象
8            pdfReader1 = PyPDF2.PdfReader(pdfWm)
9            page0.merge_page(pdfReader1.pages[0])    #融合 PDF 水印页面
10
11           with open("ch12wt.pdf", "wb") as pdfWt:
12               pdfWriter = PyPDF2.PdfWriter()        #写入 PDF 文件中
13               pdfWriter.add_page(page0)
14               for num in range(1, len(pdfReader.pages)):
15                   page = pdfReader.pages[num]
16                   pdfWriter.add_page(page)
17               pdfWriter.write(pdfWt)
```

程序运行结束后，打开 ch12wt.pdf 文件，其第 1 页内容如图 13.3 所示，其余页面内容不变。

图 13.3　融合水印页面内容

**【综合案例 13.3.4】** 加密解密 PDF 文件（ch13_11.py）。

```
1    import PyPDF2                                    #加载 PyPDF2 库
2
3    with open("ch12.pdf", "rb") as pdfRd:
4        pdfReader = PyPDF2.PdfReader(pdfRd)          #返回 PDF 文件读取对象
5
6        with open("ch12en.pdf", "wb") as pdfWt:     #返回 PDF 文件写入对象
7            pdfWriter = PyPDF2.PdfWriter()
8            for num in range(len(pdfReader.pages)):
9                page = pdfReader.pages[num]
```

```
10              pdfWriter.add_page(page)              #写入所有 PDF 页面
11              pdfWriter.encrypt("python")            #对 PDF 文件加密
12              pdfWriter.write(pdfWt)                 #生成 PDF 文件
13
14    with open("ch12en.pdf", "rb") as pdfRd:
15         pdfReader = PyPDF2.PdfReader(pdfRd)          #返回 PDF 文件读取对象
16         if pdfReader.is_encrypted:                   #如果文件已经被加密
17              pdfReader.decrypt("python")             #对文件进行解密
18              page = pdfReader.pages[0]
19              txt = page.extract_text()              #抽取文本内容
20              print(f"第 0 页内容为: {txt}")
```

程序运行结果：

第 0 页内容为: 江西财经大学 - 朱文强
Python 程序设计基础

程序运行结束后，再打开 ch12en.pdf 文件，则需要输入密码"python"方可正常打开文件。

【综合案例 13.3.5】 合并 ch11.pdf 和 ch12.pdf 两个 PDF 文件（ch13_12.py）。

```
1     import PyPDF2                                    #加载 PyPDF2 库
2
3     files = ["ch11.pdf", "ch12.pdf"]
4     with open("ch11_12.pdf", "wb") as pdfWt:          #返回 PDF 文件写入对象
5          pdfWriter = PyPDF2.PdfWriter()
6          for file in files:
7               with open(file, "rb") as pdfRd:
8                    pdfReader = PyPDF2.PdfReader(pdfRd)  #返回 PDF 文件读取对象
9                    for num in range(len(pdfReader.pages)):
10                        page = pdfReader.pages[num]
11                        pdfWriter.add_page(page)        #写入所有 PDF 页面
12          pdfWriter.write(pdfWt)
```

程序运行结束后，打开 ch11_12.pdf 文件，会发现它已经包含了 ch11.pdf 和 ch12.pdf 两个文件的内容。

# 13.4  机器学习之鸢尾花分类

近年来，人工智能发展突飞猛进，而人工智能的核心领域——机器学习，也因此变得异常火热。本节将展示机器学习中一个较为经典的分类应用，即鸢尾花分类程序。

常见的鸢尾花品种有 3 个：setosa、versicolor 和 virginica。其判断依据为花瓣的长度、宽度以及花萼的长度、宽度。

本综合案例功能如下。

（1）进行数据的提取和预处理。

（2）构建一个机器学习模型，从已知品种的鸢尾花数据集中学习，获得品种特征

数据。

（3）对于数据集中的未知数据,使用模型预测其鸢尾花的品种。

程序中用到的库如下。

（1）collections,标准库,用于数据的统计、排序和构建 defaultdict。

（2）random,标准库,用于数据集的随机分类,将其分为训练集和测试集。

（3）numpy,第三方库,常用于科学计算中,能进行高效的数组和矩阵运算,为程序的数据可视化提供数据来源。安装指令：pip install numpy。

（4）matplotlib,第三方库,用于数据特征分类展示。安装指令：pip install matplotlib。

（5）sklearn,第三方库,用于构建机器学习模型,构建 K-近邻分类器。安装指令：pip install scikit-learn。

程序案例包括 5 个模块和 1 个资源文件：①数据预处理和词语提取程序 ch13_13.py；② 数据可视化展示程序ch13_14.py、ch13_15.py；③鸢尾花分类程序 ch13_16.py；④鸢尾花品种预测程序 ch13_17.py；⑤资源文件,鸢尾花数据集 iris.txt。

其中,鸢尾花数据集信息如下。

（1）数据量：150 条测量数据,每种类别 50 个样本；

（2）每条数据包含 5 项基本信息：花瓣的长度、花瓣的宽度、花萼的长度、花萼的宽度以及鸢尾花的类别。

鸢尾花数据集部分展示见图 13.4。

| | 萼片长度 | 萼片宽度 | 花瓣长度 | 花瓣宽度 | 类型 |
|---|---|---|---|---|---|
| 0 | 5.1 | 3.5 | 1.4 | 0.2 | Iris-setosa |
| 1 | 4.9 | 3.0 | 1.4 | 0.2 | Iris-setosa |
| 2 | 4.7 | 3.2 | 1.3 | 0.2 | Iris-setosa |
| 3 | 4.6 | 3.1 | 1.5 | 0.2 | Iris-setosa |
| 4 | 5.0 | 3.6 | 1.4 | 0.2 | Iris-setosa |

图 13.4 鸢尾花数据集（前 5 条）

首先对数据集文档 iris.txt 中的 150 条测试数据进行读取,对这些的数据进行预处理,将其存储到两个数组中,一个存储鸢尾花种类,另一个存储鸢尾花花瓣的长度、花瓣的宽度、花萼的长度、花萼的宽度 4 个参数。程序使用 NumPy ndarray 数组对象存储数据,因此需要导入 NumPy 库。

【综合案例 13.4.1】 数据集的提取和预处理程序（ch13_13.py）。

```
1    import numpy as np
2
3    def read_data(file_name):                    #从文件中读取数据
4        flowers_datas = []
5        try:
```

```
6           with open(file_name, "r") as fp:
7               lines = fp.readlines()
8           for i in range(1, len(lines)):          #从第2行开始读
9               flowers_datas.append
10              (lines[i].replace("\n", "").strip().split())
11      except:
12          print("抛出异常!")
13      finally:
14          return flowers_datas
15
16  def init_data(file_name):                       #初始化数据
17      temp_datas = read_data(file_name)
18      if len(temp_datas) <= 0:
19          print("数据初始化失败!")
20      else:
21          flower_datas = np.array(temp_datas)     #创建数组
22          labels = flower_datas[:, -1]            #最后1列为类别标签
23          nums = flower_datas[:, 1:-1]            #第1列为序号,不需要
24          nums = nums.astype(np.float32)          #转换成小数
25          return nums, labels
26
27  nums, labels = init_data("iris.txt")
28  print(nums)
```

程序运行结果（部分）：

```
[[5.1 3.5 1.4 0.2]
 [4.9 3.  1.4 0.2]
 ...
 [6.2 3.4 5.4 2.3]
 [5.9 3.  5.1 1.8]]
```

将数据存入两个数组后，接下来使用 matplotlib 库中的 pyplot 子库进行 2D 图绘制，分别展示出花瓣的长度和宽度、花萼的长度和宽度与鸢尾花种类的关系。

首先，要统计每一个品种所对应的样本会使用到字典，其中字典的键是花的品种，值为该品种鸢尾花的参数。这里使用的是 defaultdict 字典，指定数据类型为列表（每一朵鸢尾花的参数是具有 4 个元素的列表），通过进行循环将所有样本的种类作为键，以及将每个种类对应的参数导入字典中。

【综合案例 13.4.2】 将鸢尾花数据按种类存入字典，以便后续画图时遍历数据（ch13_14.py）。

```
1   from collections import defaultdict        #将数据统计入字典中
2   from ch13_13 import init_data              #导入示例14.1中的预处理函数
3
4   def dict():
5       nums, labels = init_data("iris.txt")
6       cc = defaultdict(list)                 #定义字典数据类型
```

```
7          for i, d in enumerate(nums):          #循环遍历每一条记录
8              cc[labels[i]].append(d)            #将数据根据类别进行分类
9          return cc
10
11     cc = dict()
12     print(cc)                                   #输出字典的键
13     print(cc.keys())
```

程序运行结果：

```
[[5.1 3.5 1.4 0.2]
 [4.9 3.  1.4 0.2]
 ...

 [6.2 3.4 5.4 2.3]
 [5.9 3.  5.1 1.8]]
dict_keys(['"setosa"', '"versicolor"', '"virginica"'])
```

可以看到字典只有三个键，对应鸢尾化数据集中的三个种类。

接着开始绘图，首先，定义三个种类在图中所展示的样式：styles＝["ro","c＋", "m＊"]。其中，"ro"代表着红色的圆圈、"c＋"代表天蓝色的"＋"号、"m＊"代表着深紫色的"＊"号。

然后通过循环遍历字典，获取键值对，由于字典中只有三个键，所以只需要三次循环，每一次循环都是将该种类的所有数据绘制在图中。

**【综合案例 13.4.3】** 数据可视化，用图展示鸢尾花数据特征（ch13_14.py）。

```
1      from collections import defaultdict
2      import numpy as np
3      import matplotlib.pyplot as plt
4      from ch13_13 import init_data
5
6      def draw():                                 #根据数据绘图
7          cc = dict()
8          plt.rcParams['font.family'] = 'STSong'  #指定中文字体
9          styles = ["ro", "c+", "m*"]             #设计三种类型样式
10         plt.figure(dpi=300)
11         plt.subplot(1, 2, 1)
12         plt.title("萼片分布图")                   #数据图标题
13         plt.xlabel("萼片长度")                    #定义 X 轴名称
14         plt.ylabel("萼片宽度")                    #定义 Y 轴名称
15         for i, (key, value) in enumerate(cc.items()):
16             draw_data = np.array(value)          #转换成 NumPy 数组
17             plt.plot(draw_data[:, 0], draw_data[:, 1],  #使用数组的 1,2 列,定义样式
18                     styles[i], label=key)
19         plt.legend()
20         plt.subplot(1, 2, 2)
21         plt.title("花瓣分布图")
```

```
22      plt.xlabel("花瓣长度")
23      plt.ylabel("花瓣宽度")
24      for i, (key, value) in enumerate(cc.items()):
25          draw_data = np.array(value)
26          plt.plot(draw_data[:, 2], draw_data[:, 3],
27                  styles[i], label=key)
28      plt.legend()
29      plt.savefig("abc")
30      plt.show()
31
32  draw()
```

程序运行结果：

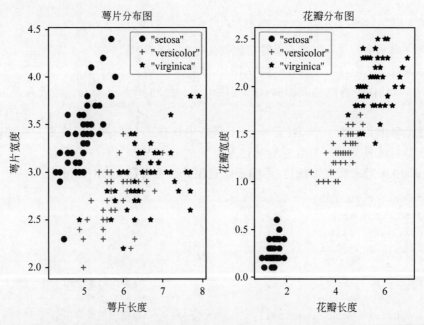

通过绘制出来的数据特征图,可以看到鸢尾花的种类与花萼以及花瓣都有关联,但相对于花萼,花瓣长宽与鸢尾花的品种相关性更强。

接下来将使用K-近邻(KNN)算法进行鸢尾花品种的预测。K-近邻算法是数据分类技术中最简单的方法之一,也是最经典的分类方法。其思想是每个样本都可以用它最接近的 k 个邻居来代表,如果一个样本在特征空间中的 k 个最邻近样本中的大多数属于某一个类别,则该样本也划分为这个类别。

接下来编写K-近邻算法,而不使用机器学习库中自带的算法,这样有利于读者深刻理解K-近邻算法。编写这个方法需要 4 个已有参数：测试样本数据、训练样本数据集、训练样本种类、最近样本个数 K 值,分别命名为"input_data,train_data,labels,k"。

程序需要将得到的数据集进行排序,统计出最近的前 $k$ 个样本数据的种类个数,返回其中个数最多的种类,这个种类就是未知样本的预测结果。

**【综合案例 13.4.4】** 定义分类函数，预测鸢尾花的种类（**ch13_15.py**）。

```
1    from collections import Counter
2    import numpy as np
3    import random
4    from ch13_13 import init_data              #导入示例 14.1 中预处理函数
5
6    def classify(input_data, train_data, labels, k):  #分类
7        data_size = train_data.shape[0]            #获取训练数据集中数据个数
8        diff = np.tile(input_data, (data_size, 1)) - \ #将输入数据复制多份
9                    train_data
10       diff_2 = diff ** 2                          #每个数进行平方
11       diff_3 = diff_2.sum(axis=1)                 #每行求和
12       distance = np.sqrt(diff_3)                  #开平方，得到距离
13       sort_distance = distance.argsort()          #对距离进行从小到大排序，得到
14       class_count = Counter(labels[sort_distance[: k]])
15                                                   #统计前 k 个样本中各类型的个数
16       print(class_count)
17       return class_count.most_common()[0][0]      #返回类型最多的那一个
```

下面就可以对 K-近邻算法程序进行测试，这里使用 init_data(file_name)方法将鸢尾花数据集初始化，然后生成一个数据集的索引数组，再使用 random.shuffle()方法打乱这个索引，以确保测试的科学性。

**【综合案例 13.4.5】** 对上述 K-近邻算法测试（**ch13_16.py**）。

```
1    def try_once():                                 #测试
2        flower_datas, labels = init_data("iris.txt") #初始化数据
3        index = np.arange(len(flower_datas))        #生成索引数组数据行数相同
4        random.shuffle(index)                       #打乱索引
5        input_data = flower_datas[index[-1]]        #最后一条数据做测试
6        train_datas = flower_datas[index[: -1]]     #训练数据
7        truth_label = labels[index[-1]]             #实际标签
8        train_labels = labels[index[: -1]]          #训练数据标签
9        print("input_index: ", index[-1])
10       print("实际结果: ", truth_label)
11       predict_label = classify(input_data, train_datas,
12                           train_labels, 8)
13
14       print("预测结果: ", predict_label)
15       if predict_label == truth_label:            #判断测试是否成功
16           print("*" * 10, " 预测正确!", "*" * 10)
17       else:
18           print("-" * 10, " 预测失败!", "-" * 10)
19       print("=" * 20)
20
21   for i in range(100):                            #循环测试
22       try_once()
```

程序运行结果（部分）：

```
      ......
      input_index: 39
      实际结果: "setosa"
      Counter({'"setosa"': 8})
      预测结果: "setosa"
      **********   预测正确! **********
      ====================
      input_index: 115
      实际结果: "virginica"
      Counter({'"virginica"': 8})
      预测结果: "virginica"
      **********   预测正确! **********
      ====================
      input_index: 80
      实际结果: "versicolor"
      Counter({'"versicolor"': 8})
      预测结果: "versicolor"
      **********   预测正确! **********
      ====================
      ......
```

最后循环运行,进行多次测试,可以看到得到的结果大部分是预测成功的。

编写完 K-近邻算法后,下面使用第三方机器学习库 scikit-learn 里面的相关函数实现预测鸢尾花种类。

主要步骤如下:①加载数据;②划分训练集和测试集;③创建 K-近邻分类器;④拟合训练数据;⑤预测结果;⑥比较测试结果和真实结果。

首先加载鸢尾花数据集,由于鸢尾花分类问题较为经典,并且数据集文件不大,所以 scikit-learn 库中已经包含了鸢尾花数据集,只需要直接调用 datasets.load_iris() 方法就可以加载。并且,datasets.load_iris() 方法中已经划分好了数据与种类,可以直接使用 datasets.load_iris().data、datasets.load_iris().target。其中,target 代表着鸢尾花种类,使用数字 1,2,3 分别代表'setosa','versicolor','virginica'三个种类。

接下来创建 K-近邻分类器,可使用 sklearn.neighbors 库中的 KNeighborsClassifier 类。这里只需要传递的数据是 n_neighbors 值,就是前文中说到的 K 值,即最近的 K 个样本。如果不赋值,则 n_neighbors 默认为 5。

然后再使用 KNeighborsClassifier.fit() 方法拟合训练数据集,最后使用 KNeighborsClassifier.predict() 方法传递测试数据集进行预测。

由于该鸢尾花数据集是使用的数字 1,2,3 代替种类的方式,这里可以直接将测试结果与实际结果两个数组相减获得一个结果数组。这个数组中 0 即代表预测成功,非 0 则代表预测失败。最后使用 numpy.nonzero() 方法统计出预测失败的个数。

【综合案例 13.4.6】 通过数组展示分类结果,并计算预测失败个数(ch13_17.py)。

```
1    from sklearn import datasets
2    import numpy as np
```

```
3     from sklearn.neighbors import KNeighborsClassifier
4     from sklearn.model_selection import train_test_split
5
6     iris_datas = datasets.load_iris()                              #加载鸢尾花数据集
7     feature_datas = iris_datas.data                               #特征数据
8     labels = iris_datas.target                                    #种类数据
9         train_datas, test_datas, train_labels, test_labels = train_test_
10        split(feature_datas, labels, train_size=140)              #划分数据集
11
12    k_neigh = KNeighborsClassifier(n_neighbors=8)                 #创建 K-近邻分类器
13    k_neigh.fit(train_datas, train_labels)                        #拟合数据
14    predict_labels = k_neigh.predict(test_datas)                  #预测结果
15    error_index = np.nonzero(predict_labels-test_labels)          #计算预测失败个数
16    print(predict_labels)
17    print(test_labels)
18    print("错误分类数为: ", len(error_index[0]))
```

程序运行结果：

```
[0 2 1 0 1 0 0 0 1 1]
[0 2 1 0 1 0 0 0 1 1]
错误分类数为: 0
```

从以上程序可以看出,机器学习的过程大致可分为：①数据的加载；②训练集和测试集的划分；③模型的构建；④拟合训练数据,学习模型的参数；⑤利用训练好的模型来预测测试数据的结果；⑥对预测结果进行评估。

# 参 考 文 献

[1]  Python 官方网站. https://python.org.

[2]  Python 库索引网站. https://pypi.org.

[3]  朱文强,钟元生. Python 数据分析实战[M]. 北京:清华大学出版社,2021.

[4]  朱文强. TensorFlow 2 机器学习实战[M]. 北京:清华大学出版社,2023.

[5]  ZADKA M. DevOps in Python[M]. APress,2022.

[6]  HÄBERLEIN T. Programmer mit Python[M]. Springer Press,2023.

[7]  MARTELLI A. Python in a Nutshell[M]. 4th ed. O'Reilly Media,Inc.,2022.

[8]  HUNT J. Advanced Guide to Python 3 Programming [M]. Springer Press,2023.

[9]  PAYNE J R. Python for Teenagers[M]. APress,2024.